2級 電気工事施工管理技士 完全攻略

第一次検定・第二次検定対応

不動弘幸［著］

はしがき

皆さんがこれから受験を目指す２級電気工事施工管理技士は，建設業法に基づく国家試験で，国土交通大臣が行う資格です．

この制度の誕生の背景は，電気設備の高度化・大形化や施工技術の高度化・専門化・多様化に伴い，「施工管理技術」の重要性が増してきたからです．

２級電気工事施工管理技士は，一般建設業の専任技術者，工事現場ごとに置く主任技術者になれます．

試験は第一次検定と第二次検定で構成され，電気工事についての，「施工計画や施工図の作成，工程管理，品質管理，安全管理など」について行われます．

試験は広範囲の知識経験が要求され，一見してとっつきにくい傾向があります．本書は，これらの克服のため，「**短時間で何を学習すれば効果的かを徹底的に追求**」し，次のようなコンセプトで執筆しています．

第１点目は，**１冊で第一次検定と第二次検定に対応できる**ようにしています．

第２点目は，出題範囲を網羅し，学習しやすいようジャンル別に系統立てた編成として，**体系的な学習をスムーズに行える**ようにしています．

第３点目は，**テキストと問題集の両者の性格**を取り入れ，短時間で学習効果が上がるよう，基本的に，基礎知識でアウトラインを把握したあとで，問題にアプローチするスタイルとしています．旧制度分も含め**最近の出題問題の大半を取り上げている**ので，試験対策としてはこれで十分といえます．

特に，**問題数の多い箇所は出題されやすいところ**で，類似の再出題の可能性が高いところであるあるといえます．

学習時間が限られる場合には，問題数の少ないところや，出題内容に一定の傾向が見られない箇所は思い切って割愛されてもよいでしょう．

第４点目は，受験者が苦手とする**第二次検定での「施工体験記述」についても，記述事例**を示しています．これらを一読し，自身の体験記述の準備に役立てて下さい．

本書により，的を絞った学習を積み，憧れの２級電気工事施工管理技士試験を見事に「**完全攻略**」されることを心よりお祈りします．

最後に，本企画の立ち上げから出版に至るまでお世話になった，**オーム社**編集局の皆様に厚くお礼申し上げます．

2022年4月

不 動 弘 幸

目　次

0編　受検ガイド

1編　第一次検定

26章　電気用品安全法

27章　建築基準法

28章　消　防　法

29章　道路法と道路交通法

30章　環境基本法等

2編　第二次検定

1章　施工体験記述

2章　語句記述と単線結線図

0編
受検ガイド

01 電気工事施工管理技士とは

2級電気工事施工管理技士の技術検定は，**一般財団法人 建設業振興基金**が実施する国家試験で，**国土交通大臣資格**です．

技術検定は，この「**適正な施工を確保**」の一環として，実施されるものです．

2級電気工事施工管理技士の保有者は，**一般建設業の専任技術者や工事現場ごとに置く主任技術者**になれます．

対象となる工事

・構内電気設備（非常用電源設備工事を含む）・照明設備・ネオン装置
・発電設備・変電設備・送配電線・引込線・電車線・信号設備 など

02 受検資格

a. 一次検定の受検資格

下表の**学歴，資格，実務経験の条件**を満足すれば，受検できます．

最終学歴または資格	必要な実務経験
大学	指定学科卒業：卒業後1年以上 指定学科以外卒業：卒業後1年6か月以上
短期大学・5年制高等専門学校	指定学科卒業：卒業後2年以上 指定学科以外卒業：卒業後3年以上
高等学校	指定学科卒業：卒業後3年以上 指定学科以外卒業：卒業後4年6か月以上
その他（最終学歴を問わず）	8年以上の実務経験
電気事業法による第一種，第二種，第三種電気主任技術者免状の交付を受けた者	1年以上の実務経験
電気工事士法による第一種電気工事士免状の交付を受けた者	実務経験年数は問いません
電気工事士法による第二種電気工事士免状の交付を受けた者	1年以上の実務経験

下表の内容を満足すれば，一次検定のみ受検できます．

卒業見込者	「高等学校」指定学科を来年3月迄に卒業見込の者
	「短期大学」もしくは「5年制高等専門学校」指定学科を来年3月迄に卒業見込の者
	「大学」指定学科を来年3月迄に卒業見込の者
卒業者	「高等学校」指定学科を卒業後3年以内の者
	「短期大学」もしくは「5年制高等専門学校」指定学科を卒業後2年以内の者
	「大学」指定学科を卒業後1年以内の者

（注）満17歳以上の者は一次検定のみの受験者に該当します．

b. 二次検定の受検資格

下記のいずれかに該当すれば，受検できます．

①一次・二次同一受検者	
②一次検定の合格者（2級電気工事施工管理技士補）	
③一次検定免除者	・技術士法による技術士の第二次試験のうちで，技術部門を電気電子部門，建設部門または総合技術監理部門（選択科目が電気電子部門または建設部門）に合格した者．

03 試験科目

一次検定：四肢択一または五肢択一のマークシート方式　＜10時15分～12時45分＞それぞれの試験の科目は，以下に示すとおりです．

それぞれの試験の科目は，以下に示すとおりです．

検定科目	検定基準	知識能力	解答形式
電気工学等	1　電気工事の施工の管理を適確に行うために必要な電気工学，電気通信工学，土木工学，機械工学及び建築学に関する概略の知識を有すること． 2　電気工事の施工の管理を適確に行うために必要な発電設備，変電設備，送配電設備，構内電気設備等（以下「電気設備」という．）に関する概略の知識を有すること． 3　電気工事の施工の管理を適確に行うために必要な 設計図書を正確に読み取るための知識を有すること．	知識	四肢択一（マークシート）
施工管理法	1　電気工事の施工の管理を適確に行うために必要な施工計画の作成方法及び工程管理，品質管理，安全管理等工事の施工の管理方法に関する基礎的な知識を有すること．	知識	四肢択一（マークシート）
	2　電気工事の施工の管理を適確に行うために必要な基礎的な能力を有すること．	能力	五肢択一（マークシート）
法　規	建設工事の施工の管理を適確に行うために必要な法令に関する概略の知識を有すること．	知識	四肢択一（マークシート）

① **選択問題と必須問題**があり，**得点が60%以上であれば合格**です．

② 問題用紙は試験終了時まで在席すれば，持ち帰ることができます．

③ 特に施工管理法は短時間の学習で得点アップにつながります．

二次検定：一次検定と同一日に実施され**記述式**および四肢択一　＜14時15分～16時15分＞

項　目	検定基準	知識能力	解答形式
施工管理法	1　主任技術者として，電気工事の施工の管理を適確に行うために必要な知識を有すること．	知識	四肢択一（マークシート）
	2　主任技術者として，設計図書で要求される電気設備の性能を確保するために設計図書を正確に理解し，電気設備の施工図を適正に作成し，及び必要な機材の選定，配置等を適切に行うことができる応用能力を有すること．	能力	記述

①　得点が60％以上であれば合格です．

②　問題用紙は試験終了時まで在席すれば，持ち帰ることができます．

二次検定の特徴と受検対策

①　施工経験記述は，記述するテーマを早めに決め，工程管理，安全管理についてオリジナルな論文を準備し，繰り返して覚えるようにします．

②　施工管理のネットワーク工程表の問題や電気設備全般の電気用語の説明は，過去の出題問題が解ければ，満点に近い状態での得点が可能です．

③　法規は，キーワードと条文の流れを研究しておかねばなりません．

04 試験日程と受検地

試験日程の概略は，下記のとおりです（年度によって異なる場合があります）．

一次検定・二次検定申込 **一次検定・二次検定　各6,600円**	1回目（一次）3月中旬 2回目（一次・二次）7月中旬
一次検定および二次検定実施	1回目（一次）**6月中旬** 2回目（一次・二次）**11月中旬**
合格発表	1回目（一次）7月初旬 2回目　一次のみ：翌年1月下旬 一次・二次：翌年2月上旬
合格証明書受付期間	翌年2月上旬
合格証明書交付申請締切	翌年2月
合格証明書交付	翌年3月中旬

全国13地域の試験地となっています．

札幌，青森，仙台，東京，新潟，金沢，名古屋，大阪，広島，高松，福岡，鹿児島，沖縄

05 受検申込書の販売と提出先

① **受検申込書の販売**　（一財）建設業振興基金，各地区建設協会，建設弘済会，建設共済会

② **受検申込書の提出先**　（一財）建設業振興基金　試験研修本部

〒105－0001　東京都港区虎ノ門4－2－12　虎ノ門4丁目MTビル2号館

電話：03－5473－1581

ホームページ：https://www.kensetsu-kikin.or.jp/honbu/

1編
第一次検定

01 電気抵抗

物質と電気抵抗

物質は電気の通しやすさの順に導体，半導体，絶縁体となり，電気抵抗の大きさは**導体＜半導体＜絶縁体**となります．

導　体	金属のように電気をよく通す
半導体	導体と絶縁体の中間に位置し，ある条件のもとに電気を流す
絶縁体	ガラスのように電気をまったく通さない

導　体
銀
銅
アルミ

半導体
ゲルマニウム
シリコン

絶縁体
ゴム
ガラス

電気
流れやすい
流れにくい

導体の電気抵抗

導体の抵抗率を ρ〔Ω·m〕，断面積を S〔m^2〕，長さを l〔m〕とすると

$$\text{電気抵抗 } R = \rho \frac{l}{S} \text{〔Ω〕（オーム）}$$

断面積
S〔m^2〕
長さ l〔m〕

となり，**電気抵抗は長さに比例し，断面積に反比例**します．**抵抗率 ρ（ロー）は電流の流しにくさを，導電率 σ（シグマ）は電流の流しやすさを表し**

$$\sigma = \frac{1}{\rho} \text{〔S/m〕（ジーメンス）}$$

の関係があります．

抵抗の温度係数

一般に，**金属の抵抗の温度係数は正**で，温度が上昇すると電気抵抗は増加します．

しかし，シリコンなどの**半導体や炭素，電解液などは，抵抗の温度係数が負**のため，温度が上昇すると電気抵抗は減少します．

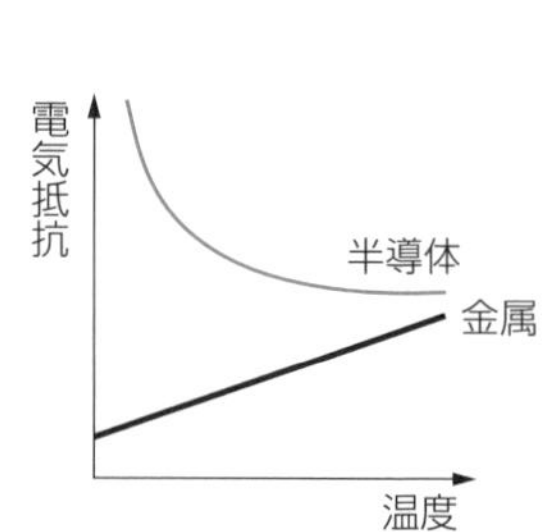

合成抵抗の求め方

二つの抵抗を直列接続したときや並列接続したときの合成抵抗は，次表の式で求められます．

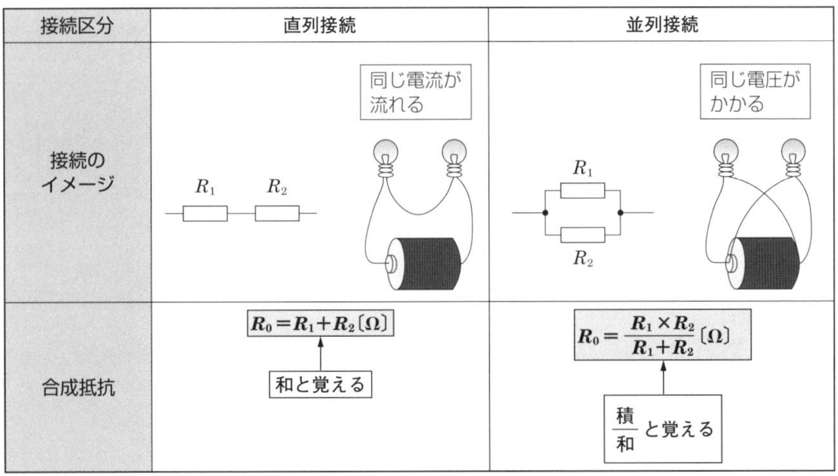

接続区分	直列接続	並列接続
接続のイメージ	R_1　R_2（直列） 同じ電流が流れる	R_1, R_2（並列） 同じ電圧がかかる
合成抵抗	$R_0=R_1+R_2$〔Ω〕 和と覚える	$R_0=\dfrac{R_1\times R_2}{R_1+R_2}$〔Ω〕 $\dfrac{積}{和}$と覚える

問題 01　図のような，金属導体Bの抵抗値は，金属導体Aの抵抗値の何倍になるか．ただし，金属導体の材質および温度条件は同一とする．

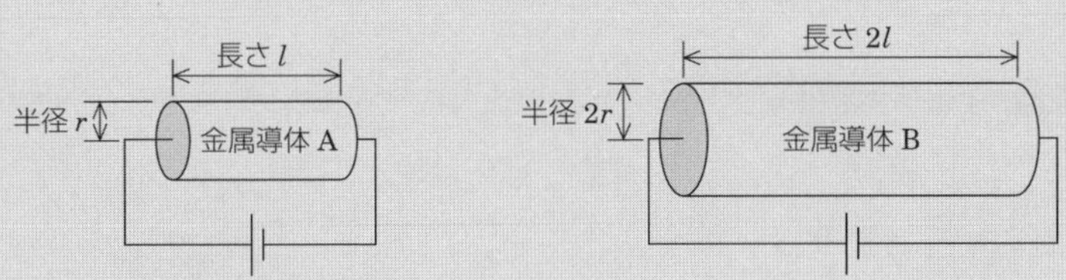

(1) 1/8 倍　(2) 1/4 倍　(3) 1/2 倍　(4) 1 倍

解答　(3) 導体の電気抵抗 R は，導体の抵抗率を ρ〔Ω・m〕，断面積を S〔m^2〕，長さを l〔m〕とすると，

$$\text{電気抵抗}\ R=\rho\frac{l}{S}\ 〔\Omega〕$$

で表されます．金属導体Aの抵抗を R_A，金属導体Bの抵抗を R_B とすると

$$\frac{R_B}{R_A}=\frac{\rho\dfrac{2l}{\pi(2r)^2}}{\rho\dfrac{l}{\pi r^2}}=\frac{1}{2}\text{倍}$$

問題 02 図に示す回路において，A–B 間の合成抵抗が 60〔Ω〕であるとき，抵抗 R の値として正しいものはどれか．

(1)　90 Ω
(2)　100 Ω
(3)　120 Ω
(4)　150 Ω

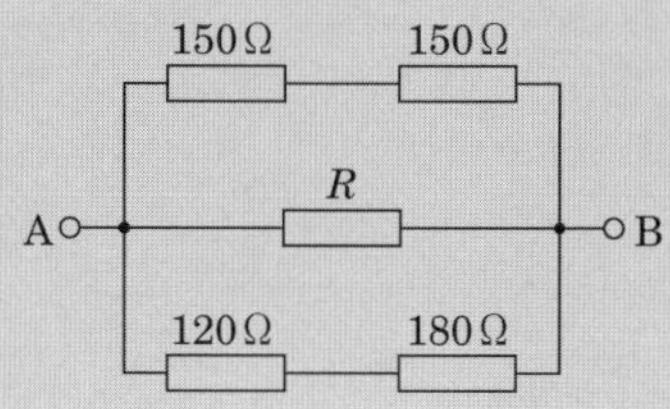

解答 (2) 上部の直列合成抵抗は 150+150=300〔Ω〕，
下部の直列合成抵抗は 120+180=300〔Ω〕，

両者の並列抵抗は，$\dfrac{300\times300}{300+300}=150$〔Ω〕

$$\frac{150\times R}{150+R}=60\text{〔Ω〕} \rightarrow 150R=(150+R)\times60$$

$\therefore\quad R=100$〔Ω〕

問題 03 図に示す回路における，A–B 間の合成抵抗値〔Ω〕として，正しいものはどれか．

(1)　$\dfrac{109}{18}$

(2)　8

(3)　$\dfrac{109}{6}$

(4)　24

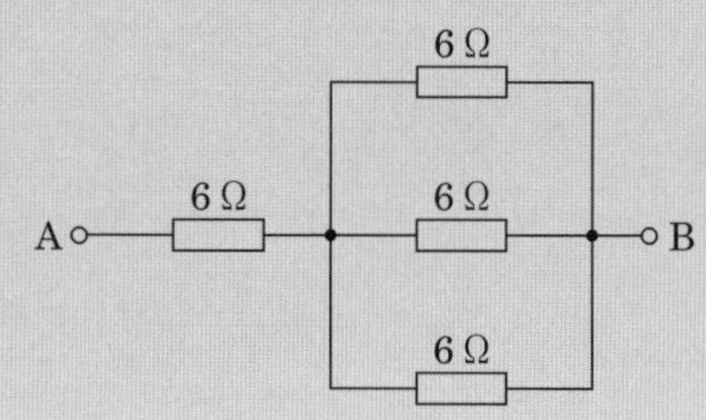

解答 (2) 3 つの 6〔Ω〕の並列部の合成抵抗は

$$\frac{1}{\frac{1}{6}+\frac{1}{6}+\frac{1}{6}}=\frac{1}{\frac{3}{6}}=2\text{〔Ω〕}$$

として求まります．A–B 間の合成抵抗値を R_{AB} とすると

$$R_{AB}=6+2=8\text{〔Ω〕}$$

（参考）「**同じ値の三つの抵抗の並列接続での合成抵抗は，1/3 倍の値になる**」ことを覚えておけば，すばやく解けます．

問題 04 ある金属体の温度が 20°C のとき，その抵抗値が 10〔Ω〕である．この抵抗値が 11〔Ω〕になるときの温度として，適当なものはどれか．

ただし，抵抗温度係数は 0.004〔$°C^{-1}$〕で一定とし，外部の影響は受けないものとする．

(1) 40.0〔°C〕 (2) 42.5〔°C〕 (3) 45.0〔°C〕 (4) 47.5〔°C〕

解答 (3) t_1〔℃〕のときの抵抗値が R_1〔Ω〕，抵抗の温度係数が a_1〔$℃^{-1}$〕であるとき，温度が上昇して t_2〔℃〕になったときの抵抗値 R_2 は

$$\boldsymbol{R_2=R_1\{1+a_1(t_2-t_1)\}}\ [\Omega]$$

で求められます．

設問では，$t_1 = 20$〔℃〕のときの抵抗値が $R_1=10$〔Ω〕，抵抗の温度係数 $a_1=0.004$〔$℃^{-1}$〕，温度が上昇して t_2〔℃〕になったときの抵抗値が $R_2=11$〔Ω〕であるので

$$11=10\ \{1+0.004\ (t_2-20)\}$$

$$1.1=1+0.004\ (t_2-20) \rightarrow 0.1=0.004\ (t_2-20)$$

$$25=t_2-20$$

$$\therefore\quad t_2=45\ [℃]$$

02 オームの法則と電力

オームの法則

回路計算の最も基礎的な法則で，回路に流れる電流 I〔A〕は，「**加えた電圧 V〔V〕に比例し，回路の抵抗 R〔Ω〕に反比例する**」とするものです．

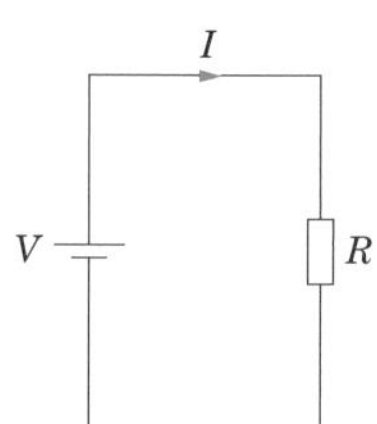

電流 $\boldsymbol{I=\dfrac{V}{R}}$〔A〕　電圧 $\boldsymbol{V=RI}$〔V〕　抵抗 $\boldsymbol{R=\dfrac{V}{I}}$〔Ω〕

としても，よく使用されます．

電力の求め方

R〔Ω〕の抵抗に V〔V〕の電圧が印加され，I〔A〕の電流が流れているとき，抵抗で消費される電力 P は次の式でも求められます．

$$P=VI=(RI)I=RI^2=R\left(\frac{V}{R}\right)^2=\frac{V^2}{R}\text{〔W〕}$$

03 回路計算の基礎

キルヒホッフの法則

キルヒホッフの法則には，第一法則と第二法則があり，回路網計算には欠かすことができません.

電流に関する法則（第一法則）	電圧に関する法則（第二法則）
回路網の任意の分岐点において，**流入電流の総和と流出電流の総和は等しい**	任意の閉回路において，**起電力の総和は電圧降下の総和に等しい**
I_1, I_3, I_2, R_1, R_2, R_3, I, II, E_1, E_2	
$I_1 + I_3 = I_2$〔A〕	$E_1 = R_1I_1 + R_2I_2$〔V〕 $E_2 = R_3I_3 + R_2I_2$〔V〕

電圧の分担と分流

分担電圧の大きさは抵抗の大きさに比例し，分路電流の大きさは抵抗の大きさに反比例します.

電圧の分担（直列接続）	電流の分流（並列接続）
$\boldsymbol{V_1=\dfrac{R_1}{R_1+R_2}V}$〔V〕 $\boldsymbol{V_2=\dfrac{R_2}{R_1+R_2}V}$〔V〕	$\boldsymbol{I_1=\dfrac{R_2}{R_1+R_2}I}$〔A〕 $\boldsymbol{I_2=\dfrac{R_1}{R_1+R_2}I}$〔A〕
I, R_1, R_2, V_1, V_2, V	R_1, I_1, I, I, R_2, I_2, V

ジュールの法則

抵抗 R〔Ω〕に電流 I〔A〕を流した場合の電力は，$P=RI^2$〔W〕で，この電力を t〔s〕間使用したときに発生する熱量 H は，$\boldsymbol{H=RI^2t}$ **〔J〕** となり，これを**ジュール熱**と呼びます.

電力量

電力 P〔W〕を T〔h〕使用すれば，電力量 W は，**$W=PT$〔W·h〕** となります．

問題 01 図に示す直流回路網における起電力 E〔V〕の値として，正しいものはどれか．

(1)　4 V
(2)　8 V
(3)　12 V
(4)　16 V

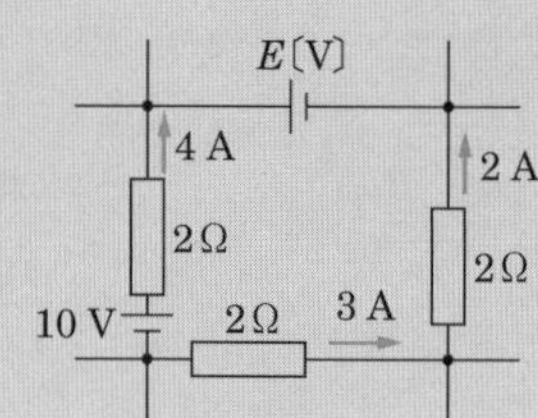

解答 (3) キルヒホッフの第二法則は，起電力の和＝電圧降下の和です．
左回りにキルヒホッフの第二法則を適用すると

$$E-10=-2\times4+2\times3+2\times2=2\text{〔V〕}\qquad \therefore E=12\text{〔V〕}$$

問題 02 図に示す回路において，回路全体の合成抵抗と電流 I_2 の値の組合せとして，正しいものはどれか．ただし，電池の内部抵抗は無視するものとする．

	合成抵抗	電流 I_2
(1)	25 Ω	2 A
(2)	25 Ω	4 A
(3)	85 Ω	2 A
(4)	85 Ω	4 A

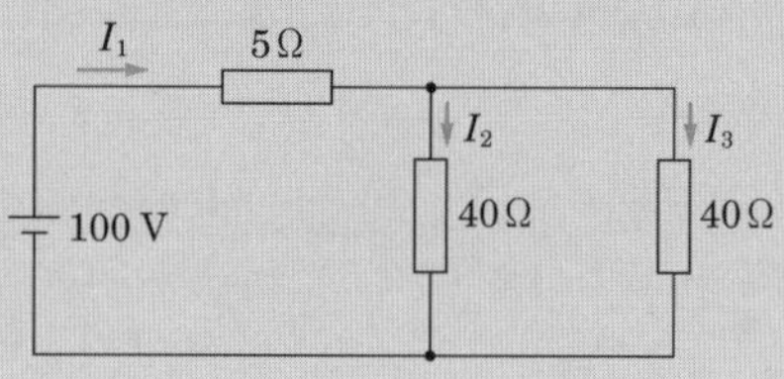

解答 (1) 回路の合成抵抗 $R=5+\dfrac{40\times40}{40+40}=25\text{〔Ω〕}$

$$I_1=\frac{100}{R}=\frac{100}{25}=4\text{〔A〕}$$

5〔Ω〕の端子電圧 $=5\times I_1=5\times4=20$〔V〕
40〔Ω〕の端子電圧 $V=100-20=80$〔V〕

$$\therefore I_2=\frac{V}{40}=\frac{80}{40}=2\text{〔A〕}$$

問題 03 図に示すホイートストンブリッジ回路において，可変抵抗 R_1 を 8〔Ω〕にしたとき，検流計に電流が流れなくなった．このときの抵抗 R_X の値として，正しいものはどれか．

ただし，$R_2=5$〔Ω〕，$R_3=4$〔Ω〕とする．

(1) 0.1〔Ω〕
(2) 2.5〔Ω〕
(3) 6.4〔Ω〕
(4) 10.0〔Ω〕

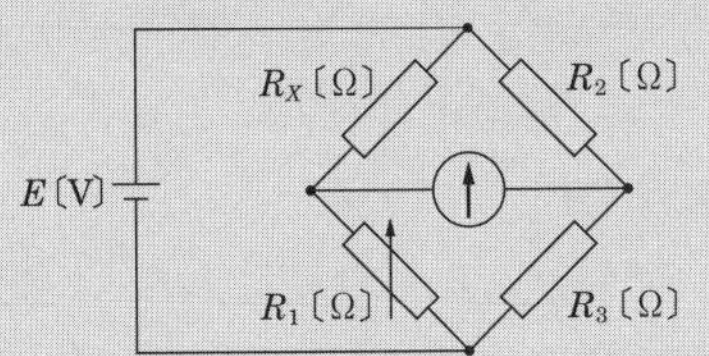

解答 (4) 検流計の電流が 0〔A〕であるので，ブリッジは平衡状態となっています．**平衡状態では相対する辺の抵抗の積が等しい**ので，$R_1R_2=R_3R_X$ の関係が成立しています．

$$\therefore R_X=\frac{R_1R_2}{R_3}=\frac{8\times5}{4}=10〔\Omega〕$$

問題 04 図に示す回路において，2〔Ω〕の抵抗に流れる電流 I〔A〕の値として，正しいものはどれか．

(1) 0.5〔A〕
(2) 1 〔A〕
(3) 2 〔A〕
(4) 3 〔A〕

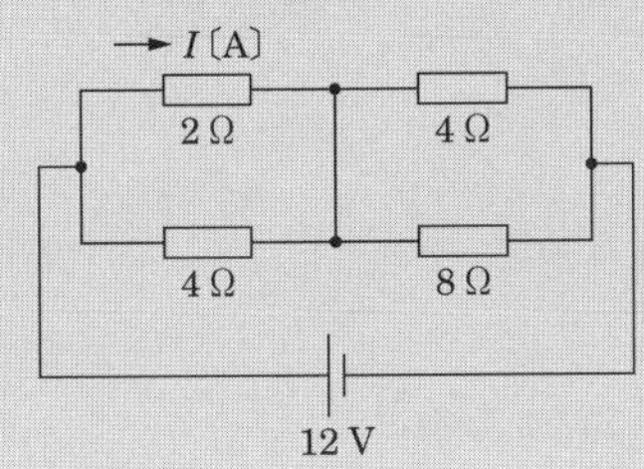

解答 (3) **相対する辺の抵抗の積が等しい**(2×8＝4×4)ので，ブリッジは平衡しており，2Ω と 4Ω の右の上下を結ぶ線はないのと同じであるので

$$I=\frac{12〔V〕}{2+4〔\Omega〕}=2〔A〕$$

04　磁力線の性質

磁力線の性質

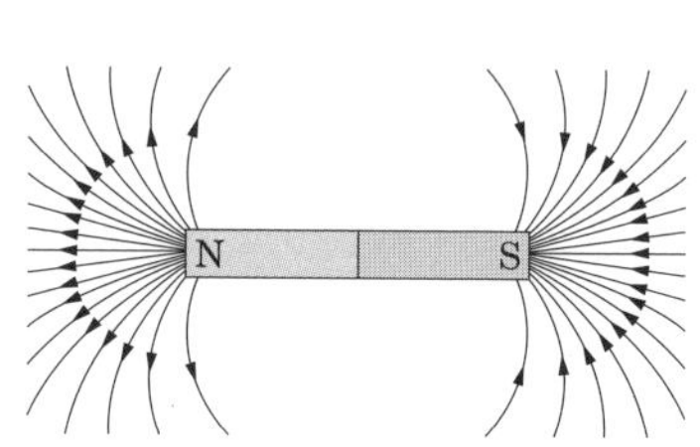

①　磁力線の向きは，その点の磁界の向きと同じである．

②　磁力線の密度は，その点の磁界の強さに等しい．

③　N極から出てS極に入る．

④　磁位の高い点から低い点に向かっている．

⑤　磁力線の本数＝ $\dfrac{\textbf{磁極の強さ}\ \boldsymbol{m}\,〔\mathbf{Wb}〕}{\textbf{透磁率}\ \boldsymbol{\mu}\,〔\mathbf{H/m}〕}$

ヒステリシスループとは？

ヒステリシスループは，磁化曲線とも呼ばれ，磁界の強さH〔A/m〕の変化に対する磁束密度B〔T〕の変化を示した曲線です．

最大磁束密度は，一番飽和しきっているところの磁束密度で，B_rを**残留磁気**，H_cを**保磁力**といいます．

ヒステリシス損は，ヒステリシスループの面積に比例します．

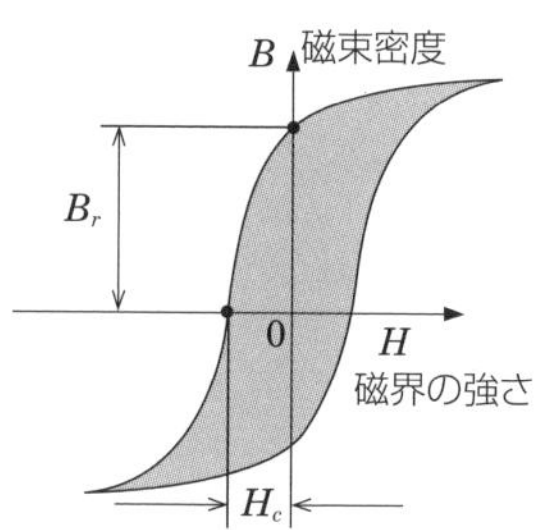

磁気材料の条件

- **磁心材料**：変圧器の鉄心などでは，最大磁束密度が大きく保磁力が小さい磁性体が用いられます（ヒステリシス損の小さいほうがよい）．
- **磁石材料**：永久磁石では，残留磁気も保磁力も大きい強磁性体が用いられます（ヒステリシス損の大きいほうがよい）．

問題 01 磁石による磁力に関する記述として，不適当なものはどれか.

(1) 同種の磁極の間には，反発力が働く.
(2) 任意の点における磁力線の密度は，その点の磁界の大きさを表す.
(3) 磁力線は，途中で分岐したり，交わったりすることがある.
(4) 磁界の向きは，その点の磁力線の接線方向と一致する.

解答 (3) 磁力線は，途中で分岐したり，交わったりすることはない.

問題 02 強磁性体に該当する物質として，適当なものはどれか.

(1) ニッケル　(2) アルミニウム　(3) 銀　(4) 銅

解答 (1) **鉄**，**ニッケル**，**コバルト**およびその合金の多くは磁化される程度が著しいので，これらを強磁性体と呼んでいます.

問題 03 図のア，イは材質の異なる磁性体のヒステリシス曲線を示したものである．両者を比較した記述として，不適当なものはどれか.

ただし，磁性体の形状および体積ならびに交番磁界の周波数は同じとする.

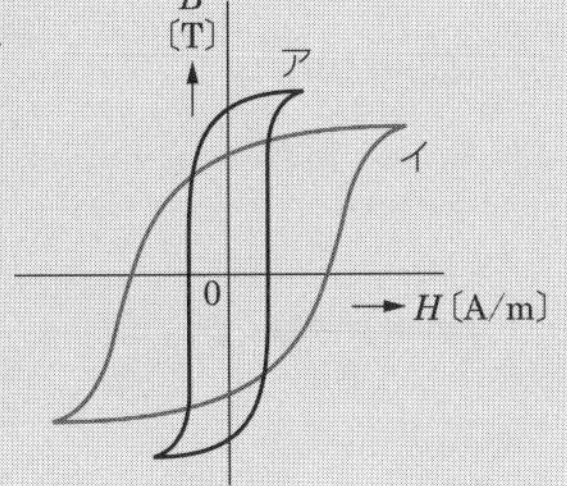

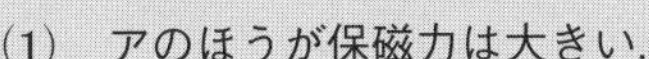

(1) アのほうが保磁力は大きい.
(2) イのほうが最大磁束密度は小さい.
(3) アのほうが残留磁気は大きい.
(4) イのほうがヒステリシス損は大きい.

解答 (1) ❶ヒステリシス曲線の各部の名称は下図に示すとおりで，ヒステリシス損はループの面積に比例します.

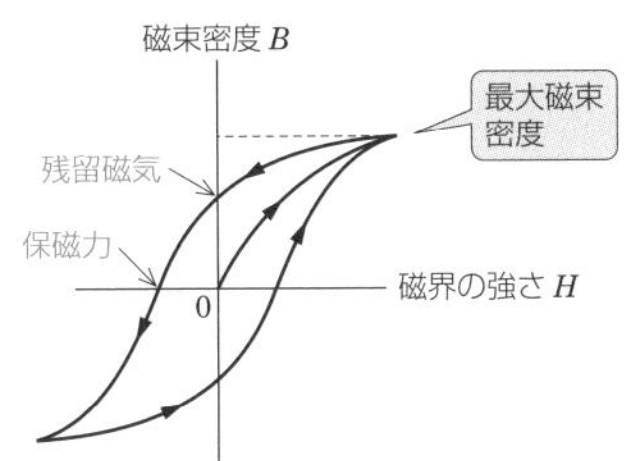

❷アの曲線は最大磁束密度が大きく保磁力が小さいので，変圧器の鉄心などの磁心材料に適しています．イの曲線は残留磁気も保磁力も大きく，永久磁石のような磁石材料に適しています.

05 磁気に関する基本法則

磁気に関する基本法則

磁気に関する基本法則には，下図のようなものがあります．

フレミングの左手の法則

電流の流れる方向を中指，磁界の方向を人指し指にとると，親指の方向に力が働きます．

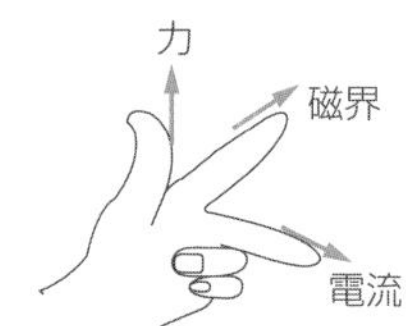

力　$F=BIl$〔N〕

B：磁束密度〔T〕，I：電流〔A〕
l：導体の長さ〔m〕

フレミングの右手の法則

導体に加わる力の方向を親指，磁界の方向を人指し指にとると，中指の方向に誘導起電力が発生します．

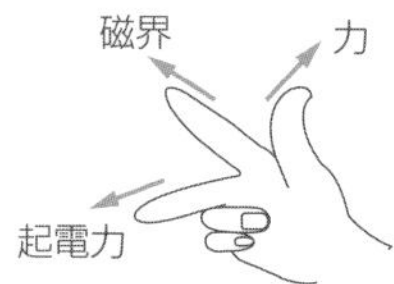

誘導起電力　$e=Blv$〔V〕

B：磁束密度〔T〕，l：導体の長さ〔m〕
v：導体の移動速度〔m/s〕

アンペアの右ねじの法則

右ねじの進む方向に電流を流したとき，ねじの回転方向に磁界が生じます．

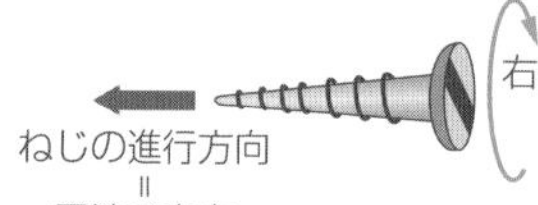

直線電流による磁界の強さ

直線導体に電流I〔A〕を流すと，直線から半径r〔m〕の円周上の磁界の強さHは，$H=\dfrac{I}{2\pi r}$〔A/m〕となります．

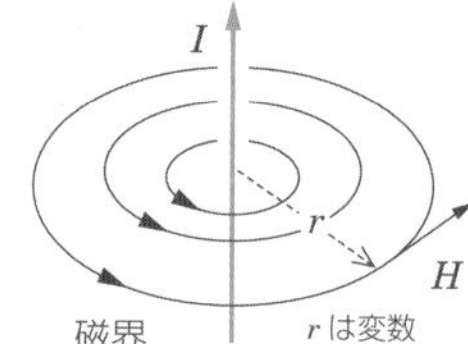

円形コイルの中心の磁界の強さ

半径r〔m〕，巻数Nの円形コイルに電流I〔A〕を流すと，円形コイルの中心点の磁界の強さH〔A/m〕は，$H=\dfrac{NI}{2r}$〔A/m〕となります．

並行導線の電流力

空気中に距離r〔m〕を隔てた長さl〔m〕の並行導線に電流I_1〔A〕とI_2〔A〕を流すと，導体間に働く電流力Fは，

$$F=\frac{2I_1I_2}{r}l\times10^{-7}\ 〔N〕$$

となります．

問題01 図に示す磁極間に置いた導体に電流を流したとき，導体に働く力の方向として，正しいものはどれか．

ただし，電流は紙面の裏から表へ向かう方向に流れるものとする．

(1) a
(2) b
(3) c
(4) d

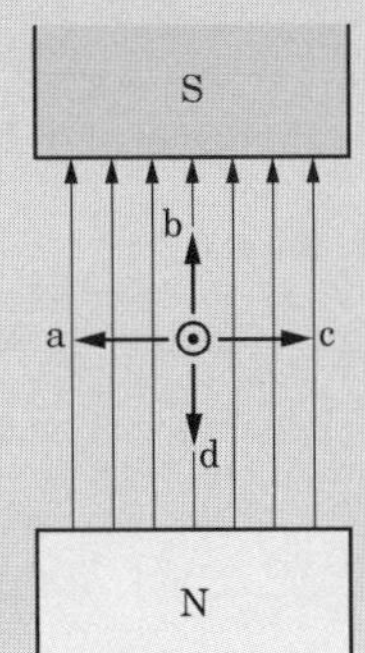

解答 (1) フレミングの左手の法則を適用すると，導体に働く力の方向（親指）は，左向きのa方向となります．

問題02 図のように磁極間に置いた導体に電流を流したとき，導体に働く力の方向として，正しいものはどれか．

ただし，電流は紙面の表から裏へ向かう方向に流れるものとする．

(1) a
(2) b
(3) c
(4) d

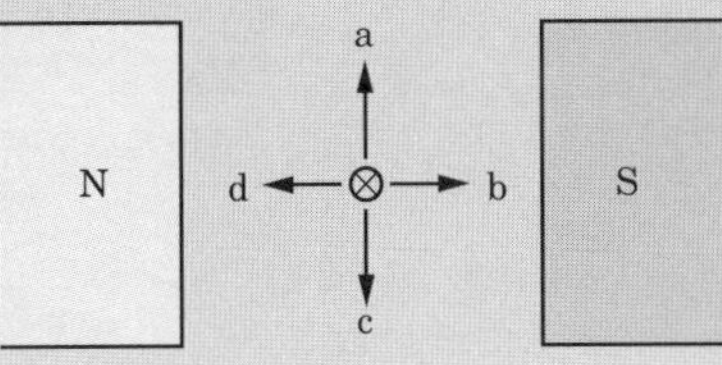

解答 (3) フレミングの左手の法則を適用すると，導体に働く力の方向（親指）は，下向きのc方向となります．

<注意> NSの配置がSNになったり，電流の向きが⊙(紙面の裏から表へ向かう方向）になる問題には注意！

(参考) **電磁誘導に関するファラデーの法則**

電磁誘導によって生じる誘導起電力の大きさは，コイルを貫く磁束の時間変化量と，コイルの巻数の積に比例する．

問題 03　無限に長い直線状導体に図に示す方向に電流 I〔A〕が流れているとき，点 P における磁界の向きと磁界の大きさの組合せとして，適当なものはどれか．ただし，直線状導体から点 P までの距離は r〔m〕とする．

	磁界の向き	磁界の大きさ
(1)	ア	$\dfrac{I}{2\pi r}$
(2)	ア	$\dfrac{I}{2\pi r^2}$
(3)	イ	$\dfrac{I}{2\pi r}$
(4)	イ	$\dfrac{I}{2\pi r^2}$

解答 (3) アンペアの右ねじの法則により，**右ねじの進む方向に電流**を流したとき，**ねじの回転方向（イの方向）に磁界**が生じます．

磁界の強さ H は，$\boldsymbol{H=\dfrac{I}{2\pi r}}$ **〔A/m〕** となります．

問題 04　図に示す平行導体ア，イに電流を流したとき，導体アに働く力の方向として，正しいものはどれか．

ただし，導体アには紙面の表から裏に向かう方向に電流が流れるものとする．

(1)　a
(2)　b
(3)　c
(4)　d

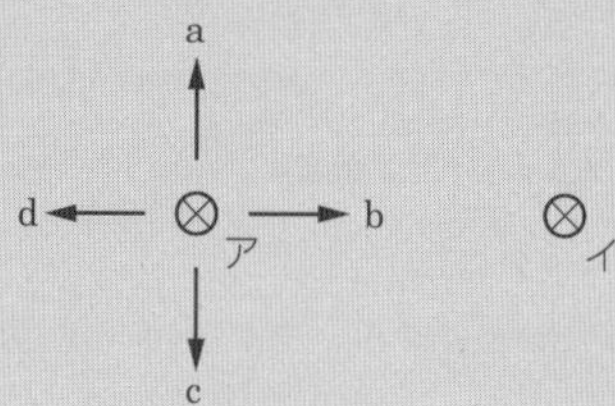

解答 (2) 導体イの電流によって，導体アには a 方向の磁界ができる．導体アにフレミングの左手の法則を適用すると，導体に働く力の方向（親指）は，右向きの b 方向の吸引力となります．

06 電界の強さとクーロン力

電気力線の性質

① 電気力線の向きは，その点の電界の向きと同じである．

② 電気力線の密度は，その点の電界の強さに等しい．

③ 電気力線は，正電荷から出て負電荷に入る．

④ 電気力線は，電位の高い点から低い点に向かう．

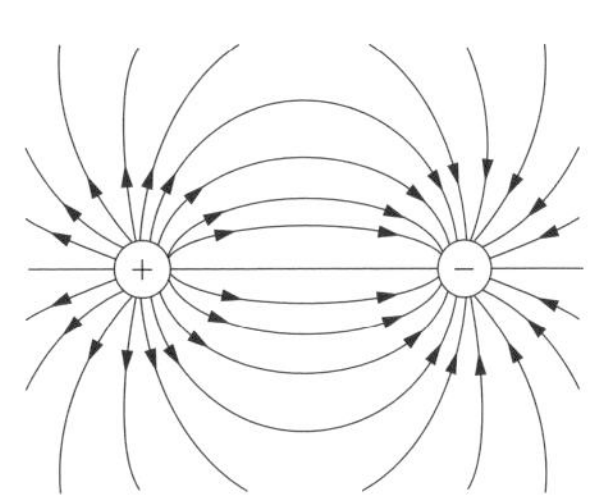

⑤ 電気力線の本数＝ 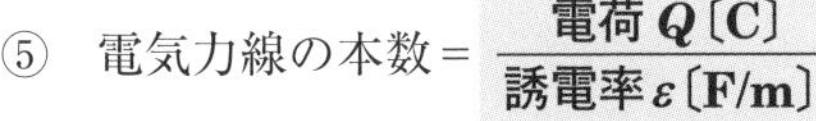

$$\frac{\textbf{電荷}\ \boldsymbol{Q}\,〔\mathbf{C}〕}{\textbf{誘電率}\ \boldsymbol{\varepsilon}\,〔\mathbf{F/m}〕}$$

電界の強さ

誘電率 ε〔F/m〕の媒質中に Q〔C〕の点電荷が置かれた場合，電荷から r〔m〕離れた位置の電界の強さ E は

$$\boldsymbol{E}=\frac{\boldsymbol{Q}}{4\pi\varepsilon \boldsymbol{r}^2}\,〔\mathbf{V/m}〕$$

である．

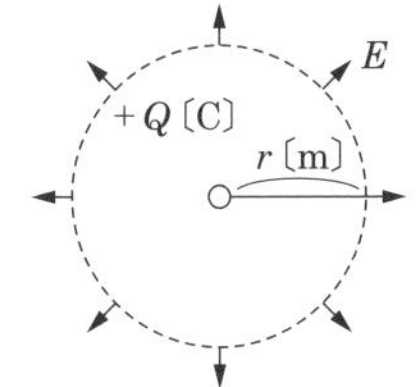

クーロンの法則

誘電率 ε〔F/m〕の媒質中に Q_1〔C〕と Q_2〔C〕の二つの電荷が r〔m〕隔てて置かれた場合，両者に働く力 F（クーロン力）は

$$\boldsymbol{F}=\frac{\boldsymbol{Q_1Q_2}}{4\pi\varepsilon \boldsymbol{r}^2}\,〔\mathbf{N}〕$$

である．クーロン力は，異符号の電荷同士には吸引力が，同符号の電荷同士には反発力が働く．

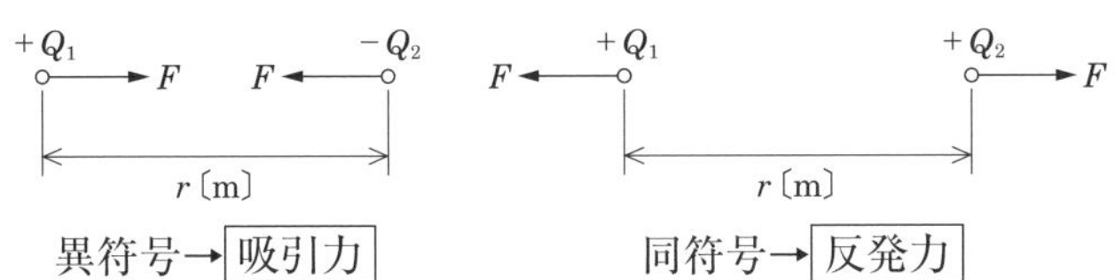

問題 01　図のように，点Aおよび点Bにそれぞれ $+Q$〔C〕の点電荷があるとき，点Rにおける電界の向きとして，正しいものはどれか．ただし，距離 OR＝OA＝OB とする．

(1) ア　(2) イ　(3) ウ　(4) エ

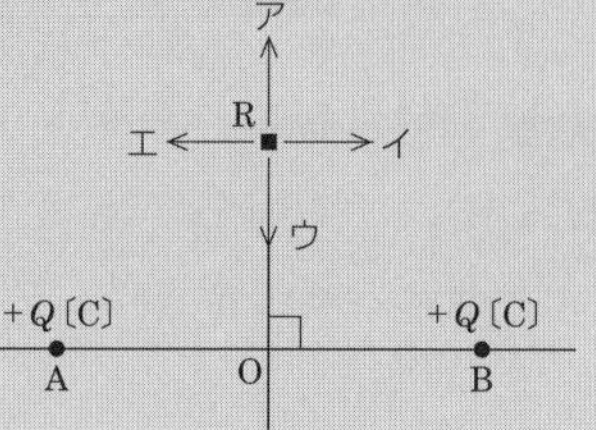

解答▶(1)誘電率 ε〔F/m〕の媒質中の，A点の点電荷 $+Q$〔C〕から r〔m〕離れた位置の電界の強さを E_A，B点の点電荷 $+Q$〔C〕から r〔m〕離れた位置の電界の強さを E_B とすると

$$E_A=E_B=\frac{Q}{4\pi\varepsilon r^2}〔V/m〕$$

となります．

電界の方向は電気力線の方向に等しいので，図の方向となる．E_A と E_B のベクトル和 E が点Rにおける電界の強さで，アの方向となります．

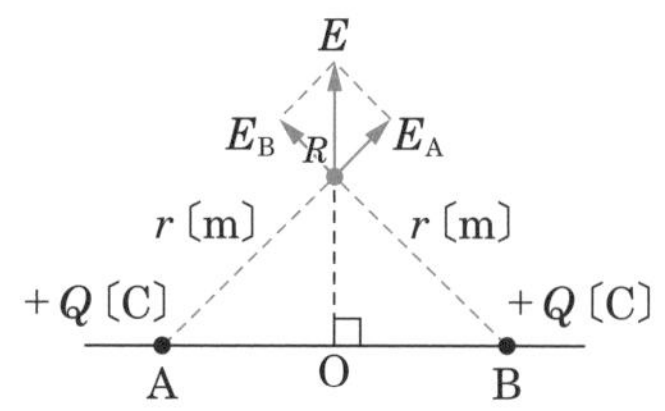

（参考）点Aに $+Q$〔C〕，点Bに $-Q$〔C〕の点電荷があるときは，E_B のベクトルが逆方向となり点Rの電界の向きはイの方向となります．

問題 02　図に示す二つの点電荷 $+Q_1$〔C〕，$-Q_2$〔C〕間に働く静電力 F〔N〕の大きさを表す式として，正しいものはどれか．

ただし，電荷間の距離は r〔m〕，電荷の置かれた空間の誘電率は ε〔F/m〕とする．

(1)　$F=\dfrac{Q_1Q_2}{4\pi\varepsilon r^2}$〔N〕

(2)　$F=\dfrac{Q_1Q_2}{4\pi\varepsilon r}$〔N〕

(3)　$F=\dfrac{Q_1Q_2}{2\pi\varepsilon r^2}$〔N〕

(4)　$F=\dfrac{Q_1Q_2}{2\pi\varepsilon r}$〔N〕

$+Q_1$ ○→ F　　F ←○ $-Q_2$

r〔m〕

解答▶ (1) クーロン力は，$F=\dfrac{Q_1Q_2}{4\pi\varepsilon r^2}$〔N〕で，異符号は吸引力となります．

07 静電容量と静電エネルギー

平行板コンデンサの静電容量

2枚の金属平行板に誘電体をはさむと平行板コンデンサとなります．平行板の電極間隔を d〔m〕，誘電体の誘電率を ε〔F/m〕，電極の面積を S〔m^2〕とすると

静電容量 $C=\dfrac{\varepsilon S}{d}$〔F〕

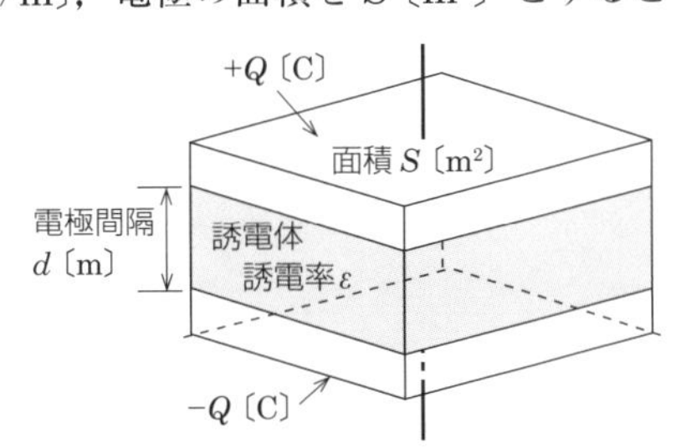

となります．また，コンデンサに加わる電圧 V〔V〕と電荷 Q との間には

電荷 $Q=CV$〔C〕

が成立します．

したがって，静電容量 C は

$C=\dfrac{Q}{V}$〔F〕ともいえます．

合成静電容量

コンデンサの接続には，並列接続と直列接続があり，これを1個のコンデンサとして扱うのが合成静電容量の計算です．

接続区分	並列接続	直列接続
接続図	E, V, C_1, Q_1, C_2, Q_2	E, V, C_1 Q, V_1, C_2 Q, V_2
電荷	$Q_1=C_1V$〔C〕，$Q_2=C_2V$〔C〕 コンデンサの電荷は異なる	$Q=C_1V_1=C_2V_2$〔C〕 コンデンサの電荷は同じ
合成 静電容量	$C_0=C_1+C_2$〔F〕←和	$C_0=\dfrac{C_1\times C_2}{C_1+C_2}$〔F〕←積/和
分担電圧	$V=Q_1/C_1=Q_2/C_2$〔V〕 コンデンサの分担電圧は同じ	$V_1=Q/C_1$〔V〕，$V_2=Q/C_2$〔V〕 コンデンサの分担電圧は異なる

静電エネルギー

コンデンサに蓄えられるエネルギーは静電エネルギーと呼ばれます．静電容量 C〔F〕に電圧 V〔V〕が印加された場合，**静電エネルギー $W=\dfrac{1}{2}CV^2$〔J〕**となります．

問題 01　図に示す面積S〔m^2〕の金属板2枚を平行に向かい合わせたコンデンサにおいて，金属板間の距離がd〔m〕のときの静電容量がC_1〔F〕であった．その金属板の距離を$d/2$〔m〕にしたときの静電容量C_2〔F〕として，正しいものはどれか．

ただし，金属板間にある誘電体の誘電率ε〔F/m〕は一定とし，コンデンサの端効果は，無視するものとする．

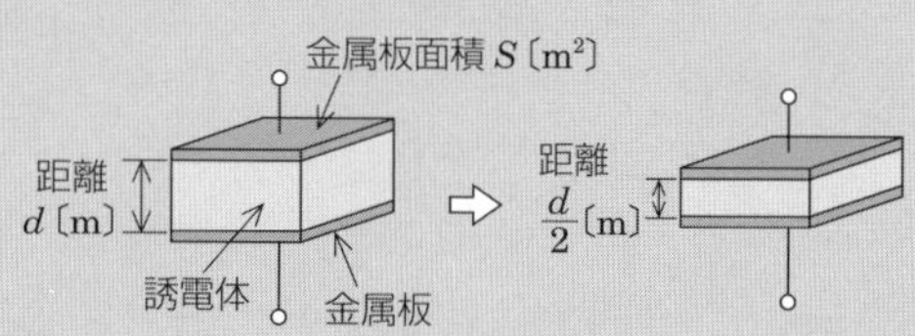

(1) $C_2=\frac{1}{4}C_1$〔F〕　(2) $C_2=\frac{1}{2}C_1$〔F〕　(3) $C_2=2C_1$〔F〕　(4) $C_2=4C_1$〔F〕

解答　(3)　金属板間の距離がd〔m〕のときの静電容量C_1は

$$C_1=\frac{\varepsilon S}{d}\text{〔F〕}$$

金属板間の距離が$d/2$のときの静電容量C_2は

$$C_2=\frac{\varepsilon S}{d/2}=\frac{2\varepsilon S}{d}=2C_1\text{〔F〕}$$

問題 02　図Aの合成静電容量をC_A〔F〕，図Bの合成静電容量をC_B〔F〕とするとき，C_A/C_Bの値として，正しいものはどれか．

(1) $\frac{2}{9}$　(2) $\frac{1}{3}$

(3) $\frac{3}{2}$　(4) 3

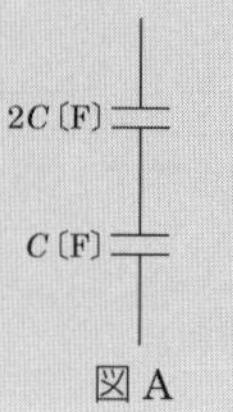

図A

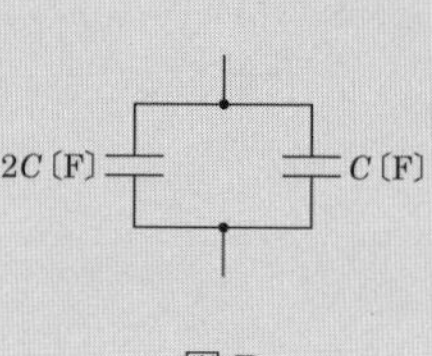

図B

解答　(1)　図Aはコンデンサの直列接続であるので，合成静電容量C_Aは

$$C_A=\frac{2C\times C}{2C+C}=\frac{2}{3}C\text{〔F〕}$$

図Bはコンデンサの並列接続であるので，合成静電容量C_Bは

$$C_B=2C+C=3C\text{〔F〕}$$

$$\therefore\ \frac{C_A}{C_B}=\frac{\frac{2}{3}C}{3C}=\frac{2}{9}$$

08　単相交流回路

正弦波交流

交流波形は，半周期ごとに正と負に周期的に変化する波形で，正弦波（サインウェーブ）です．

電圧の最大値が V_m〔V〕，角周波数が ω〔rad/s〕に対応する正弦波交流の波形は，図に示すとおりで，瞬時値 v〔V〕は時間 t〔s〕の関数として次のように表せます．

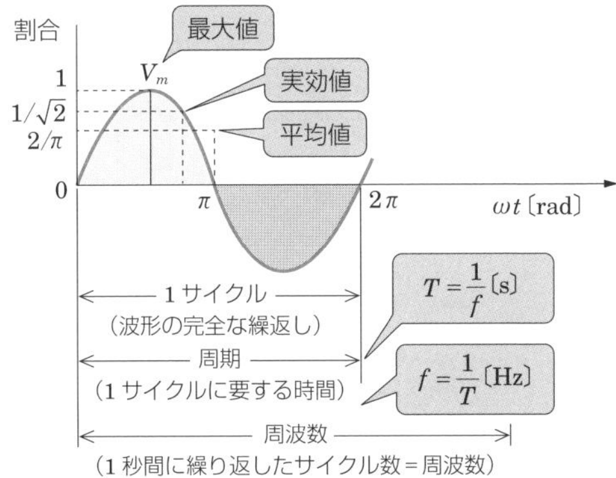

瞬時値 $v=V_m\sin\omega t$〔V〕

実効値$=\dfrac{最大値}{\sqrt{2}}$ ← **交流で一般的に使用**

平均値$=\dfrac{2}{\pi}\times$最大値

交流波形が **$0\sim2\pi$〔rad〕の間を経過するのに要する時間を周期**といい，周波数を f〔Hz〕，周期を T〔s〕とすると

周波数 $f=\dfrac{1}{T}$〔Hz〕　　**角周波数 $\omega=2\pi f$〔rad/s〕**

の関係があります．

交流の電力

交流の電力と無効電力および皮相電力の関係は，電圧を V〔V〕，電流を I〔A〕，力率を $\cos\theta$ とすると次表のようになります．

種　類		有効電力（電力）P	無効電力 Q	皮相電力 S
単　位		〔W〕	〔var〕	〔V・A〕
イメージ		熱の消費	熱消費なし	$\sqrt{P^2+Q^2}$
直流の場合		VI	−	−
交流の場合	単相交流	$VI\cos\theta$	$VI\sin\theta$	VI
	三相交流	$\sqrt{3}\,VI\cos\theta$	$\sqrt{3}\,VI\sin\theta$	$\sqrt{3}\,VI$

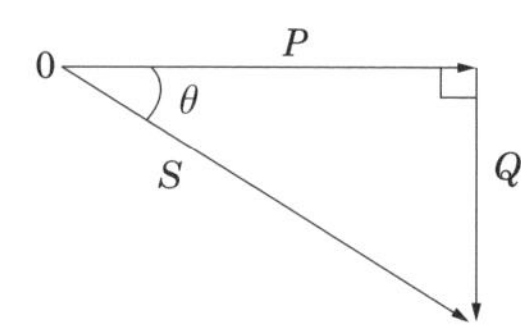

RLC 直列回路のインピーダンス

電源の角周波数を ω〔rad/s〕とすると，抵抗 R〔Ω〕，誘導性リアクタンス $X_L=\omega L$〔Ω〕，容量性リアクタンス $X_c=\dfrac{1}{\omega C}$〔Ω〕の合成インピーダンス Z〔Ω〕は，

$$Z=\sqrt{R^2+\left(\omega L-\frac{1}{\omega C}\right)^2}\ 〔\Omega〕$$

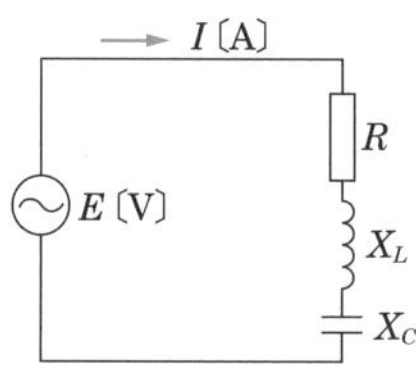

となります．

RLC 直列回路の電流・電力・力率

インピーダンス Z〔Ω〕の回路に，電圧 E〔V〕を加えると，電流 I は

$$I=\frac{E}{Z}=\frac{E}{\sqrt{R^2+\left(\omega L-\dfrac{1}{\omega C}\right)^2}}\ 〔A〕$$

となります．また，電力および力率 $\cos\theta$ は

有効電力 $P=EI\cos\theta$〔W〕

無効電力 $Q=EI\sin\theta$〔var〕

皮相電力 $S=EI=\sqrt{P^2+Q^2}$〔V・A〕

力率 $\cos\theta=\dfrac{R}{Z}$

で表せます．ここで，有効電力（電力）は動力，熱などに変換される電力，無効電力は力率を調整する電力です．

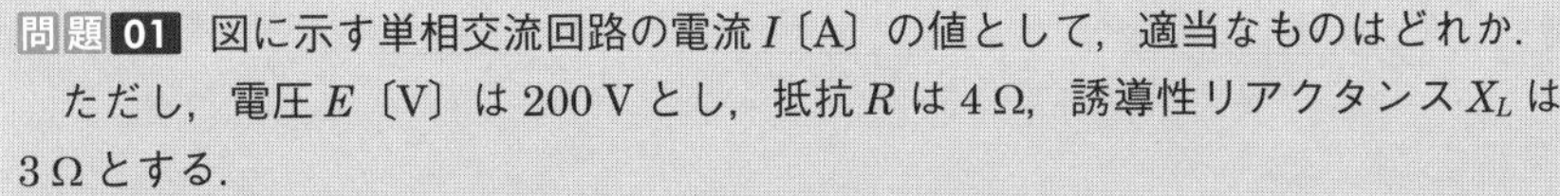

問題 01 図に示す単相交流回路の電流 I〔A〕の値として，適当なものはどれか．

ただし，電圧 E〔V〕は 200 V とし，抵抗 R は 4 Ω，誘導性リアクタンス X_L は 3 Ω とする．

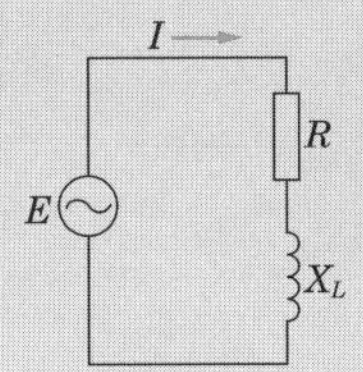

(1) 29 A
(2) 40 A
(3) 50 A
(4) 67 A

解答 (2) 回路のインピーダンスを Z とすると

$$Z = \sqrt{R^2 + X_L{}^2} = \sqrt{4^2 + 3^2} = 5\Omega$$

$$\therefore \quad 電流 \quad I = \frac{E}{Z} = \frac{200}{5} = 40\ \mathrm{A}$$

問題 02 計器定数（1 kW·h 当たりの円板の回転数）2 000 rev/kW·h の単相 2 線式の電力量計を，電圧 100 V，電流 10 A，力率 0.8 の回路に 15 分間接続した場合の円板の回転数として，正しいものはどれか．

(1) 400 回転　(2) 500 回転　(3) 600 回転　(4) 800 回転

解答 (1) 単相 2 線式の電力量計を，電圧 $V = 100$ V，電流 $I = 10$ A，力率 $\cos\theta = 0.8$ の回路に 15 分間（$T = 0.25$〔h〕）接続したときの電力量 W は

$$W = VI\cos\theta \times T = 100 \times 10 \times 0.8 \times 0.25$$
$$= 200〔\mathrm{W \cdot h}〕= 0.2〔\mathrm{kW \cdot h}〕$$

となります．計器定数 2 000〔rev/(kW·h)〕は，1〔kW·h〕の電力量の消費で 2 000 回転することを意味しているので，0.2〔kW·h〕を消費したときの円板の回転数を N とすると，

$$1〔\mathrm{kW \cdot h}〕: 2\,000〔回転〕= 0.2〔\mathrm{kW \cdot h}〕: N〔回転〕$$

$$\therefore \quad N = \frac{2\,000 \times 0.2}{1} = 400〔回転〕$$

09 三相交流回路

三相3線式の結線

三相3線式の代表的な結線として，Y（スター）結線と△（デルタ）結線があります．これらの結線の電圧と電流の関係は，下記のとおりです．

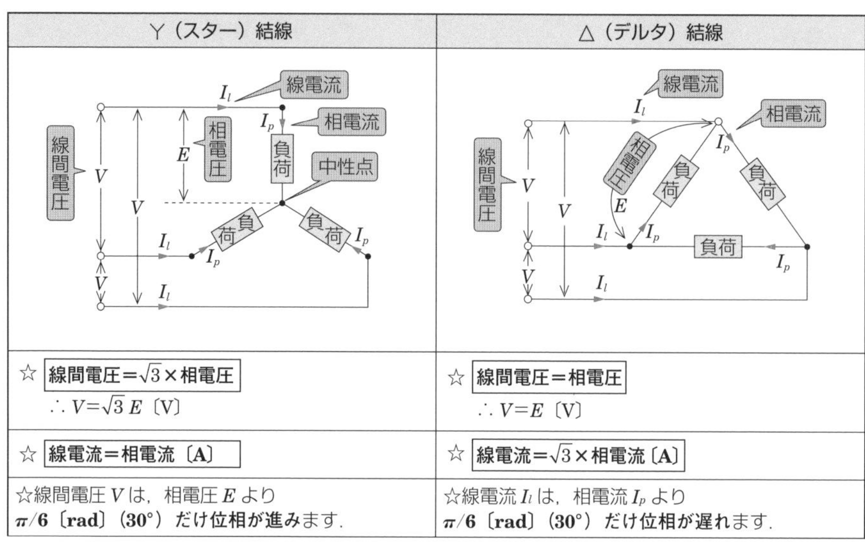

Y（スター）結線	△（デルタ）結線
☆ 線間電圧＝$\sqrt{3}$×相電圧 $\therefore V=\sqrt{3}E$〔V〕	☆ 線間電圧＝相電圧 $\therefore V=E$〔V〕
☆ 線電流＝相電流〔A〕	☆ 線電流＝$\sqrt{3}$×相電流〔A〕
☆線間電圧 V は，相電圧 E より **$\pi/6$〔rad〕（30°）だけ位相が進み**ます．	☆線電流 I_l は，相電流 I_p より **$\pi/6$〔rad〕（30°）だけ位相が遅れ**ます．

インピーダンスの△⇔Y変換

三相3線式において，負荷が平衡している場合，負荷のインピーダンス Z〔Ω〕の△⇔Y変換は次のように行えます．

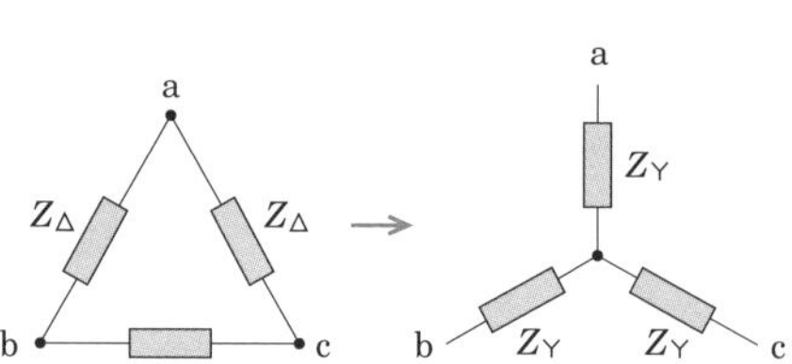

☆△→Y変換：$\mathbf{Z_Y}=\dfrac{\mathbf{Z_\Delta}}{\mathbf{3}}$〔Ω〕

☆Y→△変換：$\mathbf{Z_\Delta}=\mathbf{3Z_Y}$〔Ω〕

電力と無効電力

三相回路では，電力は下表の式で計算できます．また，一般に有効電力のことを電力と呼びます．

有効電力	無効電力	皮相電力
$P=\sqrt{3}VI\cos\theta$〔W〕	$Q=\sqrt{3}VI\sin\theta$〔var〕	$S=\sqrt{3}VI$〔V·A〕

問題 01　図に示す三相負荷に三相交流電源を接続したときに流れる電流 I〔A〕の値として，正しいものはどれか．

(1)　$\dfrac{10}{\sqrt{3}}$ A

(2)　$\dfrac{20}{\sqrt{3}}$ A

(3)　$10\sqrt{3}$ A

(4)　$20\sqrt{3}$ A

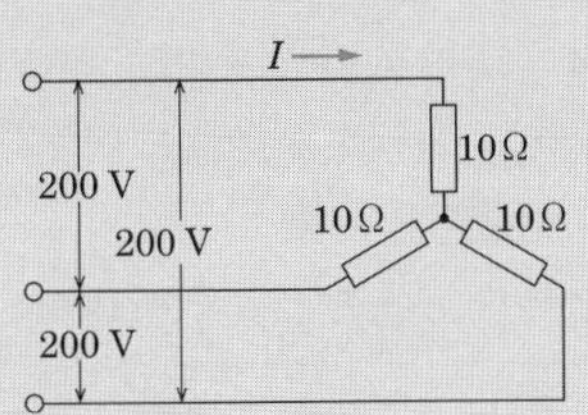

解答　(2) 線間電圧が 200 V であるので，10 Ω の抵抗に加わる相電圧は $200/\sqrt{3}$ V です．したがって，電流 I は

$$I=\frac{200/\sqrt{3}}{10}=\frac{20}{\sqrt{3}}\ \mathrm{A}$$

問題 02　図に示す三相負荷に三相交流電源を接続したときの電流 I〔A〕の値として，正しいものはどれか．

(1)　$\dfrac{10}{\sqrt{3}}$〔A〕

(2)　20〔A〕

(3)　$20\sqrt{3}$〔A〕

(4)　60〔A〕

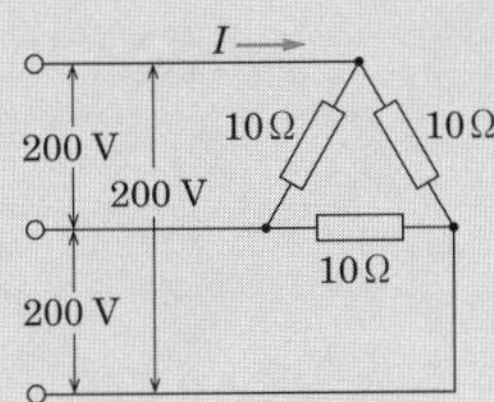

解答　(3) 10 Ω に流れる電流は，相電流であるので

$$相電流=\frac{200〔\mathrm{V}〕}{10〔\Omega〕}=20〔\mathrm{A}〕$$

△結線の線電流　$I=\sqrt{3}\times 相電流=\sqrt{3}\times 20=20\sqrt{3}$〔A〕

10 電気計器

アナログ計器とデジタル計器

アナログ計器は，**指示電気計器**と呼ばれ，測定量の連続的変化を**指針の振れ**で示す計器です．一方，デジタル計器は測定量を数値で表示する計器です．

指示電気計器の種類と特徴

指示電気計器には，下表のような種類があります．

種類と記号	指示	指針の指示原理と特徴
可動コイル形	直流 平均値	・可動コイルに流れる電流と永久磁石との間に働く**電磁力**を利用しています． ・**直流測定専用**計器で，感度がよく**外部磁界の影響が少ない**．
可動鉄片形	交流 実効値	・コイルに流れる電流により磁化された**可動鉄片と固定鉄片との電磁力**を利用しています． ・**構造が簡単**で，丈夫で安価です．
電流力計形	直流・交流 実効値	・固定コイルの電流による磁界と可動コイルの電流との間で発生する**電磁力**を利用しています． ・**直流～1 kHz以下の電流，電圧，電力の測定**に使用します．
静電形	直流・交流 実効値	・固定電極と可動電極に充電された電荷の吸引力を利用します． ・**静電力が電圧の2乗に比例する**原理のため，直・交流に使用でき，**高電圧の測定**に適しています． ・外部磁界の影響を受けにくいです．
熱電対形	直流・交流 実効値	・抵抗線に発生するジュール熱を熱電対により**熱起電力**として取り出し，可動コイル形計器で測ります． ・直流から高周波まで，**ひずみ波の測定**にも適しています．
誘導形	交流 実効値	・くま取りコイルによる**移動磁界により円板に生ずる渦電流と磁界との間で発生する電磁力**を利用しています． ・**電力量計**に用いられています．
整流形	交流 実効値	・ダイオードで全波整流した電流を可動コイル形計器で測ります． ・指針の振れは，コイルの電流の**平均値**に比例します． ・正弦波であるとして波形率を用いて**実効値目盛で表示**するため，ひずみ波での誤差が大きい欠点があります．

問題 01 アナログ計器と比較したデジタル計器の特徴に関する記述として，最も不適当なものはどれか．

(1) 電圧の測定では内部抵抗が低い．
(2) 読み取りの個人差がない．
(3) 計器の内部ではA-D変換が行われている．
(4) コンピュータに接続してデータの処理ができる．

解答 (1) 電圧の測定では内部抵抗は高く，電流の測定では内部抵抗は低いです．

問題 02 動作原理により分類した指示電気計器の記号と名称の組合せとして，適当なものはどれか．

	記号	名称		記号	名称
(1)		可動鉄片形計器	(2)		静電形計器
(3)		永久磁石可動コイル形計器	(4)		電流力計形計器

解答 (1) の組合せが正しい．(2) の記号は可動コイル形計器，(3) の記号は電流力計形計器，(4) の記号は静電形計器です．

問題 03 直流専用の指示電気計器として，適当なものはどれか．

(1) 永久磁石可動コイル形計器　(2) 可動鉄片形計器
(3) 熱電形計器　(4) 電流力計形計器

解答 (1) 可動コイル形計器は，直流測定専用計器です．
(2) の可動鉄片形計器は交流測定計器，(3) の熱電形計器は直流・交流両用計器，(4) の電流力計形計器は直流・交流両用計器です．
(参考) 整流形計器は交流計器で，基本波の波形率を用いて実効値目盛で表示します．

11　分流器と倍率器

分流器

電流計の測定範囲の拡大のため，**電流計に並列に接続**して，**大電流を測定**します．

測定したい電流を I〔A〕，電流計Ⓐの電流を I_a〔A〕，電流計の内部抵抗を r_a〔Ω〕，分流器の抵抗を R_a〔Ω〕とします．端子電圧は一定で

$$\frac{r_a R_a}{r_a + R_a} I = r_a I_a$$

だから，

分流器の倍率　$$m_a = \frac{\text{測定電流}}{\text{電流計の電流}} = \frac{I}{I_a} = 1 + \frac{r_a}{R_a}\text{〔倍〕}$$

となります．

倍率器

電圧計の測定範囲の拡大のため，**電圧計に直列に接続**して，**高電圧を測定**します．

測定したい電圧を V〔V〕，電圧計Ⓥの端子電圧を V_V〔V〕，電圧計の内部抵抗を r_V〔Ω〕，倍率器の抵抗を R_V〔Ω〕とします．電流は一定で

$$\frac{V}{R_V + r_V} = \frac{V_V}{r_V}$$

だから，

倍率器の倍率　$$m_V = \frac{\text{測定電圧}}{\text{電圧計の電圧}} = \frac{V}{V_V} = 1 + \frac{R_V}{r_V}\text{〔倍〕}$$

となります．

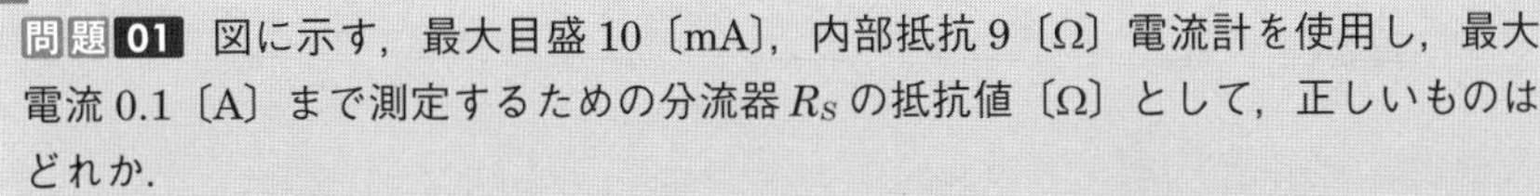

問題 01　図に示す，最大目盛 10〔mA〕，内部抵抗 9〔Ω〕電流計を使用し，最大電流 0.1〔A〕まで測定するための分流器 R_S の抵抗値〔Ω〕として，正しいものはどれか．

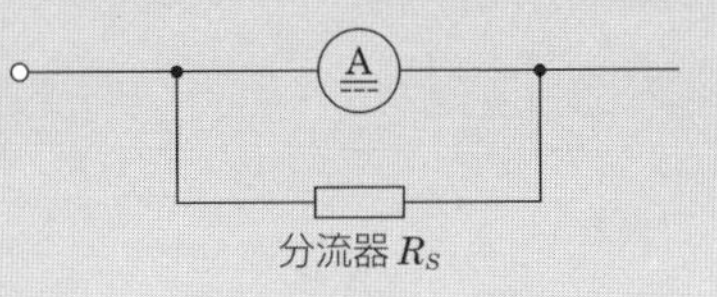

(1)　0.9〔Ω〕
(2)　1〔Ω〕
(3)　81〔Ω〕
(4)　90〔Ω〕

解答　(2) 電流計に 0.01〔A〕，分流器に 0.1 − 0.01 = 0.09〔A〕の電流が流れます．また，両端子の電圧は等しいので

$$0.01 \times 9 = 0.09 \times R_S \quad \rightarrow \quad \therefore R_S = \frac{0.01 \times 9}{0.09} = 1 \text{〔Ω〕}$$

問題 02　図に示す，内部抵抗 10〔kΩ〕，最大目盛 30〔V〕の永久磁石可動コイル形電圧計を使用し，最大電圧 300〔V〕まで測定するための倍率器の抵抗 R_m〔kΩ〕の値として，適当なものはどれか．

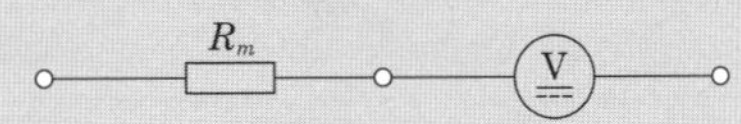

(1)　10〔kΩ〕
(2)　90〔kΩ〕
(3)　100〔kΩ〕
(4)　900〔kΩ〕

解答　(2) 図のように，倍率器の抵抗を R_m〔kΩ〕，電圧計の内部抵抗を r_V=10〔kΩ〕，電圧計の最大目盛 V_V=20〔V〕，測定電圧 V_m=200〔V〕とすると，倍率器には（V_m−V_V）の電圧が印加されます．
回路に流れる電流を I とすると，

$$I = \frac{V_V}{r_V} = \frac{V_m - V_V}{R_m}$$

$$= \frac{20\text{〔V〕}}{10\text{〔kΩ〕}} = \frac{180\text{〔V〕}}{R_m\text{〔kΩ〕}}$$

$$\therefore R_m = \frac{10 \times 180}{20} = 90\text{〔kΩ〕}$$

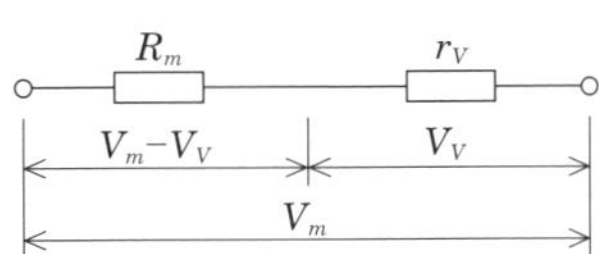

12 効果と現象

代表的な効果と現象

代表的な効果や現象は，下表のとおりです．

名　称	説明図	説　明
ゼーベック効果		異なる 2 種類の金属で閉回路をつくり，二つの接合部を異なる温度に保つと**熱起電力**が発生し，熱電流が流れます．
ペルチェ効果		異なる 2 種類の金属でつくられた熱電対の温度を一定に保ち，電流を流すと接合部で**熱の発生・吸収**が起こります．
ホール効果		金属や半導体に**電流と直角に磁界**を加えると，**どちらにも直角な方向に起電力**を生じます．
ピンチ効果	流体の導体に電流を流すと，導体断面に磁界ができ，この磁界が電流を締めつけるように働いて**導体がくびれ収縮**します．	
圧電効果 （ピエゾ効果）		水晶やロッシェル塩などの強誘電体結晶に**機械的な圧力・張力を加える**と分極電荷を生じ，結晶表面に**起電力**を生じます．

問題 01　熱電効果に関する次の記述に該当する用語として，適当なものはどれか．

「異なる 2 種類の金属導体を接続して閉回路を作り，二つの接合点に温度差を生じさせると閉回路に起電力が発生し電流が流れる現象」

(1) ゼーベック効果　　(2) ペルチェ効果

(3) トムソン効果　　(4) ピエゾ効果

解答　(1) ゼーベック効果は，熱を電気に変換できるので，**熱電温度計**などに使用されます．なお，電気を熱に変換できるのはペルチェ効果です．

01 水力発電所の出力

水力発電所の出力

水力発電所は，高いところにある水の位置エネルギーを利用して，水車で回転する機械エネルギーに変え，発電機を回して電力を発生します．

流量を Q〔m^3/s〕，有効落差を H〔m〕，水車効率を η_t，発電機効率を η_g とすると，発電所出力 P は次式で求められます．

発電所出力（発電機の出力）$P = 9.8QH\eta_t\eta_g$〔kW〕

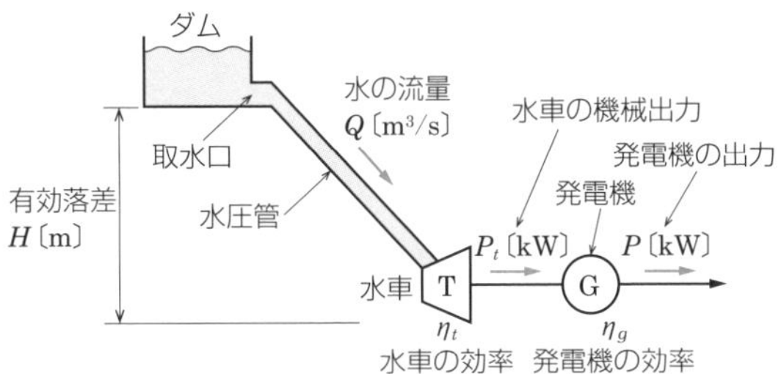

揚水電力（電動機入力）

揚水発電所では，上部および下部に調整池を設け，深夜の軽負荷時間帯に下池の水をポンプでくみ上げて揚水して上池に貯留します．昼間のピーク時間帯では，上池に貯留された水を用いて発電します．

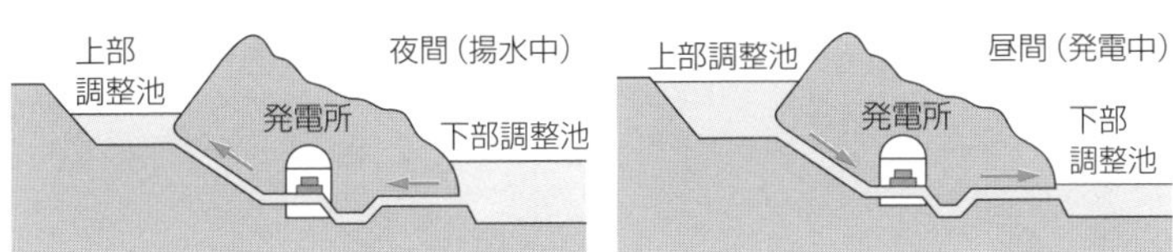

流量を Q〔m^3/s〕，全揚程を H〔m〕，ポンプ効率を η_p，電動機効率を η_m とすると，揚水電力（電動機の入力電力）P は次式で示されます．

$$\text{揚水電力 } P = \frac{9.8QH}{\eta_p\eta_m} \text{〔kW〕}$$

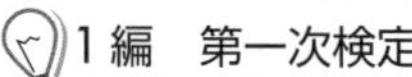

問題 01　水力発電所の発電機出力 P〔kW〕を求める式として，正しいものはどれか．ただし，各記号は次のとおりとする．
Q：水車に流入する水量〔$\mathrm{m^3/s}$〕，H：有効落差〔m〕，η：水車と発電機の総合効率

（1）$P=9.8Q\mathrm{H}\eta$〔kW〕
（2）$P=9.8Q^2\mathrm{H}\eta$〔kW〕
（3）$P=9.8Q\mathrm{H}^2\eta$〔kW〕
（4）$P=9.8Q^2\mathrm{H}^2\eta$〔kW〕

解答　（1）発電機の出力は，基本公式どおり $P=9.8Q\mathrm{H}\eta$〔kW〕です．
（参考）水車効率を η_t，発電機効率を η_g とすると，総合効率 $\eta = \eta_t\eta_g$ となります．

問題 02　水力発電所の発電機出力 P〔kW〕を求める式として，正しいものはどれか．ただし，各記号は次のとおりとする．
Q：水車に流入する水量〔$\mathrm{m^3/s}$〕，H：有効落差〔m〕，η_g：発電機の総合効率，
η_t：水車の効率

（1）$P=9.8QH^2\eta_g\eta_t$〔kW〕
（2）$P=9.8QH\eta_g\eta_t$〔kW〕
（3）$P=\dfrac{9.8QH^2}{\eta_g\eta_t}$〔kW〕
（4）$P=\dfrac{9.8QH}{\eta_g\eta_t}$〔kW〕

解答　（2）発電機の出力は，基本公式どおり，$\boldsymbol{P=9.8QH\eta_g\eta_t}$ **〔kW〕**です．

02 水力発電所の設備

ダムの種類と特徴

代表的なダムには，下表のような種類があります．

コンクリート重力ダム	アーチダム	ロックフィルダム
ダムの上流部にかかる荷重を，ダムの自重により下の岩盤に伝える構造です．	ダムの上流面にかかる荷重をアーチ作用により側方に伝えるもので，コンクリート量を減らせます．	岩塊を積み上げて作るダムで，中心部にはしゃ水壁を設けています．

水車の種類と特徴

水車は水の持つエネルギーを機械的エネルギーに変換しますが，その利用エネルギーによって衝動水車と反動水車に分類されます．

- **衝動水車** ：主として**運動エネルギーを利用**しています．⇒**ペルトン水車**
- **反動水車** ：主として**圧力エネルギーを利用**しています．⇒**ペルトン水車以外**

種　類	構　造	特　徴
衝動水車		①　ノズルから噴射するジェットをバケットに当てて回転させます． ②　250 m 以上の**高落差で小水量用**です．
反動水車		①　渦巻きケーシングの中でランナを流水の反力で回転させ，吸出管によりランナから放水面までの損失落差を回収します． ②　**中・低落差で大水量用**です． ③　フランシス水車，斜流水車，プロペラ水車が該当し，可動羽根式のものにはデリア水車，カプラン水車があります．

衝動水車と反動水車の設備

(1)　衝動水車に特有な設備

① **バケット**：ニードル弁からの噴射水を受け，衝撃力をディスクに伝えます．

② **ニードル弁**：前後進して流出口の断面積を変え，水量の加減を行います．

③ **デフレクタ**：負荷の急変時や発電機の停止時に，ノズルから噴出する水ジェットをバケットからそらせ，水車の速度と水圧の上昇を抑制します．

④ **ジェットブレーキ**：バケット反対側に水を噴射し，水車を停止させます．

(2)　反動水車に特有な設備

① **ガイドベーン**：案内羽根のことで，ランナへの流入水量を開度調節します．

② **吸出管**：ランナと放水面との落差を有効に活用し，損失水頭を小さくするため，**速度エネルギーを位置のエネルギーとして回収**する設備です．

水車の比速度

比速度とは，「**ある水車と幾何学的に相似形を保って大きさを変え，落差 1m で出力 1kW を発生させたときの毎分の回転速度**」のことです．

比速度の大きさ	ペルトン水車＜フランシス水車＜斜流水車＜プロペラ水車

キャビテーションとは？

水車の流水中に，**飽和蒸気圧以下の部分**が生じると，その部分に**気泡または真空部分**が生じ，これが水圧の高い部分に達すると**瞬間的に潰れ大きな衝撃が発生**する現象です．キャビテーションが発生すると，振動や騒音が生じて，効率や出力の低下を招くほか，流水に接する部分に壊食が生じます．

（**主な対策**）比速度や吸出し高さを高くしない．

水撃作用とは？

水力発電所で，水圧管に水が流れているとき，水車入口弁を急に閉じると，水の運動エネルギーが圧力のエネルギーとなって，管内に過渡的な圧力上昇を生じる現象です．水撃作用は，**流速の変化が大きく**，**水圧管の長さが長いほど**，**水車入口弁の閉鎖時間が短いほど大きく**なります．

（**主な対策**）サージタンクを設置する．

水力発電所の調速機

水車の回転速度および出力を調整するため，回転速度変化に応じて自動的に水口開度（衝動水車ではニードル弁，反動水車ではガイドベーン）を調整します．

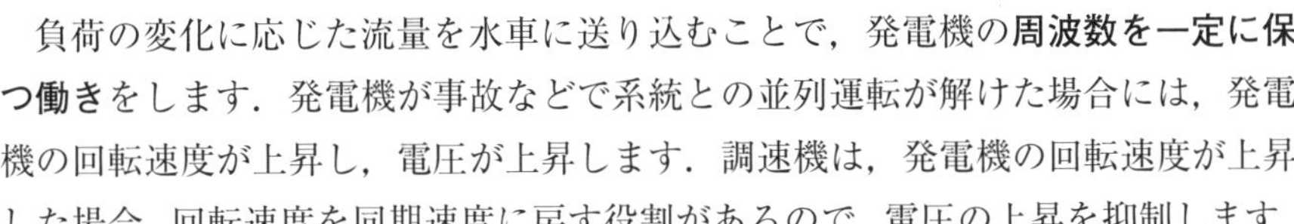

負荷の変化に応じた流量を水車に送り込むことで，発電機の**周波数を一定に保つ働き**をします．発電機が事故などで系統との並列運転が解けた場合には，発電機の回転速度が上昇し，電圧が上昇します．調速機は，発電機の回転速度が上昇した場合，回転速度を同期速度に戻す役割があるので，電圧の上昇を抑制します．

問題 01 水力発電に用いられる次の記述に該当するダムの方式として，適当なものはどれか．

「水圧の外力を両岸の岩盤で支える構造で，川幅が狭く両岸が高く，かつ両岸，底面ともに堅固な場所に造られる．」

(1) 重力ダム　(2) アーチダム　(3) アースダム　(4) ロックフィルダム

解答 (2) アーチダムは，アーチ作用によって水圧を両岸の岩盤で支え，ダムの厚さが薄くコンクリートなどの材料が少なくてすみます．よくご存知の黒部（くろよん）ダムは，アーチダムです．

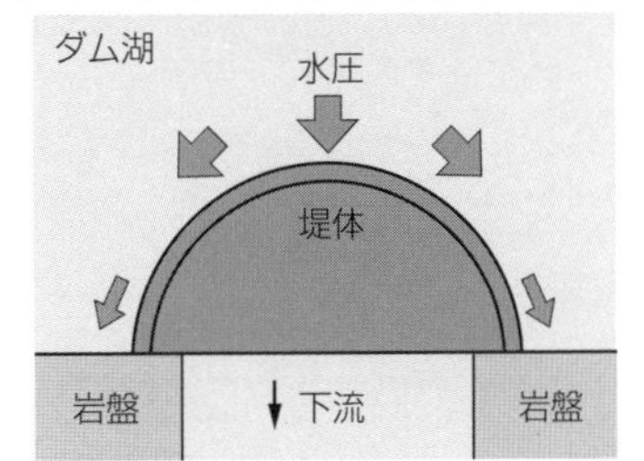

問題 02 水力発電に用いられる水車に関する記述のうち，□に当てはまる語句の組合せとして，適当なものはどれか．

「圧力水頭を速度水頭に変えた流水をランナに作用させる構造の水車を［ア］と呼び，ノズルから流出するジェットをランナのバケットに作用させる［イ］が代表的である．」

	ア	イ
(1)	衝動水車	フランシス水車
(2)	衝動水車	ペルトン水車
(3)	反動水車	フランシス水車
(4)	反動水車	ペルトン水車

解答 (2) 水車には，衝動水車と反動水車があります．

- **衝動水車**：速度水頭を利用する**ペルトン水車**
- **反動水車**：圧力水頭を利用するフランシス水車，斜流水車，プロペラ水車

問題03　ダム水路式発電所の水圧管における水撃作用に関する記述として，最も不適当なものはどれか.

(1)　水圧管を破壊させることがある.
(2)　水圧管の長さが長いほど大きくなる.
(3)　水車入口弁の閉鎖に要する時間が長いほど大きくなる.
(4)　水車の使用水量を急激に変化させた場合に発生する.

解答　(3) 水撃作用は，水車には，水車入口弁の閉鎖に要する時間が短いほど大きくなります.

03 水力発電の主な試験

主な試験と目的

水力発電所の主な試験とその目的は，下表のとおりです．

試験の名称	主な目的
(発電時) 負荷遮断試験	①正常運転中に系統から解列したときに，安全に停止できることを確認します． ②水圧変動率，速度変動率，電圧変動率，ガイドベーン開度などの応答・変動を確認します．
ポンプ水車入力遮断試験	（同上）
(発電時) 非常停止試験	①機器の異常によるトリップが正常に行われるかを確認します． ②遮断器開放などの動作の確認をします．
負荷試験	100%負荷を担えるか確認します．
竣工時の試験	①**無水試験**，②**有水試験**，③**使用前検査** （商用運転に入れるかを確認します．）

問題01 水力発電所の建設工事に関する記述として，最も不適当なものはどれか．

(1)　接地工事の接地極は，吸出管の基礎掘削の際に埋設した．

(2)　建屋内の天井クレーンは，主要機器の据付け前に設置した．

(3)　立軸の水車と発電機の心出しは，ピアノ線センタリング方式で行った．

(4)　ケーシングの現場溶接箇所の内部欠陥を確認するために，浸透探傷試験を行った．

解答 (4) 浸透探傷試験は，材料表面の開口した傷を探査する試験です．溶接箇所の内部欠陥の確認には，放射線透過検査などによらねばなりません．

(参考) 次の選択肢も出題されています．

○：接地として，発電所の敷地に網状に接地線をめぐらし，多数の銅板を埋設した．

×：目視試験のみで，ケーシングの現場溶接箇所の欠陥を調べた．

→溶接箇所の検査には，外観試験，磁粉探傷試験，浸透探傷試験や内部欠陥試験として放射線透過試験，超音波探傷試験などがあります．

04　汽力発電所の設備

ランキンサイクルと設備

汽力発電所の基本サイクルは，**給水ポンプ→節炭器→ボイラー→過熱器→タービン→復水器**の繰返しのランキンサイクルです．

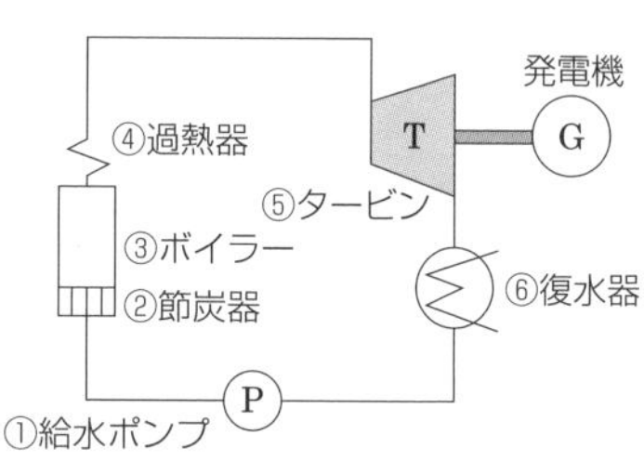

① **給水ポンプ**：復水器から送り込まれた水をボイラーに供給するポンプです．

② **節炭器**：煙道ガスの余熱を利用してボイラー給水を加熱する設備です．

③ **ボイラー**：燃料を燃焼させ，ボイラー内で水から飽和蒸気をつくり出します．

④ **過熱器**：蒸発管で発生した飽和蒸気を過熱し，高温高圧の過熱蒸気とします．

⑤ **タービン**：蒸気の持つ熱エネルギーを機械エネルギーに変換します．

⑥ **復水器**：タービンの排気蒸気を冷却水で冷却凝縮して水に戻して復水を回収する装置です．内部の真空度を高くすることで，タービンの入口蒸気と出口蒸気の圧力差を大きくし，タービンの効率を高めています．

汽力発電所の空気の流れ

汽力発電所の空気の流れは，次のとおりです．

押込通風機 → **空気予熱器** → **火炉** → **過熱器** → **再熱器** → **節炭器** → **空気予熱器** → **集じん装置** → **誘引通風機** → **煙突**

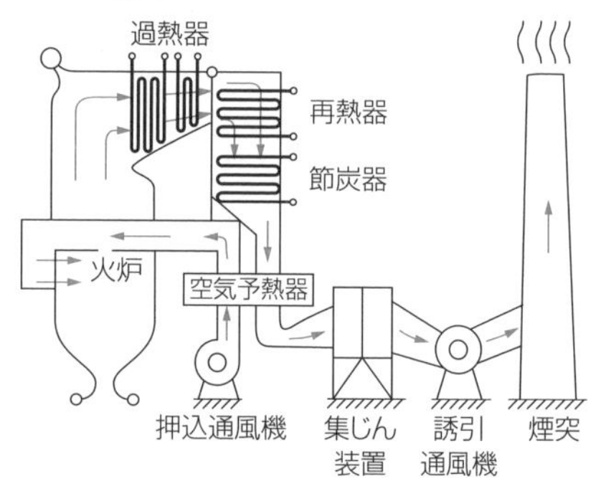

① **通風機**：燃焼に必要な空気の供給と燃焼ガスをボイラーの伝熱面を通過させ大気に放出させます．

② **空気予熱器**：煙道排ガスの余熱を利用して燃焼用空気を加熱します．

③ **再熱器**：高圧タービンで仕事をした蒸気を再びボイラーに戻して再過熱し，熱効率を向上させる設備です．

④ **集じん装置**：ばい煙中の浮遊粒子を除去するもので，機械式と電気式とがあります．

問題 01 図に示す汽力発電の熱サイクルにおいて，アとイの名称の組合せとして，適当なものはどれか．

	ア	イ
(1)	過熱器	復水器
(2)	過熱器	節炭器
(3)	再熱器	復水器
(4)	再熱器	節炭器

蒸気タービン
発電機
ア
G
ボイラー
イ
給水ポンプ

解答 (1) アは過熱器，イは復水器です．

問題 02 図に示す火力発電所で用いられる強制循環ボイラーにおいて，イとロの名称の組合せとして，適当なものはどれか．

	イ	ロ
(1)	給水ポンプ	蒸発管
(2)	給水ポンプ	節炭器
(3)	循環ポンプ	蒸発管
(4)	循環ポンプ	節炭器

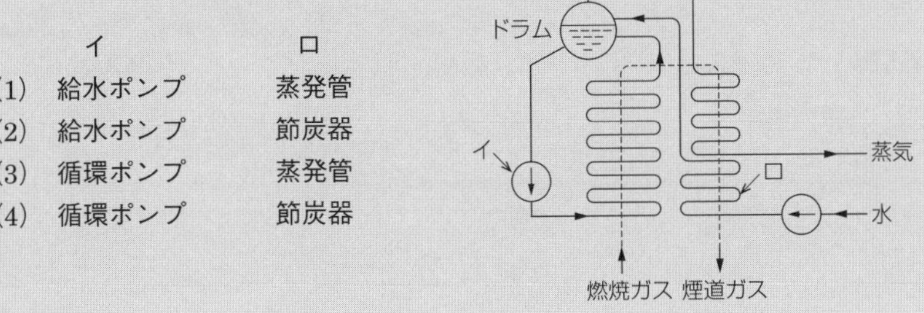

解答 (4) 強制循環ボイラーにおいて，下降管に設けるのは**循環ポンプ**で，煙道ガスを利用してあらかじめ給水を温めるのは**節炭器**です．

問題 03 図に示す汽力発電の強制循環ボイラーにおいて，イとロの名称の組合せとして，適当なものはどれか．

	イ	ロ
(1)	給水ポンプ	過熱器
(2)	給水ポンプ	節炭器
(3)	循環ポンプ	過熱器
(4)	循環ポンプ	節炭器

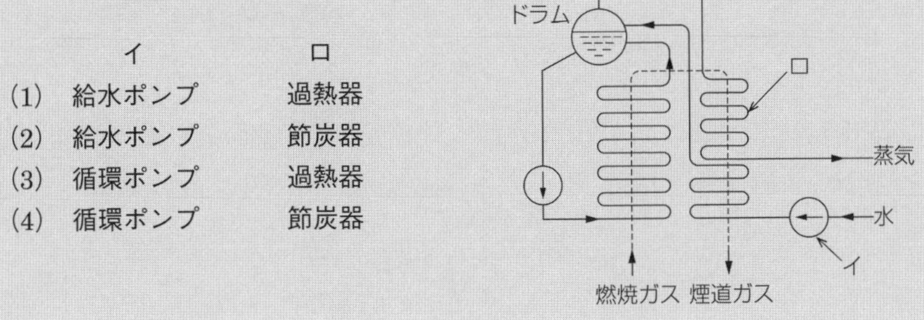

解答 (1) 強制循環ボイラーにおいて，ドラムに水を供給するのは**給水ポンプ**で，ドラムの出口側にあって過熱蒸気を作るのは**過熱器**です．

問題 04　汽力発電所のボイラー設備に関する記述として，不適当なものはどれか．

（1）　自然循環ボイラーは，蒸気ドラムが必要である．
（2）　自然循環ボイラーは，循環ポンプを必要としない．
（3）　貫流ボイラーは，蒸気ドラムを必要としない．
（4）　貫流ボイラーは，循環ポンプが必要である．

解答 （4）強制循環ボイラーには循環ポンプが必要ですが，貫流ボイラーには循環ポンプは不要です．

問題 05　火力発電所の燃焼ガスによる大気汚染を軽減するために用いられる機器または装置として，最も不適当なものはどれか．

（1）　脱硫装置　　（2）　脱硝装置　　（3）　節炭器　　（4）　電気集じん器

解答 （3）節炭器は煙道排ガスの余熱を利用してボイラーへの給水をあらかじめ加熱する設備です．

05 汽力発電所の熱効率向上対策

汽力発電所の三つのサイクル

ランキンサイクルと熱効率を向上した再熱サイクル，再生サイクルがあります．

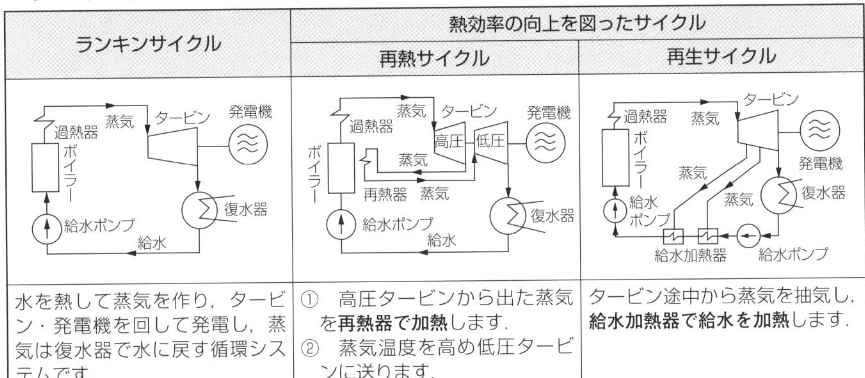

ランキンサイクル	熱効率の向上を図ったサイクル	
	再熱サイクル	再生サイクル
水を熱して蒸気を作り，タービン・発電機を回して発電し，蒸気は復水器で水に戻す循環システムです．	①　高圧タービンから出た蒸気を**再熱器で加熱**します． ②　蒸気温度を高め低圧タービンに送ります．	タービン途中から蒸気を抽気し，**給水加熱器で給水を加熱**します．

コンバインドサイクル

コンバイドサイクル発電は，ガスタービンと蒸気タービンを組み合わせた発電方式です．ガスタービンの排熱を有効利用するため，熱効率が50％以上と高い特徴があります．

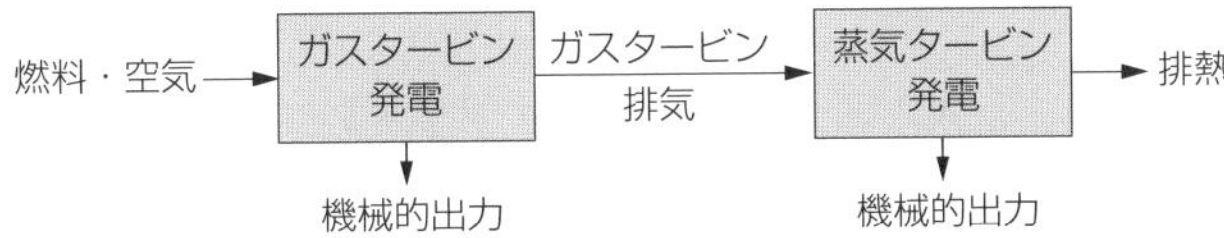

問題 01　汽力発電所の熱効率向上対策として，不適当なものはどれか．

(1)　節炭器を設置する．
(2)　復水器内の圧力を高くする．
(3)　抽気した蒸気で給水を加熱する．
(4)　高温高圧の蒸気を採用する．

解答 (2) 汽力発電所の熱効率の向上には，復水器内の圧力を低くしなければなりません．「真空度を高める」＝「圧力を低くする」です．
(1) の節炭器は煙道に設置するもので，排ガスの熱量を回収します．
(3) の給水を加熱する設備は給水加熱器で内容的には再生サイクルの説明となっています．
(4) タービン入口の蒸気を高温・高圧とします．

問題 02　汽力発電所の熱効率向上対策として，不適当なものはどれか．

(1)　高圧タービンの出口の蒸気を加熱して低圧タービンを使用する．
(2)　復水器内部圧力を高くする．
(3)　抽気した蒸気でボイラーへの給水を加熱する．
(4)　ボイラーの燃焼用空気を排ガスで予熱する．

解答 (2) 汽力発電所の熱効率の向上には，復水器内の圧力を低くしなければなりません．
(1) の高圧タービンの出口の蒸気を加熱するのは再熱器で，内容的には再熱サイクルの説明となっています．(3) は再生サイクルの説明です．(4) の設備は空気予熱器です．

問題 03　汽力発電所のボイラ設備において，次のアからエに掲げる装置のうち，煙道ガスの熱を利用する装置の組合せとして，適当なものはどれか．

ア．節炭器　　イ．蒸気ドラム　　ウ．空気予熱器　　エ．再熱器

(1) アとウ　　(2) アとエ　　(3) イとウ　　(4) イとエ

解答 (1) 節炭器と空気予熱器で，節炭器は給水の予熱を，空気予熱器は燃焼用の空気の予熱を行います．いずれも，汽力発電所の熱効率の向上には欠かせません．

06　新エネルギー発電

太陽光発電

① 太陽光発電は新エネルギーの一種で，**半導体の pn 接合部に光を当てたときに生じる光電効果による起電力**を利用しています．

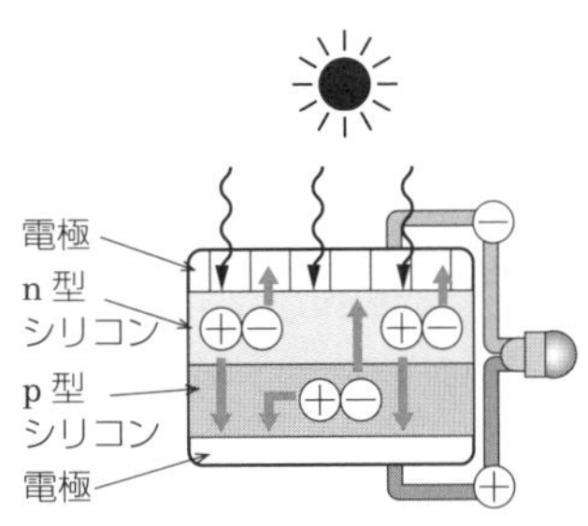

② 太陽光発電に用いられる太陽電池で最も多く使われているのは多結晶のシリコン系半導体で，**エネルギー変換効率は 20％以下**です．

③ 太陽光発電を配電系統と連系する場合には，太陽電池自体は直流であるので，**インバータで交流に変換**し，系統連系保護装置を通してから系統に接続します．

風力発電

① 風力発電は，風の**運動のエネルギー**を利用して風車を回し，発電機によって**電気エネルギーに変換**します．エネルギー変換効率は，空気の摩擦，粘度，渦による損失のため，理論上の最大効率よりも低下します．

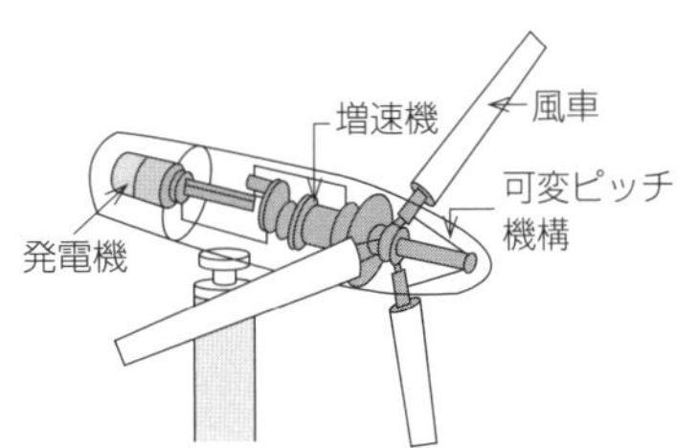

② **風車の出力は，受風面積に比例し，回転速度の 3 乗に比例**します．

燃料電池

燃料電池は，水素と酸素とを化学反応させ水をつくる**水の電気分解の逆反応を利用**して，直流を取り出します．すなわち，水素（H_2）と酸素（O_2）があれば直流の電気をつくり続けます．

- **酸素（O_2）**：空気中にあるものを利用します．
- **水素（H_2）**：都市ガスの原料である天然ガスなどから取り出します．

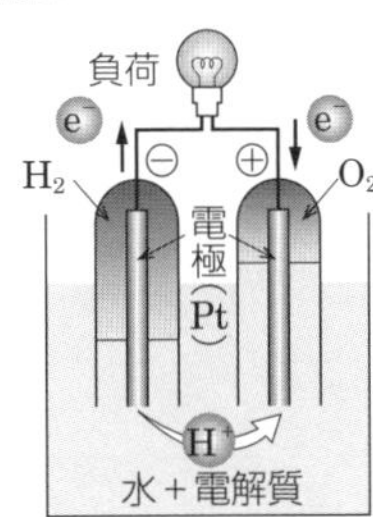

燃料電池の化学反応	
$H_2 + \frac{1}{2}O_2 \longrightarrow H_2O$＋電気	
燃料極	$H_2 \longrightarrow 2H^+ + 2e^-$
空気極	$\frac{1}{2}O_2 + 2H^+ + 2e^- \longrightarrow H_2O$

問題 01 太陽光発電システムの施工に関する記述として，不適当なものはどれか．

(1)　太陽電池アレイの電圧測定は，晴天時，日射強度や温度の変動が少ないときに行った．

(2)　太陽電池モジュールの温度上昇を抑えるため，勾配屋根と太陽電池アレイの間に通気層を設けた．

(3)　感電を防止するため，配線作業の前に太陽電池モジュールの表面を遮光シートで覆った．

(4)　雷が多く発生する地域であるため，耐雷トランスをパワーコンディショナの直流側に設置した．

解答 (4) 耐雷トランスは，交流側に設置しなければなりません．

（参考）次の選択肢も出題されています．

○：積雪地帯のため，陸屋根に設置した太陽電池アレイの傾斜角を大きくした．

問題 02 太陽光発電システムの施工に関する記述として，最も不適当なものはどれか．

(1)　雷害等から保護するため，接続箱にサージ防護デバイス（SPD）を設けた．

(2)　ストリングごとに開放電圧を測定して，電圧にばらつきがないことを確認した．

(3)　ストリングへの逆電流の流入を防止するため，接続箱にバイパスダイオードを設けた．

(4)　太陽電池アレイ用架台の構造は，固定荷重の他に，風圧，積雪，地震時の荷重に耐えるものとした．

解答 (3) ストリングへの逆電流の流入を防止するため，接続箱に設けるのは逆流防止ダイオードです．

バイパスダイオード

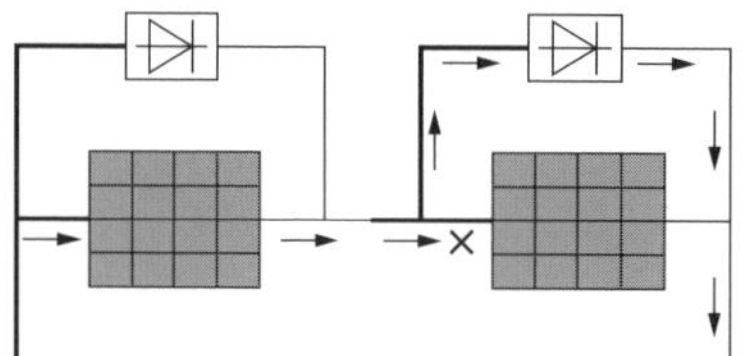

片方のモジュールが破損した場合や日陰になった場合に動作する．

逆流防止ダイオード

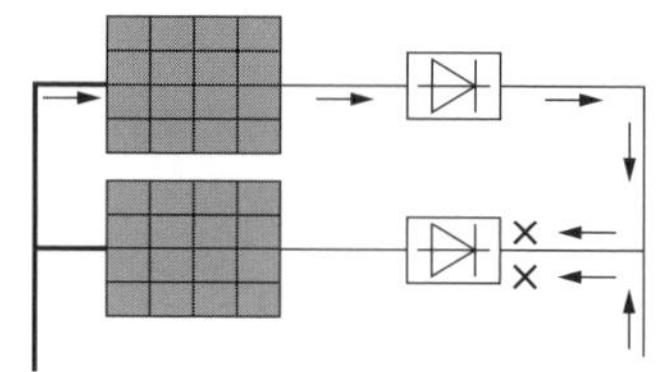

逆電流の流入を防止する．

01 変電所の主要設備

変電所の主要設備と役割

変電所は，変電（主に電圧の昇降圧）設備とその監視・制御をするためのシステムを備えており，主な設備と役割を整理すると，下表のようになります．

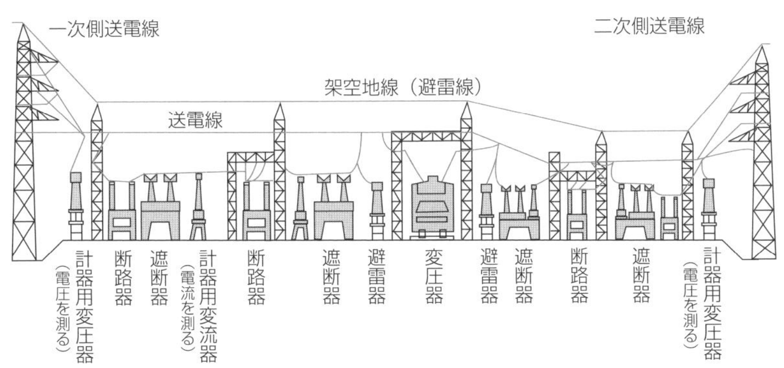

主要設備	種　類	役　割
変圧器	単相・三相変圧器	電圧の**昇圧や降圧を行い，巻線のタップ切換**によって適正電圧を維持します．三相変圧器では中性点への接地装置の接続がされます．
開閉設備	断路器（DS）	高圧回路が**無負荷状態のときのみ開閉可能**です． 電路や機器の定期点検や修理時の開閉に使用します．
	遮断器（CB）	常時は電力の送電，停止，切換えなどに使用します． 事故時は**故障電流の遮断**を自動的に行います．
調相設備	電力用 コンデンサ（SC）	重負荷時に**進相電力負荷として作用**し，力率改善をします．
	分路リアクトル （ShR）	軽負荷時や長距離ケーブル系統のある場合，**遅相無効電力負荷として作用**し，フェランチ効果（負荷端の電圧上昇）を防止します．
	同期調相機（RC）	同期電動機を無負荷運転し，界磁電流の増減で無効電力を調整します（**進み・遅れ両方の連続制御が可能**）．
	静止形無効電力 補償装置（SVC）	無効電力を半導体素子で高速位相制御します（**進み・遅れ両方の連続制御が可能**）．
避雷設備	避雷器（LA）	誘導雷，開閉サージなどの**異常電圧を大地に放電**して線路や機器の絶縁が破壊されるのを防ぎます．
諸設備	母線，保護・計測・制御装置，所内電源設備，照明設備，圧縮空気設備などがあります．	

問題 01　変電所の機能に関する記述として，最も不適当なものはどれか．

(1)　事故が発生した送配電線を，電力系統から切り離す．
(2)　送配電系統の切換えを行い，電力の流れを調整する．
(3)　送配電系統の無効電力の調整を行う．
(4)　送配電系統の周波数が一定になるように制御する．

解答 (4) 周波数の調整は，発電所の発電機の回転速度を変えることによって行います．

問題 02　変電所の母線結線方式に関する記述として，最も不適当なものはどれか．

(1)　単母線は，複母線に比べて所要機器が多い．
(2)　単母線は，母線事故時に全停電となる．
(3)　複母線は，大規模変電所に採用される．
(4)　複母線は，機器の点検，系統運用が容易である．

解答 (1) 単母線は最も単純な母線結線方式で，所要機器が最も少ないです．単母線や環状母線方式は，母線の停止作業時に機器も停止してしまうため運用上の融通性がありません．一方，二重母線などの複母線は，母線停止作業時に送電線や機器を停止する必要がなく，系統運用上の自由度があり，大規模の変電所に採用されます．

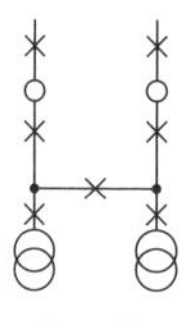

単母線

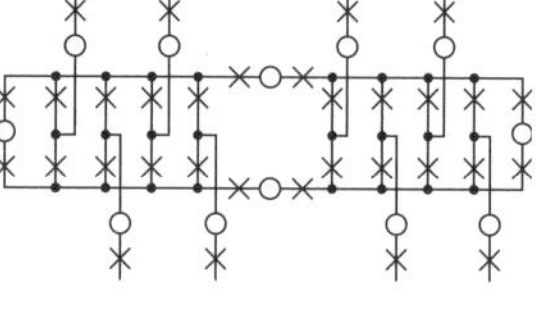

二重母線

問題 03　屋外変電所の雷害対策に関する記述として，最も不適当なものはどれか．

(1)　変電所の接地に，メッシュ方式を採用する．
(2)　屋外鉄構の上部に，架空地線を設ける．
(3)　避雷器の接地は，C 種接地工事とする．
(4)　避雷器を架空電線の電路の引込口および引出口に設ける．

解答 (3) 避雷器の接地は，A 種接地工事としなければなりません．

問題 04 屋外変電所の施工に関する記述として，最も不適当なものはどれか．

(1)　電線は，端子挿入寸法や端子圧縮時の伸び寸法を考慮して切断を行った．

(2)　がいしは，手ふき清掃と絶縁抵抗試験により破損の有無の確認を行った．

(3)　変電機器の据付けは，架線工事などの上部作業の開始前に行った．

(4)　GISの連結作業は，じんあいの侵入を防止するため，プレハブ式の防じん組立室を作って行った．

解答 (3) 変電機器の据付けは，架線工事などの上部作業の完了後に行います（上部作業を下部作業より優先させる！）．

(参考) 大きいサイズの端子を圧縮する場合は，コンパウンドの充填を行います．

問題 05 屋外変電所の施工に関する記述として，最も不適当なものはどれか．

(1)　引込口および引出口に近接する箇所に，避雷器を取り付けた．

(2)　遮断器の電源側および負荷側の電路に，点検作業用の接地開閉器を取り付けた．

(3)　二次側電路の地絡保護のため，変電所の引込口に地絡遮断装置を取り付けた．

(4)　各機器および母線を直撃雷から保護するため，鉄構の頂部に架空地線を取り付けた．

解答 (3) 二次側電路の地絡保護のため，変電所の**引出口**に地絡遮断装置を取り付けます．

02 電圧調整機器

電圧調整の目的

電圧が適正でないと電気使用設備の性能低下を招くので，適正電圧に維持するためには電圧調整が必要となります．電気事業法施行規則では，需要家の端子電圧を **101 ± 6V**，**202 ± 20V** に維持するよう規定しています．

電圧調整機器

配電系統での電圧調整は，配電用変電所や高低圧配電線で行われます．

配電用変電所	LRT・LRA	・**負荷時タップ切換変圧器**（LRT）や**負荷時電圧調整器**（LRA）を使用します． ・送出電圧は重負荷時には高く，軽負荷時には低くします．
	調相設備	・**電力用コンデンサ**，**分路リアクトル**，**同期調相機**，**静止形無効電力補償装置**（SVC）などの無効電力調整装置を設置します．
高圧配電線	①柱上変圧器	一次側のタップを手動で切換え，**巻数比**が変えられる，**タップ付変圧器**とします．
	②昇圧器	・単巻変圧器のタップの切換えを利用した線路用電圧調整器です． ・SVRは，**タップを自動切換え**でき，長こう長線路では複数台施設されます．
	③電力用コンデンサ	・**直列コンデンサ**は，線路の誘導性リアクタンスによる電圧降下を補償します． ・**並列コンデンサ**は，力率改善による無効電流の減少を図ります．
低圧配電線	バランサ	**巻数比 1：1 の単巻変圧器**で，**単相 3 線式系統の末端に施設**して，電圧の不平衡を是正します．

問題 01 配電系統の電圧調整の方法に関する記述として，最も不適当なものはどれか．

(1) ステップ式自動電圧調整器による線路電圧の調整
(2) 負荷時タップ切換変圧器による変電所の送り出し電圧の調整
(3) 静止形無効電力補償装置を用いて無効電力を供給することによる電圧の調整
(4) 分路リアクトルを接続し，系統の遅れ力率を改善することによる電圧の調整

解答 (4) 分路リアクトルは，系統の進み力率を改善することによる電圧の調整を行うものです．系統の遅れ力率を改善することによる電圧の調整を行うものは，電力用コンデンサ（SC），同期調相機（RC），静止形無効電力補償装置（SVC）です．

問題 02 高圧配電線路の電圧調整に関する記述として，最も不適当なものはどれか．

(1) 配電用変電所の負荷時電圧調整器による電圧の調整
(2) 柱上変圧器の一次側タップ調整による電圧の調整
(3) 配電線路の途中に三相昇圧器を設置することによる電圧の調整
(4) 配電線路の途中に柱上開閉器を設置することによる電圧の調整

解答 (4) 柱上開閉器は，配電線路の作業時の区分や事故時の切り離しのために使用するもので，電圧調整とは無関係です．

問題 03 変電所の油入変圧器の騒音に関する記述として，不適当なものはどれか．

(1) 変圧器の騒音には，巻線間の働く電磁力で生じる振動による通電騒音がある．
(2) 変圧器の騒音には，磁気ひずみなどで鉄心に生じる振動による励磁騒音がある．
(3) 鉄心に高配向性ケイ素鋼板を使用することは，騒音対策に有効である．
(4) 鉄心の磁束密度を高くすることは，騒音対策に有効である．

解答 (4) 変圧器の鉄心からの騒音の低減には，磁気ひずみの小さなケイ素鋼板を採用したり，**鉄心の磁束密度を下げる**必要があります．

さらなる騒音の低減には，変圧器を変電所の敷地境界線からできるだけ遠ざけた配置とするほか，防音タンク構造の採用，鉄板やコンクリート製の防音壁で変圧器の周囲を覆うなどの方法が採用されています．

03 調相設備

調相設備の設置目的

電力系統の**電圧調整，力率改善，電力損失の軽減を図る**ことを目的として無効電力を調整するために設けられ，負荷と並列に接続して用います．

調相設備の種類と特徴

それぞれの調相設備の特徴は，次のとおりです．

① **電力用コンデンサ**：進み無効電力の負荷として作用するので，遅れ力率負荷に適用します．

② **分路リアクトル**：遅れ無効電力の負荷として作用するので，進み力率負荷に適用します．（軽負荷時や長こう長のケーブル系統に適用）

③ **同期調相機**：同期電動機を無負荷運転し，界磁電流を増減して無効電力を調整するもので，進み～遅れの制御が可能です．

④ **静止形無効電力補償装置（SVC）**：コンデンサとリアクトルを並列接続し，半導体素子でリアクトル電流を制御するもので，進み～遅れの制御が可能です．

種　類	調　整	電力損失	電圧維持能　力	系統安定化効　果	保守性	価　格
電力用コンデンサ	進相，段階的	小	小	なし	容易	小
分路リアクトル	遅相，段階的	やや小	小	なし	容易	小
同期調相機	進相～遅相，連続的	大	大	あり	煩雑	大
静止形無効電力補償装置（SVC）	進相～遅相，連続的	やや大	大	あり	やや煩雑	大

電力用コンデンサの設置による効果

電力用コンデンサは，**力率の改善による線路損失の低減，電圧降下の抑制**などのほか電力料金の力率割引適用によるメリットもあり，多く使用されています．

（発生源として考えた場合）
遅れ（＋）の無効電力
を発生

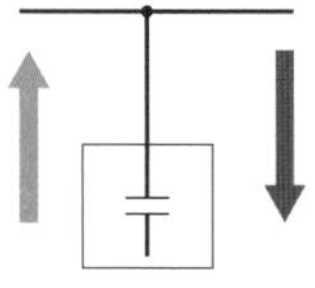

（負荷として考えた場合）
進み（－）の無効電力
を消費

電力用コンデンサ

直列リアクトルの役目

電力用コンデンサ（SC）と直列に接続する直列リアクトル（SR）は，コンデンサの容量性リアクタンスに対して，一般に6％の誘導性リアクタンス（**6％リアクトル**）とします．直列リアクトルには，次の役目があります．

・高調波成分の増大による**電圧波形のひずみを抑制**します．

・電力用コンデンサの**突入電流を抑制**します．

・遮断時の再点弧発生時に**電源側のサージ電圧を抑制**します．

（参考）放電コイルは，電力用コンデンサの残留電荷を放電させるものです．

問題 01 送配電設備における力率改善の効果に関する記述として，不適当なものはどれか．

(1) 配電容量に余裕ができる．
(2) 系統の電圧変動を抑制できる．
(3) 短絡電流を軽減できる．
(4) 送電損失を軽減できる．

解答 (3) 短絡電流を軽減するには次のような方法があります．

❶高インピーダンス変圧器を採用する．
❷系統の電圧を格上げする．
❸電力系統を分割する．

問題 02 変電所に設置される機器に関する記述として，最も不適当なものはどれか．

(1) 電力用コンデンサは，系統の有効電力を調整するために用いられる．
(2) 計器用変圧器は，高電圧を低電圧に変換するために用いられる．
(3) 変圧器のコンサベータは，絶縁油の劣化防止のために用いられる．
(4) 避雷器は，非直線抵抗特性に優れた酸化亜鉛形のものが多く使用されている．

解答 (1) ❶電力用コンデンサは，調相設備の一つで，**系統の無効電力を調整するために用いられます．**

❷調相設備は，電力系統の電圧調整，力率改善，電力損失の軽減を図ることを目的として，負荷と並列に接続して施設します．

問題 03 変電設備において，電圧もしくは無効電力の調整を行うための機器として，不適当なものはどれか．

（1） 電力用コンデンサ　　（2） 中性点接地抵抗器
（3） 負荷時タップ切換変圧器　　（4） 分路リアクトル

解答 （2）中性点接地抵抗器は地絡電流の抑制を行うための機器です．
（3）は電圧調整機器，（1）と（4）は無効電力の調整を行う調相設備です．

問題 04 進相コンデンサを誘導性負荷に並列に接続して力率を改善した場合，電源側に生ずる効果として，不適当なものはどれか．

（1） 電力損失の低減
（2） 電圧降下の軽減
（3） 遅れ電流の減少
（4） 電圧波形のひずみの減少

解答 （4）❶進相コンデンサは，調相設備で進み電流が流れ，誘導性負荷の遅れ電流と合成されて，電源側回路に流れる遅れ電流を減少させます．
❷無効電流（遅れ電流）の減少により，電圧降下や電力損失を軽減できます．
❸電圧波形のひずみの減少を行うのは，進相コンデンサに直列に接続する**直列リアクトル**の機能です．

問題 05 変電所に用いる分路リアクトルに関する記述のうち，［　　］に当てはまる語句の組合せとして，適当なものはどれか．
「分路リアクトルは，深夜などの軽負荷時に誘導性の負荷が少なくなったとき，長距離送電線やケーブル系統などの［ア］電流による，受電端の電圧［イ］を抑制するために用いる．」

	ア	イ
（1）	進相	上昇
（2）	進相	低下
（3）	遅相	上昇
（4）	遅相	低下

解答 (1) 分路リアクトルは，フェランチ効果の対策として用いられる調相設備で，文章を完成させると次のようになります．

「分路リアクトルは，深夜などの軽負荷時に誘導性の負荷が少なくなったとき，長距離送電線やケーブル系統などの **進相** 電流による，受電端の電圧 **上昇** を抑制するために用いる．」

(参考)「電力用コンデンサは， **進相** 用として用いられ，送配電系統の **無効** 電力を段階的に調整する．」

問題 06 直列リアクトルと組み合わせて用いる三相高圧進相コンデンサの定格電圧として，「日本産業規格（JIS)」上，定められているものはどれか．ただし，回路電圧は 6 600V，直列リアクトルのリアクタンスは 6%とする．

(1)　6 230V　　(2)　6 600V　　(3)　7 020V　　(4)　7 200V

解答 (3) 進相コンデンサのリアクタンスを $-jX_C$〔Ω〕とすると，直列リアクトルのリアクタンスは $j0.06X_c$〔Ω〕であるので，コンデンサの相電圧は

$$\frac{V_c}{\sqrt{3}} = \frac{6\,600}{\sqrt{3}} \times \left| \frac{-jX_c}{j0.06X_c - jX_c} \right|$$

$$= \frac{6\,600}{\sqrt{3}} \times 1.064 \fallingdotseq \frac{7\,020}{\sqrt{3}}$$

∴　コンデンサの定格電圧 $V_C = 7\,020$〔V〕

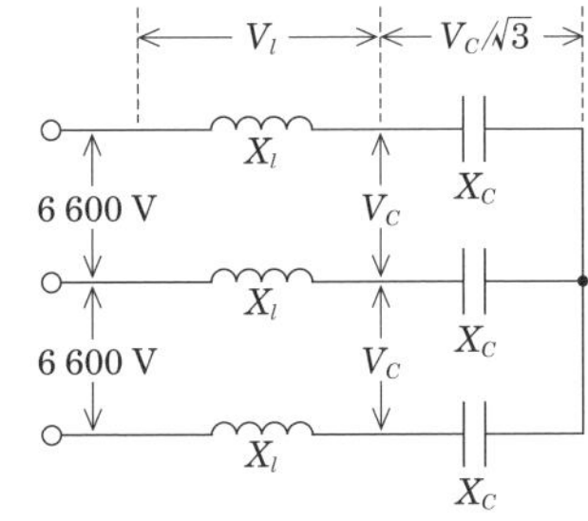

この問題を計算問題としてとらえると，以上のような計算が必要となります．

試験対策としては，単純に 7 020V と覚えておくのが得策です．

(参考) 高調波の発生機器にはアーク炉，整流器，サイクロコンバータなどがあり，**電力用コンデンサは高調波によって過熱焼損の被害を受ける**ことがあります．

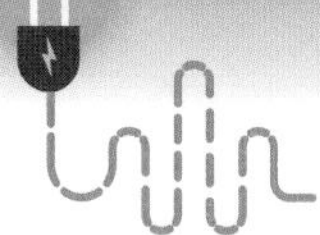

04 遮断器

遮断器の種類

遮断器（CB：Circuit Breaker）は，常時の開閉のほか短絡電流の遮断が可能で，消弧（アークを吹き消す）方法の違いにより下表の種類があります．

種　類	消弧原理と特徴
油遮断器（OCB）	・アークにより**絶縁油から出る水素ガスなどで冷却・消弧**します． ・絶縁油は**火災面での問題**があり，最近は新設されません．
空気遮断器（ABB）	・1～3MPaの**圧縮空気を吹き付けて消弧**します． ・圧縮空気の吹付け音が大きいため**騒音対策が必要**です．
磁気遮断器（MBB）	・遮断電流とつくられる磁界との電磁力で**アークをアークシュート内に押し込め遮断**します． ・小形・軽量・低騒音で，保守点検が容易です． 継鉄 消弧板 吹消しコイル 磁極 アーク 空気ピストン 固定接触子 可動接触子
真空遮断器（VCB）	・**真空中の高い絶縁耐力と真空バルブ内のアークの拡散作用を利用して消弧**させます． ・**遮断時に異常電圧が発生しやすく，真空漏れの検出が困難**です． 固定電極 真空容器 固定接触子 可動接触子 ベローズ 可動電極
ガス遮断器（GCB）	・絶縁性と消弧能力の優れた**六ふっ化硫黄ガスを吹付けて消弧**します． ・低騒音であって**ガス絶縁開閉装置（GIS）にも適用**されています． 固定アーク接触子 アーク バッファシリンダ 圧縮室 固定ピストン 駆動力

問題 01 遮断器の文字記号と用語の組合せとして,「日本電機工業会規格（JEM）」上，誤っているものはどれか.

	文字記号	用 語
(1)	VCB	真空遮断器
(2)	GCB	磁気遮断器
(3)	MCCB	配線用遮断器
(4)	ELCB	漏電遮断器

解答 (2) GCB（Gas Circuit Breaker）はガス遮断器で，MBB（Magnetic Blow−out Breaker）は磁気遮断器です.

(参考) MS は電磁開閉器，PGS は高圧交流ガス開閉器です.

問題 02 真空遮断器に関する記述として，不適当なものはどれか.

(1) 負荷電流の開閉を行うことができる.

(2) 地絡，短絡などの故障時の電流を遮断することができる.

(3) 短絡電流を遮断した後は再使用できない.

(4) 真空状態のバルブの中で接点を開閉する.

解答 (3) 真空遮断器は，高真空におけるアークの拡散作用を利用して消弧を行うもので，アーク電圧が低く電極消耗が少ないため，高圧クラスの遮断器として広く用いられています.

短絡電流を遮断した後は再使用できないのは，**高圧限流ヒューズ**です.

(参考) 次の選択肢も出題されています.

×：故障時の電流を自ら検知して遮断することができる. → 短絡事故であれば検知するのは変流器で，電流が一定以上なら過電流継電器が動作して真空遮断器に遮断の指令を与えます.

○：定格遮断電流以下の短絡電流を遮断することができる.

問題 03 真空遮断器に関する記述として，不適当なものはどれか．

（1） アークによる電極の消耗が少なく，多頻度操作用に用いられる．
（2） 真空バルブの保守が不要であるため，保守点検が容易である．
（3） 遮断時に，圧縮空気を吹き付けて消弧する．
（4） アークによる火災のおそれがない．

解答 （3）真空遮断器の遮断は，**真空バルブ**の中の電極で行われます．遮断時に圧縮空気を吹き付けて消弧するのは空気遮断器です．

問題 04 ガス遮断器に関する記述として，最も不適当なものはどれか．

（1） 空気遮断器に比べて，開閉時の騒音が小さい．
（2） 高電圧・大容量用として使用されている．
（3） 空気遮断器に比べて，小電流遮断時の異常電圧が大きい．
（4） 使用される SF_6 ガスは，空気に比べて絶縁耐力が大きい．

解答 （3）小電流遮断時の異常電圧が大きいのは，**真空遮断器**です．

問題 05 空気遮断器と比較したガス遮断器に関する記述として，最も不適当なものはどれか．

（1） 消弧原理はほぼ同じである．
（2） 遮断時の騒音が小さい．
（3） 小電流遮断時の異常電圧が大きい．
（4） 耐震性に優れている．

解答 （3）小電流遮断時の異常電圧が大きいのは，**真空遮断器**です．

05 計器用変成器

計器用変成器の種類

計器用変成器には，下表のような種類があります．

機器名	機能など	説明図
VT （計器用変圧器）	① 電圧を変成する機器で，高圧を低圧（**110 V**）に変成します． ② 二次側の接続先は，**電圧計・電力計・保護継電器**などです． ③ **二次側短絡は絶対に禁止**しなければなりません．	
CT （変流器）	① 電流を変成する機器で，高圧電路の電流を小電流に変成（**二次定格は 5 A**）します． ② 二次側の接続先は，**電流計・電力計・過電流継電器**（R 相と T 相の二相）などです． ③ **二次側開放は絶対に禁止**しなければなりません．	
ZCT （零相変流器）	① 零相電流を変成します． ② 二次側の接続先は，**地絡継電器**などです． ③ 三相の 3 線を環状鉄心に貫通させた変流器で，**平常時は負荷電流のベクトル合成値はゼロ**ですが**地絡事故時には二次巻線に零相電流**が流れます．	

問題 01　高圧受電設備に使用される計器用変成器に関する記述として，不適当なものはどれか．

（1）　計器用変圧器の定格二次電圧は，110 V である．
（2）　計器用変圧器の略称は，CT である．
（3）　変流器の定格二次電流は，1 A または 5 A である．
（4）　変流器には，巻線形や貫通形がある．

解答　（2）計器用変圧器の略称は **VT**（Voltage Transformer）で，**高電圧を低電圧に変成**します．変流器の略称は **CT**（Current　Taransformer）で，**大電流を小電流に変成**します．

問題 02　高圧の受電設備における機器の施設または取扱いに関する記述として，不適当なものはどれか．

（1）　計器用変圧器の一次側に高圧限流ヒューズを取り付ける．
（2）　変圧器の金属製外箱に接地工事を施す．
（3）　変流器の二次側を開放する．
（4）　断路器にインターロックを施す．

解答　（3）変流器の二次側は開放してはならない．

問題 03 計器用変成器の取り扱いに関する次の文章中，［　　］に当てはまる語句の組合せとして，適当なものはどれか.

「計器用変圧器は，一次側に電圧をかけた状態で二次側を［イ］してはならず，変流器は，一次側に電流が流れている状態で二次側を［ロ］してはならない.」

	イ	ロ
(1)	開放	開放
(2)	開放	短絡
(3)	短絡	開放
(4)	短絡	短絡

解答 (3)

・**計器用変圧器（VT）**は，一次側に電圧をかけた状態で**二次側を短絡してはならない**．二次側を短絡すると，短絡電流によって一次側のヒューズが溶断してしまいます.

・**変流器（CT）**は，一次側に電流が流れている状態で**二次側を開放してはならない**．二次側を開放すると，一次側電流がすべて励磁電流となり磁気飽和を起こして二次側に高電圧を誘起し，二次巻線の絶縁破壊や焼損事故を起こすおそれがあります.

06 保護継電器

保護継電器の設置目的

変電所などに施設される保護継電器（リレー）は，変圧器や送電線などの事故時や過負荷時に動作し，遮断器の遮断により事故点の確実な切離しとともに，過負荷による設備の損傷を軽減する役目を担います．

保護継電器の種類

代表的な保護継電器の種類と保護機能は，下表のとおりです．

名称		主な保護機能
電流継電器	過電流継電器	送配電線や機器の過負荷や短絡など大電流が流れた場合に動作します．
	地絡過電流継電器	零相電流で動作し，機器の地絡保護をします．
	不足電流継電器	動作電流が一定値以下のとき動作し，交流発電機の界磁回路を保護します．
電圧継電器	過電圧継電器	過電圧保護と電圧調整を行わせます．
	地絡過電圧継電器	零相電圧で動作し，地絡保護をします．
	不足電圧継電器	不足電圧保護，電圧調整，地絡事故検出をします．
比率差動継電器		①　保護区間への流入電流と流出電流のベクトル差と，流入電流と流出電流との比率が一定以上のときに作動し，発電機，変圧器，母線を保護します． ②　特に，変圧器の内部保護には欠かせません． ③　差動継電器に比べ，誤動作を防ぎ，動作が鋭敏です．
方向継電器		電圧と電流の大きさ，位相差から事故方向を検出します．
距離継電器		事故点の電気的距離が一定値以内であれば動作します．
温度継電器		変圧器の油温が一定値以上になると動作します．
ブッフホルツ継電器		変圧器の内部故障の際に発生する油の分解ガス，蒸気，油流などで動作する機械的な継電器です．
衝撃油圧継電器		変圧器の内部故障を油圧の急激な上昇で機械的に検出します．

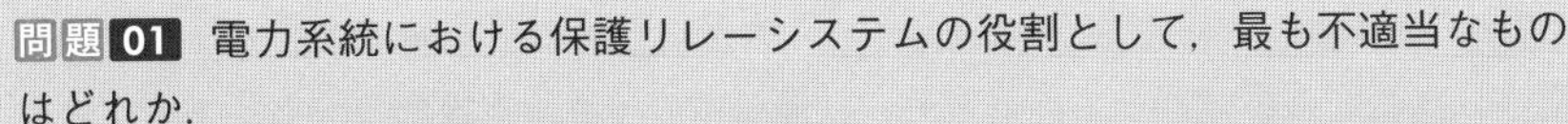

問題 01 電力系統における保護リレーシステムの役割として，最も不適当なものはどれか．

(1) 直撃雷から機器を保護する．
(2) 送電線路の事故の拡大を防ぐ．
(3) 電力系統の安定性を維持する．
(4) 異常が発生した機器を系統から切り離す．

解答 (1) 直撃雷から機器を保護するのは，避雷設備です．
(参考) 正しい選択肢として「過電流から機器を保護する」，「電力系統の事故区間を切り離して安定性を維持する」が出題されています．

問題 02 電力系統における保護継電システムの構成に必要な機器として，不適当なものはどれか．

(1) 計器用変成器　(2) 保護継電器
(3) 遮断器　(4) 避雷器

解答 (4) 避雷器は，異常電圧に対する機器の保護に用いるものです．

問題 03 過電流継電器の限時特性に関する記述として，不適当なものはどれか．

(1) 瞬限時特性は，動作時間に特に限時作用を与えないものである．
(2) 定限時特性の動作時間は，動作電流の大きさに関係なく一定である．
(3) 反限時特性の動作時間は，動作電流が大きくなると長くなる．
(4) 反限時定限時特性は，ある電流値までは反限時特性，それ以上では定限時特性を示す．

解答 (3) 過電流継電器 (OCR) は，入力電流が整定値を超える過電流になったときに動作する継電器です．過電流には短絡電流と過負荷電流とがあります．過電流継電器の機能には，**過負荷電流に対しての時延動作（反限時特性）** と **短絡電流に対しての瞬時動作** の 2 要素があります．

反限時特性の動作時間は，動作電流が大きくなると短くなります．

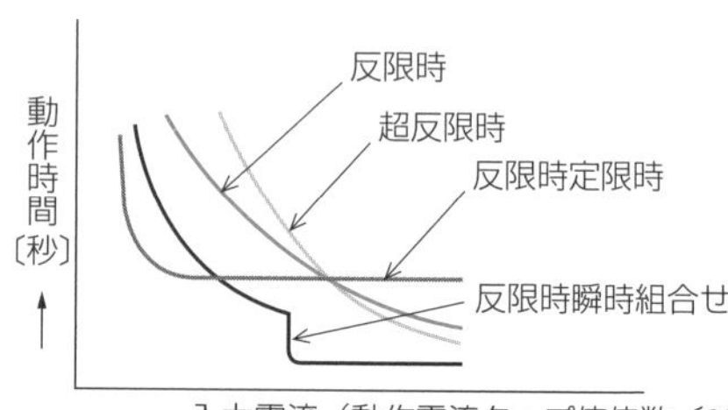

過電流継電器の動作時間特性

(参考❶)：過電流継電器は，過電流の方向の判別はできません．

(参考❷)：過電流継電器の動作表示器のターゲットは，手動で復帰させます．

問題 04 高圧配電線路に用いられる地絡方向継電器において，地絡電流の方向を判定する要素として，適当なものはどれか．

(1)　線間電圧と負荷電流の位相差
(2)　線間電圧と負荷電流の大きさ
(3)　零相電圧と零相電流の位相差
(4)　零相電圧と零相電流の大きさ

解答 (3) 地絡方向継電器の地絡電流の方向を判定する要素は，「零相電圧と零相電流の位相差」です．

問題 05 油入変圧器の内部異常を検出するための継電器として，最も不適当なものはどれか．

(1)　比率差動継電器　　(2)　不足電圧継電器
(3)　衝撃圧力継電器　　(4)　過電流継電器

解答 (2) 不足電圧継電器は，電圧が低下したときに動作するもので，変圧器の内部異常の検出には用いません．

07 中性点接地方式

中性点接地の目的

中性点を接地する目的は次のとおりです．

① 雷撃による**アーク地絡など**による**異常電圧の発生を防止**します．

② 地絡事故時の**健全相の電位上昇を抑制**して，電線路や機器の**絶縁を軽減**します．

③ 地絡事故時に，**保護継電器を確実に動作**させます．

中性点接地方式の種類

変圧器の中性点接地方式を比較すると，下表のようになります．

接地方式	非接地	直接接地	抵抗接地	消弧リアクトル接地
接地状況	∞〔Ω〕	0〔Ω〕	R〔Ω〕	$L=\dfrac{1}{3\omega^2 C}$　C C C
接地インピーダンス	∞	0	R	$j\omega L$
地絡電流	**小** 地絡検出が難	**最大** 地絡検出が容易	中	**最小**
地絡時の健全相の電位上昇	**大**	**小**	非接地より小	大
通信線の誘導障害	**小**	**最大**	中	**最小**
異常電圧	大	小	中	中
適用系統	6.6 kV **配電系統**	187 kV 以上の **超高圧**	66 ～ 154 kV	66 ～ 110 kV の架空系統

問題 01 高圧配電線路で一般的に採用されている中性点接地方式として，適当なものはどれか．

(1) 非接地方式　(2) 直接接地方式

(3) 抵抗接地方式　(4) 消弧リアクトル接地方式

解答 (1) 高圧配電線路で一般的に採用されている中性点接地方式は，非接地方式で，1 線地絡電流が小さく，通信線への誘導障害が小さくなります．

問題 02　中性点非接地方式の高圧配電系統において，地絡事故から系統を保護するために使用する機器として，不適当なものはどれか．

(1)　零相変流器　　(2)　接地形計器用変圧器
(3)　避雷器　　(4)　地絡方向継電器

解答 (3) 避雷器は，雷保護対策として設置するものです．
(1) 零相変流器（ZCT）は地絡時の零相電流を検出するものです．
(2) 接地形計器用変圧器（EVT）は地絡時の零相電圧を検出するものです．
(4) 地絡方向継電器は零相電圧と零相電流の二要素で動作する継電器です．

問題 03　変電所における次の記述に該当する中性点接地方式として，適当なものはどれか．

「変圧器の絶縁を軽減できるが，地絡電流が大きくなり，通信線への誘導障害が発生する欠点がある．」

(1)　非接地方式　　(2)　直接接地方式
(3)　高抵抗接地方式　　(4)　消弧リアクトル接地方式

解答 (2) 直接接地方式は，1線地絡電流が大きく，通信線への誘導障害が発生する欠点があります．しかし，変圧器の絶縁が低減でき，地絡事故の検出が容易なため，超高圧系統で採用されています．

01 架空送電線の電線とコロナ

送電線用の電線

送電線には，導電率が97％の**硬銅線**（HDCC）や導電率が61％のアルミを導体として使用した**鋼心アルミより線**（ACSR）が採用されています．

ACSRは，中心の**鋼線に張力を負担**させ，周囲の**アルミ線に通電を負担**させています．ACSRは，HDCCに比べ外径が大きく，導電率は低いが，軽量・安価で引張荷重が大きいので，**送電線用電線の主流**です．

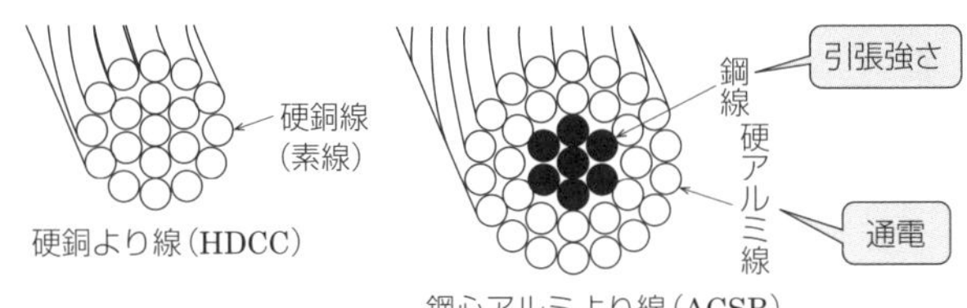

単導体方式と多導体方式

単導体方式が1相当たり1条の電線とするのに対し，超高圧系統に採用される多導体方式は，**1相当たり2条以上の電線として架線**します．

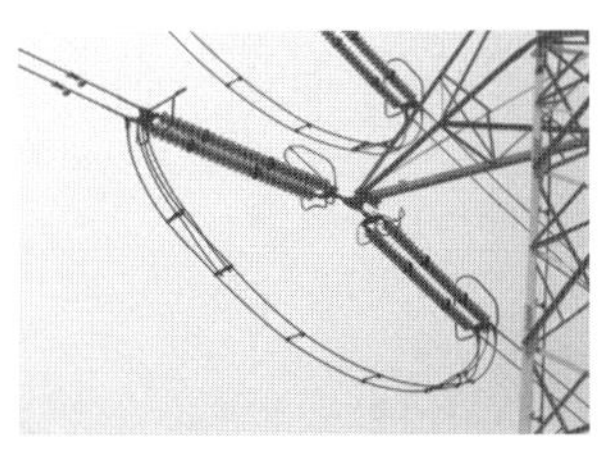

多導体方式は，単導体方式に比べ**インダクタンスは20％程度減少し，静電容量は逆に20％程度増加**します．

多導体方式の特徴

単導体方式に対する多導体方式の特徴は，下記のとおりです．

① 電線表面の電位傾度が下るため，**コロナが発生しにくい**．

② インダクタンスが小さく，**静電容量が大きい**．

③ 安定度が増すため**送電容量が増加する**．（電流容量が大きい）

④ 表皮効果が少ない．（抵抗の増加が少ない）

⑤ 素導体間の間隔の保持，接触防止のため**スペーサ**が必要となる．

コロナ現象

架空送電線は空気絶縁であるので，送電電圧が高くなると電線の表面の電位傾度が大きくなり，**コロナ臨界電圧**（波高値で約30 kV/cm，実効値で21.1 kV/cm）**以上では空気の絶縁が局部的に破れて，コロナが発生**します．コロナが発生すると電力エネルギーの一部がコロナ損の形で失われ，送電効率が低下するとともに，ラジオや通信線に雑音障害を与えます．

コロナ損＝電線表面からの青白い光（光エネルギー）＋低い音（音のエネルギー）

（コロナの抑制対策）

① **ACSR** など直径の大きな電線とするか**多導体方式**を採用します．

② がいしの金具は突起をなくし，電線の表面を傷つけないようにします．

③ がいし装置に遮へい環（シールドリング）を設けます．

線路定数

送電線路は，**抵抗** R〔Ω〕，**インダクタンス** L〔H〕，**静電容量** C〔F〕，**漏れコンダクタンス** G〔s〕の4つの定数（線路定数）をもつ電気回路とみなすことができます．

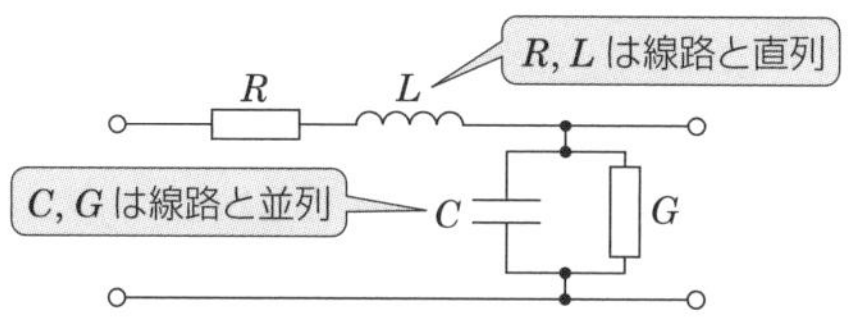

問題 01 架空送電線に発生するコロナに関する記述として，不適当なものはどれか．

（1） 送電効率が低下する．

（2） ラジオ受信障害が発生する．

（3） 晴天時より雨天時のほうが発生しやすい．

（4） 単導体より多導体のほうが発生しやすい．

解答 （4）単導体のほうが発生浮きしやすいので超高圧では多導体とします．

（1）コロナが発生すると，電気エネルギーの一部が光や音に変換されるコロナ損が発生するため，送電効率が低下します．

（2）架空送電線近傍で，誘導障害やラジオ受信障害が生じます．

（3）コロナは，気圧が低く絶対湿度が高いほど発生しやすいです．

問題 02 架空送電線におけるコロナ放電の抑制対策として，関係ないものはどれか．

(1)　電線のねん架を行う．
(2)　外径の大きい電線を用いる．
(3)　がいし装置に遮へい環を設ける．
(4)　架線時に電線を傷つけないようにする．

解答▶ (1) 電線のねん架は，架空送電線が通信線に及ぼす誘導障害の低減対策として実施されるものです．

問題 03 送電線路の線路定数に関する次の記述のうち，[　　　]に当てはまる語句として，適当なものはどれか．

「送電線路は，抵抗，インダクタンス，[　　　]，漏れコンダクタンスの4つの定数をもつ連続した電気回路とみなすことができる．」

(1) アドミタンス　　(2) インピーダンス
(3) 静電容量　　(4) 漏れ電流

解答▶ (3) 送電線路は，**抵抗**，**インダクタンス**，**静電容量**，**漏れコンダクタンス**の4つの定数である線路定数で構成されています．

02 電線のたるみと長さ

電線のたるみと電線の実長

電線を架設するとカテナリ曲線と呼ばれる双曲線を描き，たるみが発生します．電線の最低点での水平張力を T〔N〕，電線 1 m 当たりの合成荷重を W〔N/m〕，径間を S〔m〕とすると，電線のたるみ D と電線の実長 L は，次式で計算できます．

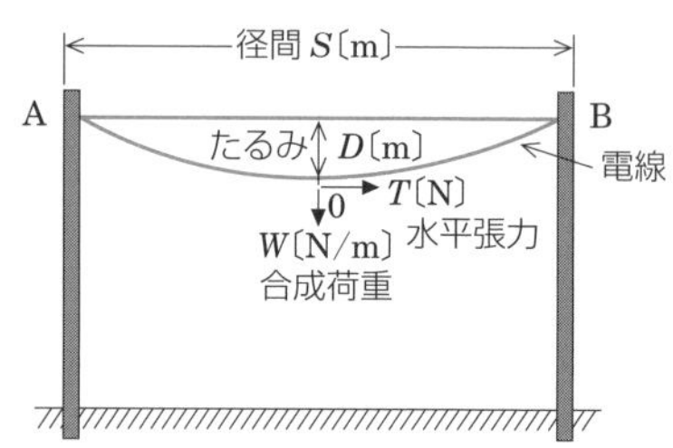

たるみ：$D=\dfrac{WS^2}{8T}$〔m〕

（覚え方：鳩が鈴なりにダブっている）

電線の実長：$L=S+\dfrac{8D^2}{3S}$〔m〕

問題 01 架空送電線のたるみ D〔m〕を求める式として，正しいものはどれか．

ただし，各記号は次のとおりとし，電線支持点の高低差はないものとする．S：径間〔m〕，T：最低点の電線の水平張力〔N〕，W：電線の単位長さ当たりの重量〔N/m〕．

(1) $D=\dfrac{WS^2}{8T^2}$〔m〕　(2) $D=\dfrac{SW^2}{8T^2}$〔m〕

(3) $D=\dfrac{WS^2}{8T}$〔m〕　(4) $D=\dfrac{SW^2}{8T}$〔m〕

解答 (3) 電線のたるみ D は，$D=\dfrac{WS^2}{8T}$〔m〕で表され，電線の水平張力 T に反比例し，径間 S の 2 乗に比例します．

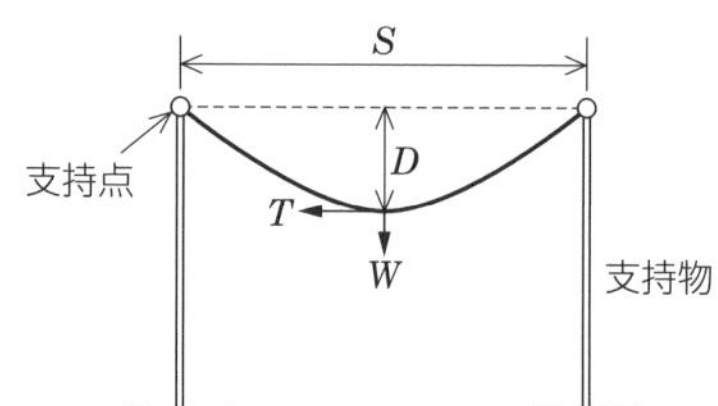

03 電線の振動

微風振動とは？

細い電線や長径間の箇所で，微風が電線と直角に当たると電線の背後に**カルマン渦**が発生します．これにより，電線の**鉛直方向に交番力**が働き，**電線の固有振動数と一致**した場合，**共振振動**を起こします．

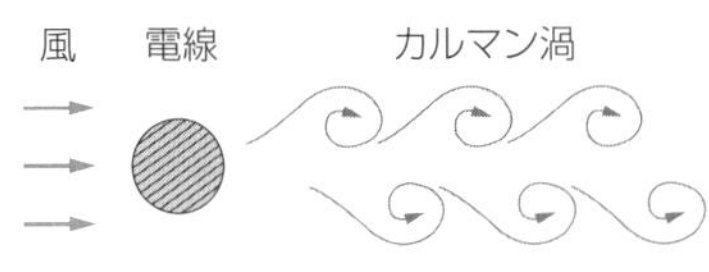

これが微風振動で，長い年月継続すると，支持点付近で電線の素線切れや断線を生ずることがあります．

その他の振動

要　因	振動の名称	現　象
雨や霧	**コロナ振動**	電線の下面に**水滴**が付着していると，下面の表面電位の傾きが大きくなり，**荷電した水の微粒子が射出**され，電線に**水滴の射出の反力**として上向きの力が働き振動します． ⇒ **降雨時や霧が出ているときに発生しやすい**
氷雪	**スリートジャンプ**	送電線に付着した氷雪の脱落時に，反動で電線が跳ね上がります．
	ギャロッピング	電線断面積の大きい場合や多導体送電線の電線に**氷雪が付着**している場合，水平方向から送電線に**風**が当たると上下に振動します． 上部の気流の速度は速い 着氷雪 断面 下部の気流 揚力（浮力）
	サブスパン振動	**多導体送電線**固有のもので，風上側導体の後流で風下側導体が不安定となり，自励振動が発生します．

振動対策

① 電線の径間途中に**ダンパ**を取り付け，振動エネルギーを吸収させます．

② 懸垂クランプ近くの電線に**アーマロッド**を巻き付け補強します．

③ **フリーセンタ形懸垂クランプ**を使用します．

④ 多導体には**スペーサ**を取り付けます．

⑤ スリートジャンプに対しては，跳上り時に電線が接触しないよう，**オフセット**（出幅）を設けます．

問題 01　架空送電線に発生する現象として，関係のないものはどれか．

(1)　フェージング　　(2)　コロナ放電
(3)　ギャロッピング　　(4)　サブスパン振動

解答 (1) フェージングは，無線通信で時間差をもって到達した電波の波長が干渉し合って電波レベルの強弱に影響を与える現象です．

問題 02　架空送電線路に関する次の文章に該当する機材の名称として，最も適当なものはどれか．

「微風振動に起因する電線の疲労，損傷などを防止する目的で，電線の振動エネルギーを吸収させるため，電線に取り付けられる．」

(1)　ジャンパ装置　　(2)　ダンパ
(3)　懸垂クランプ　　(4)　スパイラルロッド

解答 (2) ダンパは，電線に取り付ける「重り」で，微風振動を吸収させるものです．(1) のジャンパ装置は，縁周りのジャンパ線の風による横振れを防止するものです．(3) の懸垂クランプは，電線を締め付け・把持するものです．(4) のスパイラルロッドは，電線にらせん状に巻いて着雪を防止するほか，風騒音の発生を抑制するためのものです．

問題 03　架空送電線路に関する次の記述に該当する機材の名称として，適当なものはどれか．

「電線の周りに数本巻き付けて，電線が風の流れと定常的な共振状態になることを防止し，電線特有の風音の発生を抑制する．」

(1)　スパイラルロッド　　(2)　アーマロッド
(3)　クランプ　　(4)　ダンパ

解答 (1) が正しい．スパイラルロッドは電線表面の風の流れを乱し，風騒音の発生を抑制します．
(2) のアーマロッドは，電線を把持する箇所に巻き付け微風振動による電線の断線を防ぐほか，雷害による電線の溶断を防止します．(3) のクランプは，導体をがいしに固定するための金具です．(4) のダンパは，微風振動の吸収のため電線に取り付ける重りです．

問題 04 架空送電線路に関する次の文章に該当する機材として，適当なものはどれか．

「多導体では，短絡電流による電磁吸引力や強風により電線相互が接近や接触することを防止するため，電線相互の間隔を保持する目的で取り付ける．」

(1) ダンパ　(2) スペーサ
(3) クランプ　(4) シールドリング

解答 (2) が正しい．(1) のダンパは電線に支持点近くに取り付けて振動エネルギーを吸収させる振動対策用の部材です．(3) のクランプは電線を把持する部材です．(4) のシールドリングは懸垂がいしの電位分布を是正するための部材です．

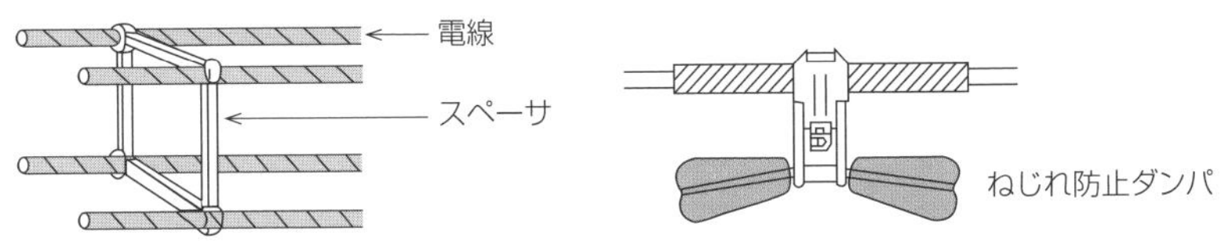

問題 05 架空送電線路に関する次の記述に該当する機材の名称として，適当なものはどれか．

「電線の振動による素線切れおよびフラッシオーバ時のアークスポットによる電線の溶断を防止するため，懸垂クランプ付近の電線に巻き付けて補強する．」

(1) ダンパ　(2) スペーサ
(3) アーマロッド　(4) スパイラルロッド

解答 (3) アーマロッドは，電線の振動による素線の断線防止と雷撃によるアークスポット溶断防止の両方に効果があります．

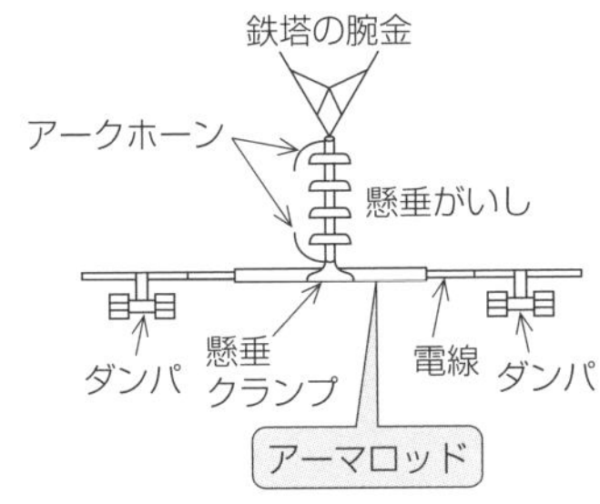

4章 送配電

04 架空送電線の誘導障害対策

誘導障害

① **静電誘導による障害**：送電線と通信線が接近・並行していると，**コンデンサ分圧によって静電誘導電圧**が現れ，通信線に障害を引き起こします．

② **電磁誘導による障害**：送電線と通信線が接近・並行していると，送電線の**地絡電流などによって，電磁誘導電圧**が現れ，通信線に障害を引き起こします．

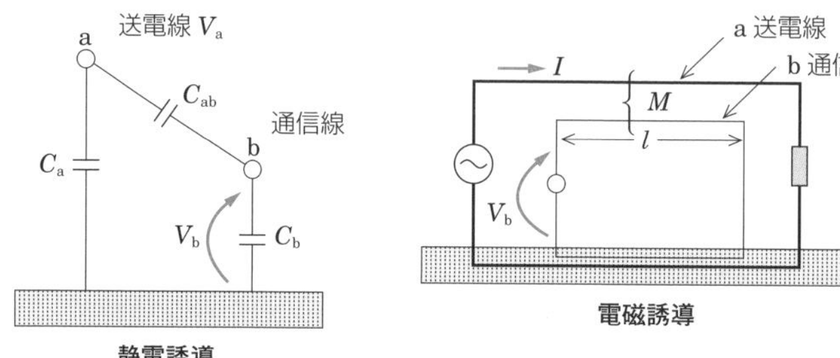

静電誘導　**電磁誘導**

（誘導障害の防止対策）

① 両線の**離隔距離を増加**します．

② 送電線の各相のL，Cのバランスを図るため，**ねん架**します．

③ 金属遮へい層付き通信ケーブルを使用します．

④ 高抵抗接地や非接地とします．

⑤ 地絡電流の高速度遮断をします．

⑥ 通信線へ避雷器を設置します．

（④〜⑥：電磁誘導対策）

問題 01 架空送電線のねん架の目的として，適当なものはどれか．

(1) 電線の振動のエネルギーを吸収する．

(2) 雷の異常電圧から電線を保護する．

(3) 電線のインダクタンスを減少させ静電容量を増加させる．

(4) 各相の作用インダクタンス，作用静電容量を平衡させる．

解答 (4) ねん架は，架空送電線が通信線に及ぼす誘導障害の低減対策として実施されるもので，送電線路で各相のインダクタンス，静電容量が等しくなるように，**全区間を三等分して電線の配置換え**を行うことです．

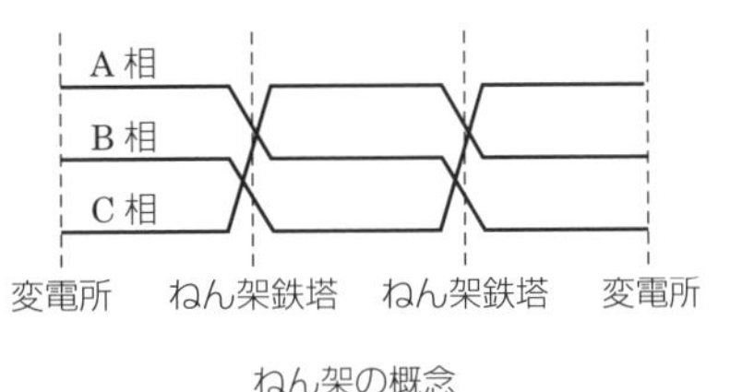

ねん架の概念

問題 02 架空送電線により通信線に発生する電磁誘導障害の軽減対策として，最も不適当なものはどれか．

(1) 送電線をねん架する．
(2) 通信線に遮へい層付ケーブルを使用する．
(3) 架空地線に導電率のよい材料を使用する．
(4) 送電線の中性点の接地抵抗値を低くする．

解答 (4) 送電線の中性点の接地抵抗値を低くすると，送電線の地絡事故時の地絡電流が大きくなるため，通信線への電磁誘導障害が大きくなります．したがって，電磁誘導障害を軽減するには，送電線の中性点の接地抵抗値を高くしなければなりません．

問題 03 架空送電線により通信線に発生する電磁誘導障害を軽減するための対策として，最も不適当なものはどれか．

(1) 送電線と通信線の離隔距離を大きくする．
(2) 通信線に遮へい層付ケーブルを使用する．
(3) 架空地線に導電性のよい材料を使用する．
(4) 直接接地方式を採用する．

解答 (4) 送電線の中性点接地方式として直接接地方式を採用すると，送電線の地絡事故時の地絡電流が大きくなり，電磁誘導障害が大きくなります．このため，電磁誘導障害を軽減するには，送電線の中性点の接地抵抗値を大きくしなければなりません．

05　架空送電線の雷害対策

直撃雷と誘導雷

① **直撃雷**：導体直撃の場合には，径間両端のがいしは雷電圧を負担できずフラッシオーバします．架空地線や鉄塔頂部の直撃の場合，塔脚接地抵抗と雷撃電流の積により鉄塔の電位が上昇し，鉄塔から電線に逆フラッシオーバします．

② **誘導雷**：雷雲が送電線に接近した場合，静電誘導によって送電線に反対の極性の電荷が現れることで発生します．

雷害対策

雷害対策としての耐雷設備には，次のようなものがあります．

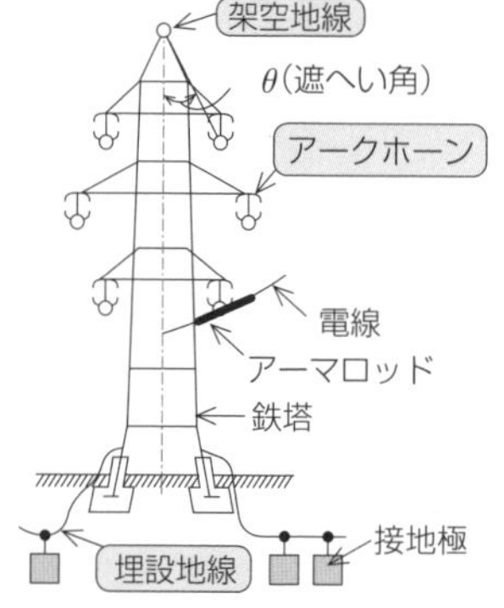

① **架空地線**：送電線の頂部に施設して，**直撃雷，誘導雷の電線への遮へい**を行います．**遮へい効果は，遮へい角が小さいほど大きく**なります．

② **アークホーン**：フラッシオーバ時のがいしの破損を防止する角状の金具です．

③ **埋設地線**：カウンタポイズとも呼ばれ，塔脚接地抵抗の低減をします．

④ **避雷器**：異常電圧が加わったときに波高値を低減し，端子電圧を所定以下の電圧（**制限電圧**）にします．また，電圧がもとの商用周波電圧に戻ると**続流を遮断**します．

避雷器には，非直線抵抗特性に優れた酸化亜鉛形のものが多く使用されています．

OPGW

OPGWは架空送電線路に架線した架空地線の中心部分に光ファイバを収納したもので，**光ファイバ複合架空地線**と呼ばれています．このような構造とすることで，送電線と長距離・広帯域の通信網を同時に実現できます．

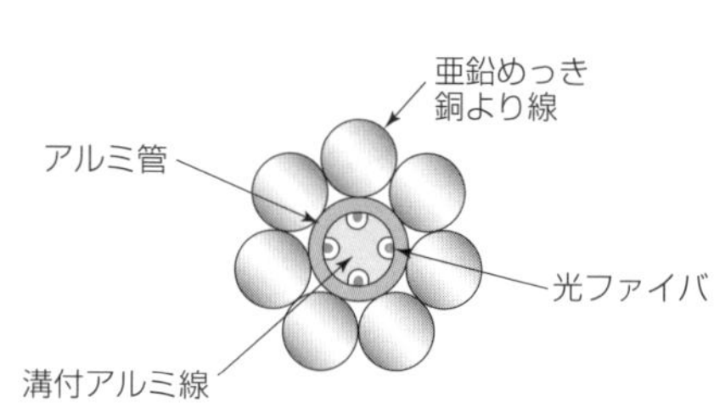

問題01 屋外変電所の雷害対策に関する記述として，最も不適当なものはどれか．

(1) 屋外鉄構の上部に，架空地線を設ける．
(2) 変電所の接地に，メッシュ布設方式を採用する．
(3) 避雷器は，架空電線の引込口および引出口に施設する．
(4) 避雷器の接地は，D 種接地工事とする．

解答 (4) 避雷器の接地は，**A 種接地工事**です．

問題02 架空配電線路の雷害対策にとして，最も不適当なものはどれか．

(1) 高圧線路に沿って，架空地線を施設する．
(2) 高圧電線の支持に，深溝形のがいしを用いる．
(3) 配電用機器の近傍に，避雷器を設置する．
(4) 高圧がいしの頭部に放電ランプを取り付ける．

解答 (2) 深溝形のがいしを用いるのは塩害対策です．

06 架空送電線路の塩害対策

塩害とは？

海岸に近い地域や工場の密集する地域では，台風や季節風の影響を受け，がいしの表面に塩分や導電性の煙の粒子が付着します．

そこに雨が降ると，これらの微粒子が溶け出してがいし表面が導電性を帯びます．

その結果，がいしの絶縁性能が急激に低下し，漏れ電流が増加し，がいしの表面でアークを発生したり，フラッシオーバしたりします．

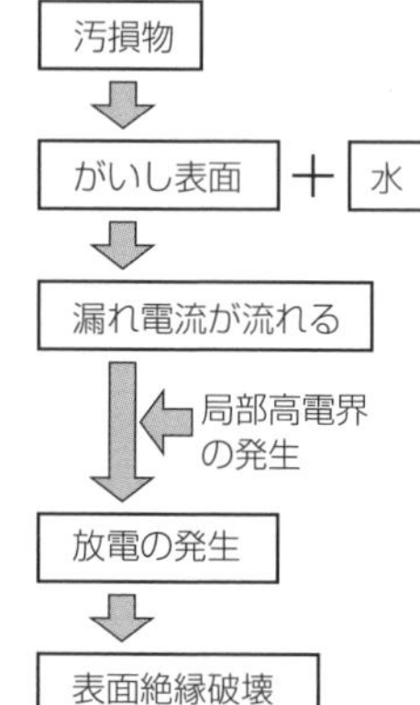

塩害の発生 → 送電停止を招いたり，放電ノイズによるテレビの受信障害が発生

塩害の防止対策

塩害の防止方法には，下表のような対策があります．

対策の基本	具体的対策
塩分を付着しにくくする	①　送電ルートを潮風の当たりにくい**ルート選定**をします． ②　**屋内施設化**を図ります．
塩分が付着しても耐えるようにする	①　**過絶縁**をします． （雨洗効果の高い**長幹がいしの採用**や**懸垂がいしの増結**など） ②　沿面距離を長くした**スモッグがいし**を採用します． ③　がいしの表面に**シリコーンコンパウンドを塗布**します． （**撥水作用**と**アメーバ作用**によってがいし表面を清浄に保つ）
付着塩分を取り除く	パイロットがいしを用いて塩分付着量の測定を行い，適時，がいしの**活線洗浄**をします．

問題 01　架空送電線路の塩害対策に関する記述として，最も不適当なものはどれか．

(1)　がいし連にアークホーンを取り付ける．

(2)　懸垂がいしの連結個数を増加する．

(3)　がいしの表面にシリコーンコンパウンドを塗布する．

(4)　長幹がいしやスモッグがいしを採用する．

解答　(1) アークホーンは，雷害時にがいしを保護するものです．

問題 02 図に示す，架空送電線路等に用いられるがいしの名称として，適当なものはどれか．

(1) 懸垂がいし
(2) 長幹がいし
(3) ピンがいし
(4) ラインポストがいし

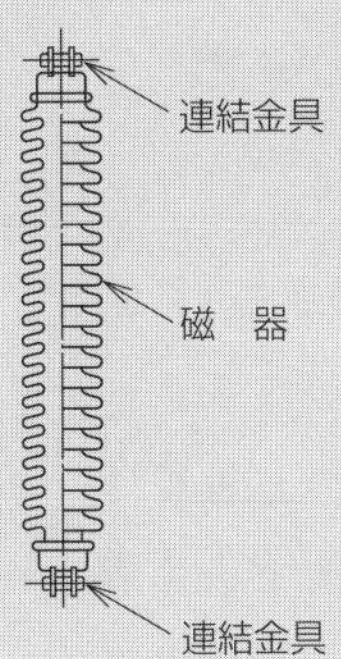

解答 (2) 図の構造のがいしは長幹がいしで，雨洗効果がよいため塩害対策として使用されます．

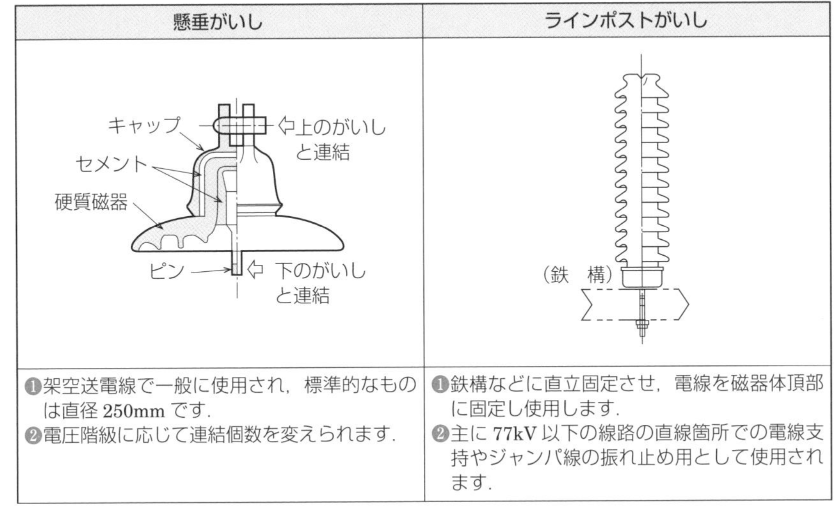

懸垂がいし	ラインポストがいし
❶架空送電線で一般に使用され，標準的なものは直径 250mm です． ❷電圧階級に応じて連結個数を変えられます．	❶鉄構などに直立固定させ，電線を磁器体頂部に固定し使用します． ❷主に 77kV 以下の線路の直線箇所での電線支持やジャンパ線の振れ止め用として使用されます．

07 送電線路の施工

架空送電線路の施工

架空送電線路の架線工事には，延線作業，緊線作業などがあります．

① **延線作業**：架線区間のそれぞれの鉄塔に釣車（金車）を取り付け，金車にメッセンジャワイヤを通して，メッセンジャワイヤの後端に送電線を接続して先端側を巻き取ることにより，電線を延線します．

② **緊線作業**：延線後に，角度鉄塔や耐張鉄塔において，電線を所定の張力でがいし連に結合します．なお，緊線作業は，耐張がいし装置の区間ごとに実施します．

問題 01 架空送電線の鉄塔の組立工法として，不適当なものはどれか．

(1) 相取り工法　(2) 移動式クレーン工法
(3) クライミングクレーン工法　(4) 地上せり上げデリック工法

解答▶ (1) 相取り工法は，架空送電線の電線の緊線作業の工法です．

問題 02 架空送電線の緊線工法として，不適当なものはどれか．

(1) 吊金工法　(2) 切分け工法
(3) 相取り工法　(4) プレハブ架線工法

解答▶ (1) 鉄塔と鉄塔間に電線を張る工事が架線工事で，**延線**→**緊線**の順で行われます．緊線工事は，延線された電線を設計張力で張るための工事です．吊金工法は，電線の延線時に用いられる工法です．

問題 03 地中送電線路における管路などの埋設工法として，最も不適当なものはどれか．

(1) 開削工法　(2) シールド工法
(3) 刃口推進工法　(4) ディープウェル工法

解答▶ (4) ディープウェル工法は，深井戸工法で，排水工法の一つです．
(参考) ウェルポイント工法は，掘削部の地下水位を低下させるための排水工法です．

08 電力ケーブル

代表的な電力ケーブル

CV ケーブルは，導体を**架橋ポリエチレン**の絶縁体で被覆し，遮へい層の外周をビニルシースで被覆した架橋ポリエチレン絶縁ビニルシースケーブルです．架橋ポリエチレンは，ポリエチレン分子を架橋することで分子を網状に補強し，耐熱性を高めたもので，最高許容温度は90℃，短絡時は許容温度230℃まで耐えられ，比誘電率が小さいため，誘電体損も小さくなります．

CVT ケーブル（トリプレックス形ケーブル）は，**CV ケーブルを 3 本より**にしたものです．

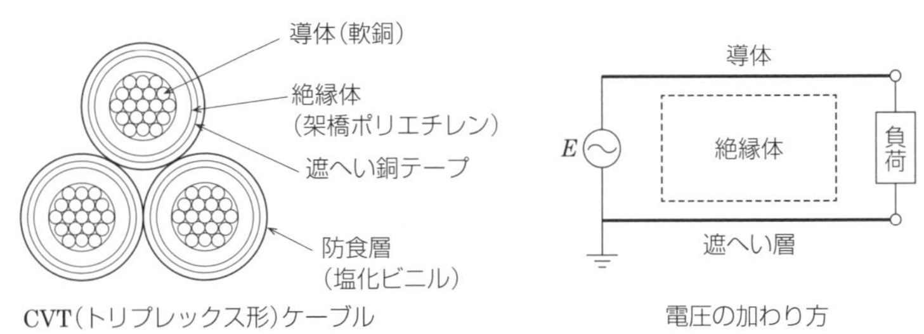

CVT(トリプレックス形)ケーブル

電圧の加わり方

ケーブルの電力損失

① **抵抗損**：導体抵抗のジュール熱による電力損失で RI^2〔W〕です．

② **誘電体損**：絶縁体に発生する損失で，ケーブル特有のものです．誘電体損の大きさは，角周波数を ω〔rad/s〕，静電容量を C〔F〕，電圧を V〔V〕，誘電正接を $\tan\delta$とすると，$\boldsymbol{\omega CV^2\tan\delta}$〔W〕です．

③ **シース損**：シース損もケーブル特有のもので，金属シース内に発生する渦電流損と長手方向の電流によるシース回路損とがあります．

絶縁劣化診断法

電力ケーブルの絶縁劣化診断法には，下表のような方法があります．

測定法	測定法の概要
絶縁抵抗測定法	絶縁体またはシースの絶縁抵抗を絶縁抵抗計で測定します．
直流高圧法	ケーブルの絶縁体に直流高電圧を印加し，検出される**漏れ電流の大きさや電流の時間変化**から絶縁体の劣化状況を調べます．
誘電正接測定法	ケーブルの絶縁体に商用周波電圧を印加し，シェーリングブリッジなどにより**誘電正接（tan δ）**の電圧特性などを測定します．
部分放電測定法	ケーブルの絶縁体に使用電圧程度の商用周波電圧を印加し，**異常部分から発生する部分放電**を定量的に捉え，絶縁状態を判定します．

故障点の探査法

電力ケーブルを使用した電線路で，地絡・短絡・断線事故が発生した場合には，架空線と違って目視での故障点の発見は困難です．そのため，故障点の探査には，マーレーループ法，パルスレーダ法，静電容量法が用いられます．

探査法	マーレーループ法	パルスレーダ法
探査原理	導体抵抗を利用し，相対する抵抗の積は等しいという「**ホイートストンブリッジ**」の原理を用いて，事故点までの距離 x を測定します． （図：$1\,000-a$，L，G，事故点，短絡，a，x，$L-x$） $(1\,000-a)x=a(2L-x)$ であるので $x=\dfrac{2aL}{1\,000}$	事故ケーブルに速度 v でパルス電圧を送り出し，事故点からの反射パルスを検知して，**パルスの往復伝播時間** t から事故点までの距離を求めます． $l=\dfrac{vt}{2}$

問題 01　高圧電路に使用される高圧ケーブルの太さを選定する際の検討事項として，最も関係のないものはどれか．

(1)　負荷電流　　(2)　短絡電流　　(3)　地絡電流　　(4)　ケーブルの許容電流

解答 (3) 地絡電流は短絡電流に比べて値が小さいので，ケーブルの太さの選定項目とはなりません．
(参考) 正しい選択肢として「主遮断装置の種類」も出題されています．

問題 02　地中送電線路における電力ケーブルの電力損失として，最も不適当なものはどれか．

(1) 抵抗損　　(2) 誘電損　　(3) シース損　　(4) 漏れ損

解答 (4) 漏れ損は，電力ケーブルの電力損失ではありません．

問題 03 図は3心電力ケーブルの無負荷時の充電電流を求める等価回路図である．充電電流 I_C〔A〕を求める式として，適当なものはどれか．

ただし，各記号は次のとおりとする．

V：線間電圧〔V〕

C：ケーブルの1線当たりの静電容量〔F〕

f：周波数〔rad/s〕

(1) $I_C = 2\pi fCV$〔A〕

(2) $I_C = 2\pi fCV^2$〔A〕

(3) $I_C = \dfrac{2\pi fCV}{\sqrt{3}}$〔A〕

(4) $I_C = \dfrac{2\pi fCV^2}{\sqrt{3}}$〔A〕

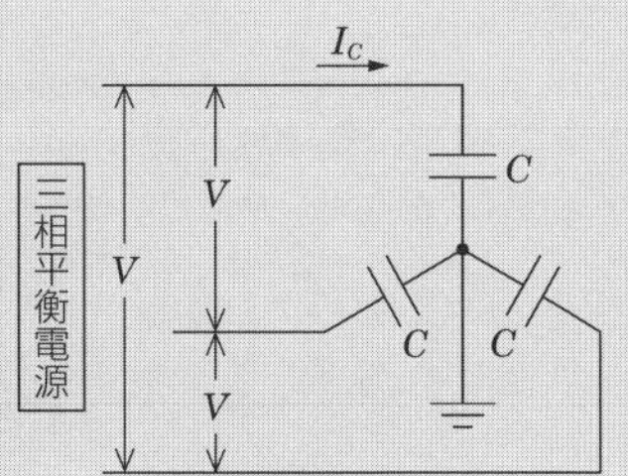

解答 (3) 相電圧は $\dfrac{V}{\sqrt{3}}$〔V〕であるので，角周波数を $\omega\ (=2\pi f)$〔rad/s〕とすると，充電電流 I_C は

$$I_C = \frac{\dfrac{V}{\sqrt{3}}}{\dfrac{1}{\omega C}} = \frac{\omega CV}{\sqrt{3}} = \frac{2\pi fCV}{\sqrt{3}}\text{〔A〕}$$

問題 04 地中電線路における電力ケーブルの絶縁劣化の状態を測定する方法として，不適当なものはどれか．

(1) 誘電正接測定　(2) 接地抵抗測定

(3) 絶縁抵抗測定　(4) 部分放電測定

解答 (2) 接地抵抗の測定は，電力ケーブルの絶縁劣化の状態を測定する方法ではありません．

09 架空配電線路の構成機材

配電線路の構成機材

架空配電線路の主な構成機材は下表のとおりです.

機材名	説　明
支持物	木柱や鉄筋コンクリート柱が使用され，コンクリート柱は長寿命です.
電線	導体が硬銅やアルミの**絶縁電線**が主流で，一部には架空ケーブルも使用されています.
がいし	電圧により，次のがいしが使用されます. **<高圧>**ピンがいし，耐張がいし **<低圧>**ピンがいし，引留がいし **<支線>**玉がいし **高圧ピンがいし**　**高圧耐張がいし**
柱上変圧器	主に**巻鉄心変圧器**が使用され，一部には鉄損の少ない**アモルファス変圧器**も採用されています.
開閉器	作業や事故時の操作を行うもので，**気中開閉器（AS）**，**真空開閉器（VS）**，**ガス開閉器（GS）**（SF_6 ガス内蔵）があります.

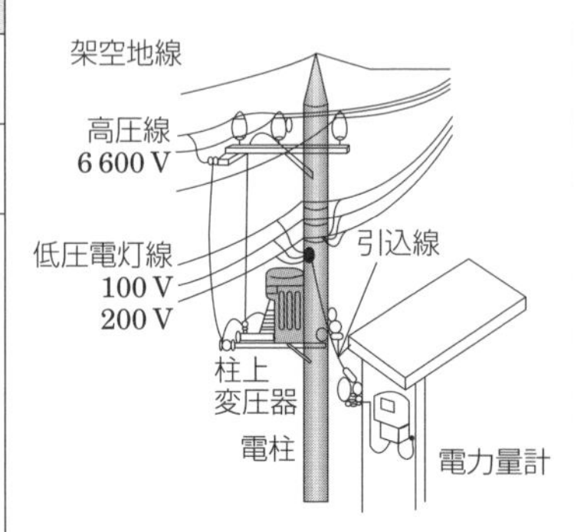

架空配電線の装柱

電線と略称

電圧	略称	名　称
高圧	**OC**	架橋ポリエチレン絶縁電線
	OE	ポリエチレン絶縁電線
低圧	**OW**	屋外用ビニル絶縁電線
	IV	600 V ビニル絶縁電線

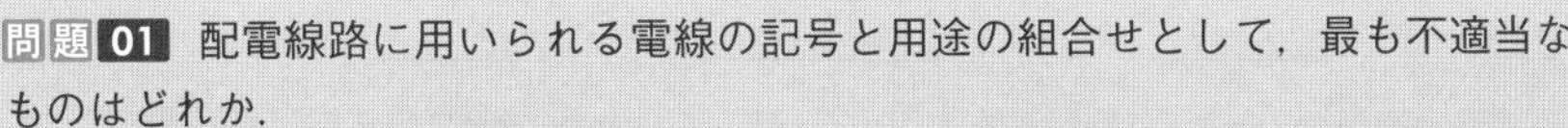

問題 01 配電線路に用いられる電線の記号と用途の組合せとして，最も不適当なものはどれか．

	記号	用　途
(1)	GV	架空電線路の接地用
(2)	OW	低圧架空配電用
(3)	OC	高圧架空配電用
(4)	DV	高圧架空引込用

解答 (4) DV は，引込用ビニル絶縁電線で，電柱から建物に引き込む部分の低圧引込みに用いられます．

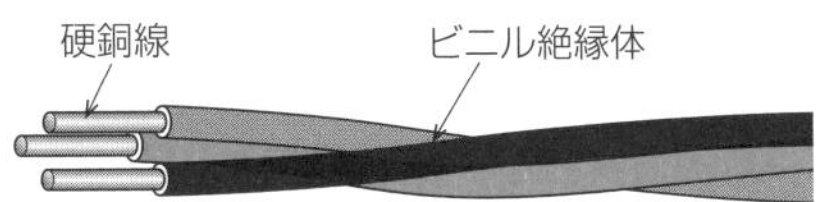

(参考) PDC は主に高圧本線から柱上変圧器に至る部分に使用する高圧引下げ用の絶縁電線です．

問題 02 配電線路に用いられる電線の種類と主な用途の組合せとして，不適当なものはどれか．

	電線の種類	主な用途
(1)	引込用ポリエチレン絶縁電線（DE）	高圧架空引込用
(2)	屋外用架橋ポリエチレン絶縁電線（OC）	高圧架空配電用
(3)	引込用ビニル絶縁電線（DV）	低圧架空引込用
(4)	屋外用ビニル絶縁電線（OW）	低圧架空配電用

解答 (1) 引込用ポリエチレン絶縁電線（DE）は低圧架空引込用で，DV 線の絶縁体をビニルからポリエチレンに変更したものです．

問題 03 図に示すがいしの名称として，適当なものはどれか.

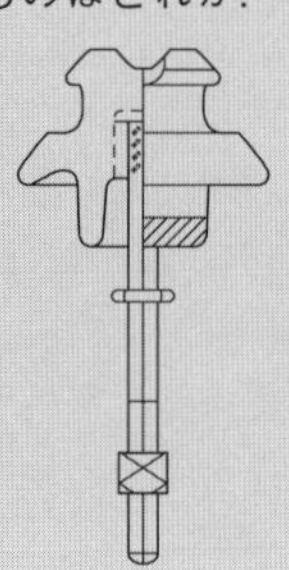

(1)　耐霧がいし
(2)　長幹がいし
(3)　高圧ピンがいし
(4)　ラインポストがいし

解答 (3) 架空高圧配電線の引通し部分などに使用される**高圧ピンがいし**です.

問題 04 架空配電線路の保護に用いられる機器または装置として，不適当なものはどれか.

(1)　放電クランプ　　(2)　遮断器
(3)　高圧カットアウト　　(4)　自動電圧調整器

解答 (4) 自動電圧調整器（SVR）は，郡部の配電線において配電線の電圧を適正に保つための電圧調整を行うものです.

（参考）柱上変圧器の一次側の開閉器として一般に使用され，変圧器の過負荷と内部短絡を保護する機器は高圧カットアウト（ヒューズ付）です.

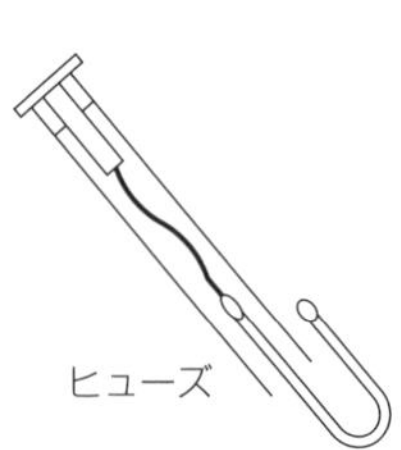

問題 05 配電系統における過電流遮断器の施設に関する記述として，最も不適当なものはどれか．

(1) 高圧の過電流遮断器は，その作動に伴いその開閉状態を表示する装置を有するものまたはその開閉状態を容易に確認できるものでなければならない．
(2) 低圧の電路中において，機械器具および電線を保護するために必要な箇所には，過電流遮断器を施設することが望ましい．
(3) 高圧電路に短絡を生じたときに作動する過電流遮断器は，これを施設する箇所を通過する短絡電流を遮断する能力を有するものでなければならない．
(4) 電路の一部に接地工事を施した低圧架空電線の接地側電線には，過電流遮断器を施設しなければならない．

解答 (4) 電路の一部にB種接地工事を施した低圧架空電線の接地側電線には，過電流遮断器を施設してはなりません．その理由は，高低圧混触時の地絡事故が検出できなくなるためです．

問題 06 高圧配電系統の機器等に関する記述として，最も不適当なものはどれか．

(1) 高圧配電線の短絡保護には，過電流継電器が用いられる．
(2) 高圧配電線の地絡保護には，漏電遮断器が用いられる．
(3) 高圧配電線路の事故区間の切り離しには，区分開閉器が用いられる．
(4) 柱上変圧器の一次側の短絡保護には，高圧ヒューズが用いられる．

解答 (2) 高圧配電線の地絡保護には，地絡方向継電器（DGR）と遮断器が用いられています．DGRを動作させる零相電圧は，接地用変圧器（EVT）で検出したものを，零相電流は零相変流器（ZCT）で検出したものを使用しています．

漏電遮断器は，主に低圧の屋内配線での地絡保護に用いられます．

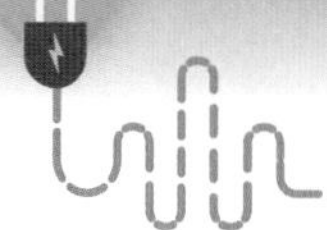

10　架空配電線路の施工

支持物の施工

A 種鉄筋コンクリート柱の根入れ深さは，下表の値以上でなければならない．

全　長※	根入れ深さ
15m 以下	全長の 1/6
15m を超え 16m 以下	2.5m
16m を超え 20m 以下	2.8m

※水田その他地盤が軟弱箇所では，全長 16m 以下とし，特に堅ろうな根かせを施すこと．

架空配電線路の施工

架空配電線路の絶縁電線の工事には，延線作業，引留作業，接続作業があります．

① **延線作業**：電柱に延線ローラを取り付けて，延線ロープを架線し，延線ロープの先端に電線を取り付け巻線ドラムで延線ロープを巻き取り架線します．

② **引留作業**：延線した電線を張線器（シメラ）を使用して規定のたるみとなるよう引留装柱箇所で緊線し，引留がいしに固定します．

③ **接続作業**：直線スリーブや C 形コネクタを使用して電線を接続します．接続部分は，絶縁電線の絶縁物と同等以上の絶縁効力のある絶縁カバーなどで覆います．

支線の施工

支線は，支持物の補強と安全性向上のために施設するもので，次のように施設しなければなりません．

① 支線の**安全率は，2.5 以上**とする（木柱などの引留支線では 1.5 以上）．

② 素線に**直径が 2 mm 以上**で引張強さが 0.69 kN/mm^2 以上の金属線を用い，**3 条以上**をより合わせたものとする．

③ 地中の部分および地表上 30 cm までの地際部分に耐蝕性のあるものを使用する．

④ 支線の根かせは，支線の引張荷重に十分耐えるように施設する．

⑤ 道路を横断して施設する支線の高さは，**地表上 5 m 以上**とする．

問題 01 高低圧架空配電線路の施工に関する記述として，最も不適当なものはどれか．

(1)　長さ 15m の A 種コンクリート柱の根入れの深さを，2m とした．
(2)　支線が断線したとき地表上 2.5m 以上となる位置に，玉がいしを取り付けた．
(3)　支線の埋設部分には，打込み式アンカを使用した．
(4)　高圧架空電線の分岐接続には，圧縮型分岐スリーブを使用した．

解答 (1) 長さ 15m 以下は全長の 1/6 以上の根入れが必要なため，根入れは 2.5m 以上としなければなりません．
（参考）次の選択肢も出題されています．
○：高圧架空電線の張力のかかる接続箇所には，圧縮スリーブを使用した．
○：高圧架空電線の引留め箇所には，高圧耐張がいしを使用した．

問題 02 高圧架空配電線路の施工に関する記述として，最も不適当なものはどれか．

(1)　電線接続部には，絶縁電線と同等以上の絶縁効果を有するカバーを使用した．
(2)　高圧電線は，圧縮スリーブを使用して接続した．
(3)　延線した高圧電線は，張線器で引張り，たるみを調整した．
(4)　高圧電線の引留め支持用には，玉がいしを使用した．

解答 (4) 高圧電線の引留め支持用には，耐張がいしを使用します．玉がいしは，支線に設けるものです．

耐張がいし

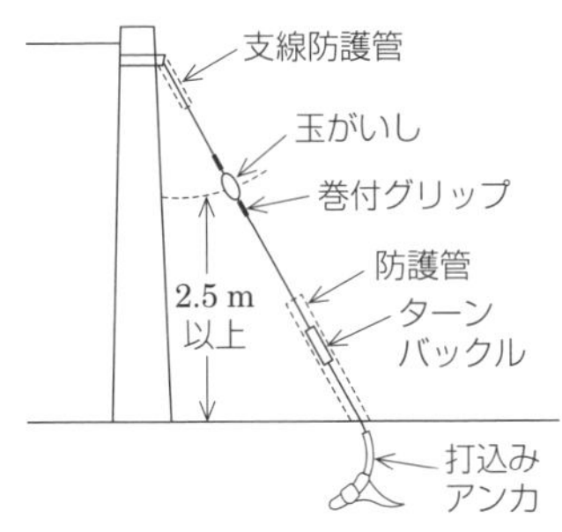

問題 **03** 架空配電線路の施工に関する記述として，最も不適当なものはどれか.

(1)　配電用避雷器を区分開閉器の近くに取り付けた.
(2)　高圧配電線路の短絡保護のため，過電圧継電器を施設した.
(3)　高圧架空配電線路の電線と支持物を絶縁するため，中実がいしを使用した.
(4)　単相 3 線式の低圧配電線路の不平衡を防ぐため，線路の末端にバランサを取り付けた.

解答 (2) 配電用変電所では短絡保護のために過電流継電器を，地絡保護のために地絡方向継電器を施設して，高圧配電線路での事故発生時に動作させ遮断器を遮断させます.

問題 **04** 高圧架空電線路の施工に関する記述として，誤っているものはどれか.

(1)　柱上変圧器の一次側にケッチヒューズを取り付けた.
(2)　柱上変圧器の二次側に，B 種接地工事を施した.
(3)　配電用避雷器は，柱上開閉器の近くに設けた.
(4)　高圧配電線路の事故区間切り離しのため，柱上開閉器を設けた.

解答 (1) 柱上変圧器の過負荷保護のため，変圧器の一次側には高圧カットアウトを設けます．ケッチヒューズは低圧引込線の柱側に取り付けるものです.

問題 **05** 高圧架空引込線の施工について，最も不適当なものはどれか.

(1)　ケーブルをちょう架用線にハンガーを使用してちょう架し，ハンガーの間隔を 50cm 以下として施設した.
(2)　ケーブルを径間途中で接続した.
(3)　ケーブルを屈強させるので単心ケーブルの曲げ半径を外径の 10 倍とした.
(4)　ちょう架用線の引留箇所で熱収縮と機械的振動ひずみに備えて，ケーブルにゆとりを設けた.

解答 (2) ケーブルは，径間途中で接続してはなりません．なお，(3) は単心ケーブルの場合の曲げ半径は外径の 10 倍以上，3 心ケーブルの場合の曲げ半径は外径の 8 倍以上としなければなりません.

11　電気方式と電圧降下・電力損失

低圧配電線の電気方式と電圧降下

低圧配電線の電気方式には，下図の方式があります．それぞれの方式別の電圧降下 v は，1 線当たりの抵抗を R〔Ω〕，1 線当たりのリアクタンスを X〔Ω〕，負荷電流を I〔A〕，負荷力率を $\cos\theta$（遅れ）とすると，下表のようになります．

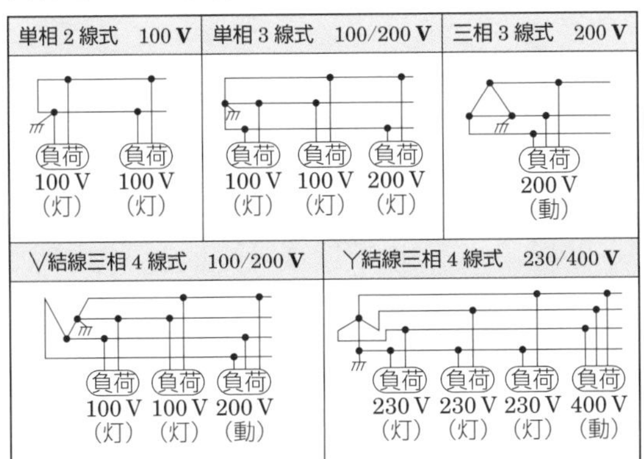

電気方式	電圧降下 v〔V〕
単相 2 線式	線間 $2I(R\cos\theta+X\sin\theta)$
単相 3 線式	一相 $I(R\cos\theta+X\sin\theta)$
三相 3 線式	線間 $\sqrt{3}I(R\cos\theta+X\sin\theta)$

（注意）単相 3 線式の相電圧＝電圧線と中性線間の電圧

低圧配電線の電気方式と電力・電力損失

低圧配電線の電気方式別の負荷電力 P〔W〕と電力損失 p〔W〕は，表に示す式で求められます．

<記号> V_r：受電端電圧〔V〕，I：負荷電流〔A〕，$\cos\theta$：負荷力率，R：1 線当たりの線路抵抗〔Ω〕

電気方式	負荷電力 P	電力損失 p
単相 2 線式	$V_rI\cos\theta$	$2RI^2$
単相 3 線式	$2(V_rI\cos\theta)$	$2RI^2$
三相 3 線式	$\sqrt{3}V_rI\cos\theta$	$3RI^2$

問題 01　単相 3 線式 100/200V に関する記述として，不適当なものはどれか．

(1)　使用電圧が 200V であっても，対地電圧は 100V である．
(2)　同一の負荷に供給する場合，単相 2 線式 100V に比べて電圧降下が小さくなるが，電力損失は大きくなる．
(3)　中性線と各電圧線の間に接続する負荷容量の差は大きくならないようにする．
(4)　3 極が同時に遮断される場合を除き，中性線には過電流遮断器を設けない．

解答 (2) 負荷電力 P〔W〕，電圧 V〔V〕，力率 $\cos\theta$，電線1条の抵抗を R〔Ω〕とすると

$$単相2線式の電力損失\ P_2 = 2R\left(\frac{P}{V\cos\theta}\right)^2〔W〕$$

$$単相3線式の電力損失\ P_3 = 2R\left(\frac{P}{2V\cos\theta}\right)^2 = \frac{1}{4}P_2〔W〕$$

問題 02 図に示す単相2線式配電線路の送電端電圧 V_S〔V〕と受電端電圧 V_r〔V〕の間の電圧降下 v〔V〕を表す簡略式として，正しいものはどれか．ただし，各記号は次のとおりとする．

R：1線当たりの抵抗〔Ω〕，X：1線当たりのリアクタンス〔Ω〕，$\cos\theta$：負荷の力率，$\sin\theta$：負荷の無効率，I：線電流〔A〕

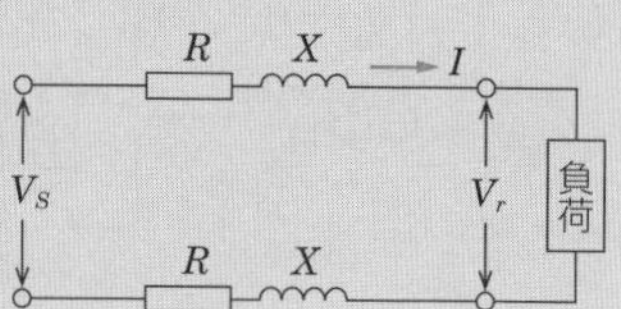

(1)　$v=2I\,(R\cos\theta+X\sin\theta)$〔V〕
(2)　$v=2I\,(X\cos\theta+R\sin\theta)$〔V〕
(3)　$v=\sqrt{3}I\,(R\cos\theta+X\sin\theta)$〔V〕
(4)　$v=\sqrt{3}I\,(X\cos\theta+R\sin\theta)$〔V〕

解答 (1) 1線分の電圧降下は $I\,(R\cos\theta+X\sin\theta)$ で，単相2線式では往復線の電圧降下があるので，2倍の $2I\,(R\cos\theta+X\sin\theta)$〔V〕となります．

$v=V_s-V_r=2I\,(R\cos\theta+X\sin\theta)$〔V〕

問題 03 低圧配電系統における電気方式のうち，単相2線式と比較した三相3線式の特徴として，最も不適当なものはどれか．

ただし，線間電圧，力率および送電距離は同一とし，材質と太さが同じ電線を用いるものとする．

(1)　電線1条当たりの送電電力は大きくなる．
(2)　送電電力が等しい場合には，送電損失が大きくなる．
(3)　回転磁界が容易に得られ，電動機の使用に適している．
(4)　平衡三相の瞬時電力は一定で脈動しない．

解答 (2) 負荷電力をP〔W〕, 線間電圧をV〔V〕, 力率を$\cos\theta$, 電線1条の抵抗をR〔Ω〕とすると,

$$\text{単相2線式の電力損失 } P_2 = 2R\left(\frac{P}{V\cos\theta}\right)^2 \text{〔W〕}$$

$$\text{三相3線式の電力損失 } P_3 = 3R\left(\frac{P}{\sqrt{3}V\cos\theta}\right)^2 = R\left(\frac{P}{V\cos\theta}\right)^2 \text{〔W〕}$$

よって, 三相3線式の送電損失は, 単相2線式の送電損失の1/2となります.

問題04 図に示す三相3線式配電線路の送電端電圧V_s〔V〕と受電端電圧V_r〔V〕の間の電圧降下v〔V〕を表す簡略式として, 正しいものはどれか. ただし, 各記号は, 次のとおりとする.

R：1線当たりの抵抗〔Ω〕, X：1線当たりのリアクタンスを〔Ω〕, $\cos\theta$：負荷の力率　$\sin\theta$：負荷の無効率, I：線電流〔A〕

(1)　$v=\sqrt{3}I(R\cos\theta+X\sin\theta)$〔V〕
(2)　$v=\sqrt{3}I(X\cos\theta+R\sin\theta)$〔V〕
(3)　$v=2I(R\cos\theta+X\sin\theta)$〔V〕
(4)　$v=2I(X\cos\theta+R\sin\theta)$〔V〕

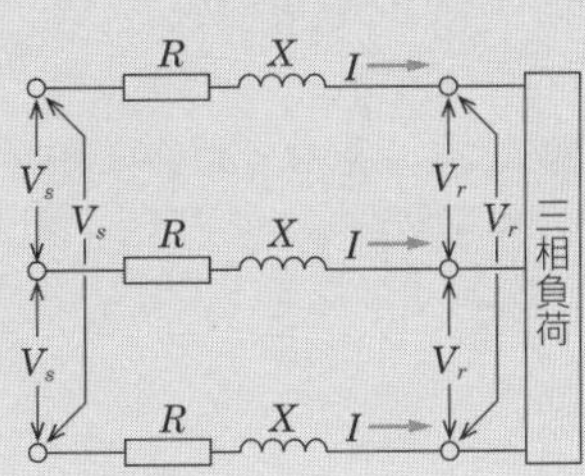

解答 (1) 三相3線式配電線路の電圧降下vは, 下式で求められます.

$$v=V_s-V_r=\sqrt{3}I(R\cos\theta+X\sin\theta)\text{〔V〕}$$

問題05 配電系統に生ずる電力損失の軽減対策として, 最も不適当なものはどれか.

(1)　給電点をできるだけ負荷の中心に移す.
(2)　電力用コンデンサを設置して力率を改善する.
(3)　単相3線式の配電方式を採用する.
(4)　柱上変圧器の低圧側の中性点を接地する.

解答 (4) 変圧器低圧側の中性点を接地する目的は, 変圧器の高圧と低圧の混触時の低圧側の負荷機器の焼損を防止するためです.

4章 送配電

問題 06 高圧配電系統におけるループ方式に関する記述として，最も不適当なものはどれか．

(1)　幹線を環状にし，電力を 2 方向より供給する方式である．
(2)　需要密度の低い地域に適している．
(3)　常時開路方式と常時閉路方式がある．
(4)　事故時にその区間を切り離すことにより，他の健全区間に供給できる．

解答 (2) ループ方式は，高負荷密度地域に用いて供給信頼度が高いです．

問題 07 次の機器のうち，一般に配電線に電圧フリッカを発生させないものはどれか．

(1)　蛍光灯　　(2)　アーク炉
(3)　スポット溶接機　　(4)　プレス機

解答 (1) 大きな変動負荷がある場合，大きな電圧変動が発生して，照明のちらつき等の影響が発生するが，これを**電圧フリッカ**といいます．蛍光灯は，電圧フリッカによって被害を受け，ちらつきを生じます．

12 負荷特性

負荷特性を表す率

負荷特性を表す三つの率の意味と計算方法は，以下のとおりです．

$$需要率 = \frac{最大需要電力〔kW〕}{設備容量〔kW〕} \times 100〔\%〕$$

$$負荷率 = \frac{平均需要電力〔kW〕}{最大需要電力〔kW〕} \times 100〔\%〕$$

$$不等率 = \frac{最大需要電力の和〔kW〕}{合成最大需要電力〔kW〕} \geqq 1$$

$$設備利用率 = \frac{出力〔kW〕}{設備容量〔kW〕} \times 100〔\%〕$$（変圧器でよく使用される）

問題 01 配電系統に関する用語として，次の計算により求められるものはどれか．

$$\frac{最大需要電力〔kW〕}{設備容量〔kW〕} \times 100〔\%〕$$

（1）需要率　（2）不等率　（3）負荷率　（4）利用率

解答 （1）需要率の定義は，下式のとおりです．

$$需要率 = \frac{最大需要電力〔kW〕}{設備容量〔kW〕} \times 100〔\%〕$$

問題 02 需要と負荷の関係を示す指標として，次の計算式により求められるものはどれか．

$$\frac{期間中の負荷の平均需要電力〔kW〕}{期間中の負荷の最大需要電力〔kW〕} \times 100〔\%〕$$

（1）需要率　（2）不等率　（3）負荷率　（4）利用率

解答 （3）負荷率の定義は，下式のとおりです．

$$負荷率 = \frac{平均需要電力〔kW〕}{最大需要電力〔kW〕} \times 100〔\%〕$$

問題 03　図に示す日負荷曲線の日負荷率または需要率として，正しいものはどれか．ただし，設備容量は 1 200kW とする．

(1)　日負荷率　50%
(2)　日負荷率　60%
(3)　需要率　　50%
(4)　需要率　　60%

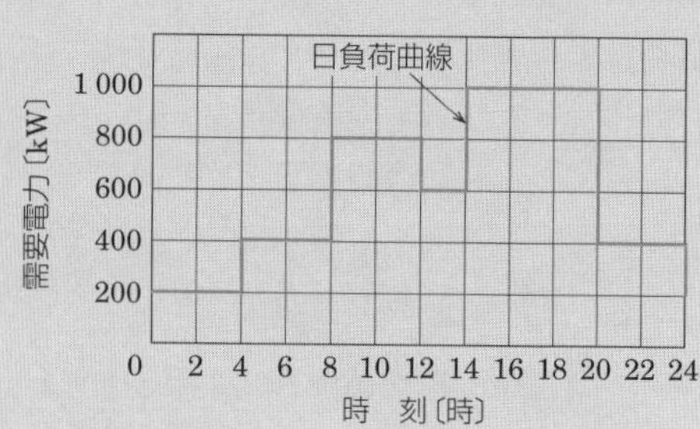

解答　(2)　1マスが 400〔kW·h〕で，全部で 36 マス分あるので

1日の使用電力量 = 400×36=14 400〔kW·h〕

$$平均需要電力 = \frac{1\,日の使用電力量}{24} = \frac{14\,400}{24} = 600〔\mathrm{kW}〕$$

$$\therefore\quad 日負荷率 = \frac{平均需要電力〔\mathrm{kW}〕}{最大需要電力〔\mathrm{kW}〕}\times 100 = \frac{600}{1\,000}\times 100 = 60〔\%〕$$

$$需要率 = \frac{最大需要電力〔\mathrm{kW}〕}{設備容量〔\mathrm{kW}〕}\times 100 = \frac{1\,000}{1\,200}\times 100 \fallingdotseq 83〔\%〕$$

13 高圧受電設備

キュービクル式高圧受電設備の特徴

キュービクルは変電所から供給される高圧を，需要家で使用できる低圧に変圧する設備で，各種の保護装置や計測装置，配電装置を箱内に収容しています．

[キュービクルの特徴]

① **コンパクト**で，設置面積や高さが軽減され，**工期が短い**．

② **保守点検が容易**で，感電・火災の危険性が少ない．

③ **建設費や維持費が安価**です．

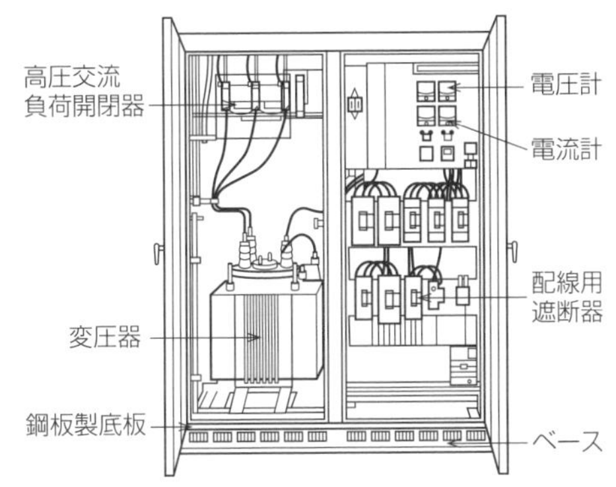

キュービクル式高圧設備の種類

キュービクル式高圧受電設備には，CB 形と PF・S 形とがあります．

CB 形	PF・S 形
真空遮断器	PF 付き LBS
過電流継電器（OCR）・地絡継電器（GR）と遮断器（CB）を組み合わせたもので，短絡・地絡事故を遮断器で遮断します．	**限流ヒューズ（PF）と交流負荷開閉器（PAS）を組み合わせ**たもので，短絡は PF で，地絡は PAS で保護します．
変圧器容量 **4 000 kV·A 以下**のものに適用します．	変圧器容量 **300 kV·A 以下**のものに適用します．（単純で経済的）

問題 01 開放形高圧受電設備と比較したキュービクル式高圧受電設備に関する記述として，最も不適当なものはどれか．

(1)　設置面積を小さくできる．
(2)　変圧器の増設や更新が容易である．
(3)　設置場所における据付や配線の作業量が削減できる．
(4)　接地した金属箱内に充電部や機器などが収納され感電の危険性が少ない．

解答 (2) キュービクル内のスペースは限られているので，変圧器の増容量等に対しては増設や更新ができない場合があります．

問題 02 キュービクル式高圧受電設備の主遮断装置に関する記述として，「日本産業規格 (JIS)」上，誤っているものはどれか．

(1)　CB 形の主遮断装置は，高圧交流遮断器と過電流継電器を組み合わせたものとする．
(2)　CB 形の高圧主回路においては，変流器と過電流継電器を組み合わせたもので過電流を検出する．
(3)　PF･S 形の主遮断装置は，高圧カットアウトと限流ヒューズを組み合わせたものとする．
(4)　PF･S 形においては，必要に応じ零相変流器と地絡継電器を組合せたもので地絡電流を検出する．

解答 (3) PF･S 形の主遮断装置は，限流ヒューズと高圧交流負荷開閉器を組み合わせたものです．

問題 03 高圧交流遮断器と比較した高圧限流ヒューズの特徴に関する記述として，不適当なものはどれか．

(1)　小形で遮断電流が大きなものができる．
(2)　小電流範囲の遮断に適している．
(3)　短絡電流を高速度遮断できる．
(4)　限流効果が大きい．

解答 (2) 高圧限流ヒューズは，短絡電流の波高値を半サイクル以内に抑制して溶断するため，高圧交流遮断器と比べて限流効果は大きいです．しかし，高圧限流ヒューズには，**小電流域で遮断不能となるもの**があります．

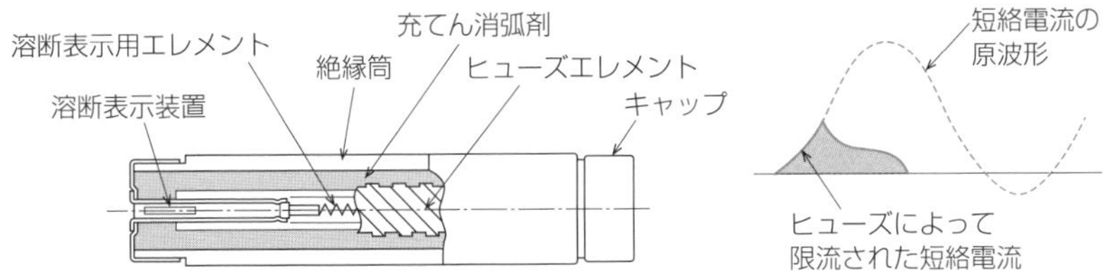

（参考❶）：高圧限流ヒューズは過電流継電器のように動作特性を自由に調整することはできませんが，小形軽量で設置が容易で保守も簡単です．

（参考❷）高圧限流ヒューズの種類はJIS（日本産業規格）で規定され，**G（一般用）**，**T（変圧器用）**，**M（電動機用）**，**C（コンデンサ用）**があります．

問題 04 高圧受変電設備における断路器に関する記述として，最も不適当なものはどれか．ただし，断路器は垂直面に取付けとし，切替断路器を除くものとする．

(1) 横向きに取り付けない．
(2) 操作が容易で危険のおそれのない箇所を選んで取り付ける．
(3) 縦に取り付ける場合は，切替断路器の場合を除き，接触子（刃受）が下部になるようにする．
(4) ブレード（断路刃）は，開路したときに充電しないよう負荷側とする．

解答 (3) 断路器の取付けは，縦に取り付ける場合は，切替断路器を除き，接触子（刃受）を上部としなければなりません．

また，ブレード（断路刃）は，開路した場合に充電部としないよう負荷側に接続しなければなりません．

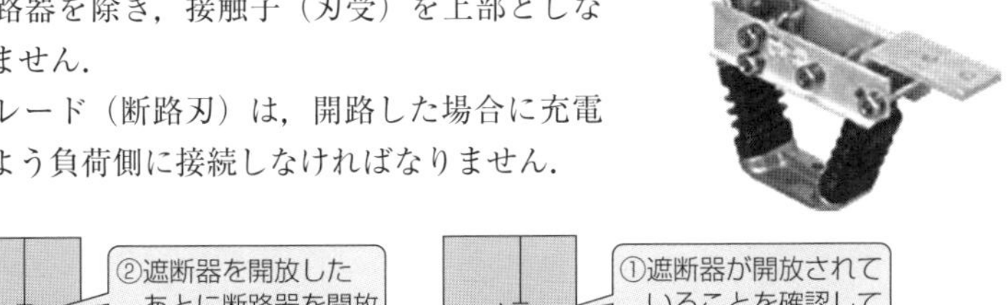

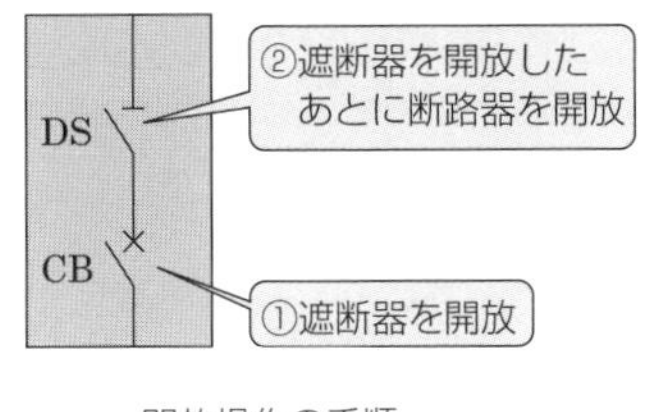

開放操作の手順

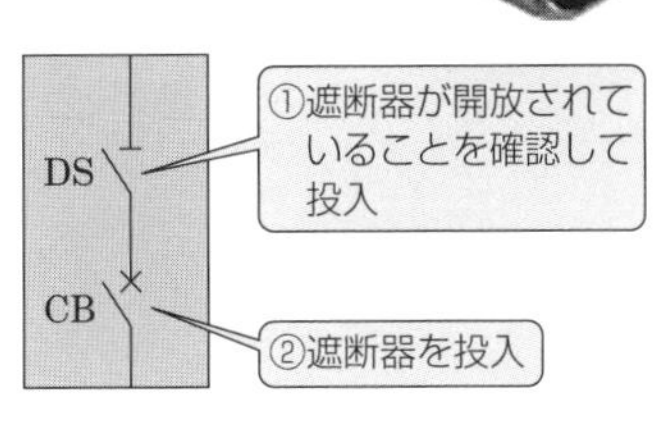

投入操作の手順

問題 05　限流ヒューズ付高圧交流負荷開閉器に関する記述として，最も不適当なものはどれか．ただし，ストライカ引外し式とする．

(1)　限流ヒューズは，各相のすべてに設けて用いる．
(2)　限流ヒューズの溶断に伴い，内蔵バネによって表示棒を突出させ開路する．
(3)　ストライカ引外し式は，事故相のみを開路できるようにしたものである．
(4)　絶縁バリアは，相間および側面に設けるものである．

解答　(3) ストライカ引外し式は，事故相の限流ヒューズの溶断に伴い，内蔵バネによって表示棒（ストライカ）を突出させ，機械的に連動して三相同時に開路する構造になっています．

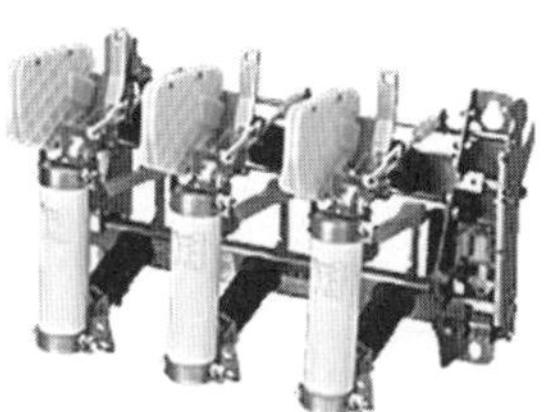

問題 06　高圧電路に使用する機器に関する記述として，不適当なものはどれか．

(1)　高圧断路器 (DS) は，負荷電流を開閉できる．
(2)　高圧交流負荷開閉器（LBS）は，負荷電流を開閉できる．
(3)　高圧限流ヒューズ（PF）は，短絡電流を遮断できる．
(4)　高圧交流真空遮断器（VCB）は，短絡電流を遮断できる．

解答　(1) ❶高圧断路器（DS）は，消弧機能がないことから無負荷時の回路の開閉に用いられます．したがって，負荷電流の開閉はできません．
❷ JIS（日本産業規格）での図記号は，下図のとおりです．

DS	LBS（PF 付）	PF	VCB

問題 07　高圧受電設備に使用する機器に関する記述として，最も不適当なものはどれか．

(1)　限流ヒューズ付高圧交流負荷開閉器は，高圧限流ヒューズと組み合わせて，電路の短絡電流を遮断する機能を有する．
(2)　断路器は，高圧遮断器の電源側に設置し，負荷電流が流れている電路を開閉する機能を有する．
(3)　高圧交流電磁接触器は，負荷電流の多頻度の開閉をする機能を有する．
(4)　避雷器は，雷および開閉サージによる異常電圧による電流を大地へ分流する機能を有する．

解答　(2) 断路器は，負荷電流が流れている電路の開閉はできません．

問題 08　高圧電路に使用する機器に関する記述として，最も不適当なものはどれか．

(1)　柱上に用いる気中負荷開閉器（PAS）は，短絡電流の遮断に用いられる．
(2)　真空遮断器（VCB）は，負荷時の電路の開閉に用いられる．
(3)　真空電磁接触器 (VMC）は，負荷電流の多頻度開閉に用いられる．
(4)　電力ヒューズ（PF）は，主に短絡電流の遮断に用いられる．

解答　(1) 気中負荷開閉器 (PAS）は，負荷電流の開閉はできるが短絡電流の遮断はできません．短絡電流の遮断ができるのは，遮断器です．なお，(3) の真空電磁接触器（VMC）は，コンデンサの開閉に用いられます．

問題 09　高圧受電設備の用語の定義として，「高圧受電設備規程」上，不適当なものはどれか．

(1)　主遮断装置とは，受電設備の受電用遮断装置として用いられるもので，電路に過負荷，短絡事故などが生じたときに，自動的に電路を遮断する能力をもつものをいう．
(2)　受電設備容量とは，受電電圧で使用する変圧器，電動機などの機器容量の合計をいい，高圧進相コンデンサも含む．
(3)　短絡電流とは，電路の線間がインピーダンスの少ない状態で接触を生じたことにより，その部分を通じて流れる電流をいう．
(4)　地絡電流とは，地絡によって電路の外部に流出し，電路，機器の損傷など事故を引き起こすおそれのある電流をいう．

解答 (2) 受電設備容量には高圧進相コンデンサは含まれません.

問題 10 キュービクル式高圧受電設備に関する記述として,「日本産業規格(JIS)」上, 不適当なものはどれか.

(1) 単相変圧器1台の容量は, 500kV・A以下とする.
(2) 三相変圧器の1台の容量は, 1 000kV・A以下とする.
(3) CB形の主遮断装置は, 高圧交流遮断器と過電流継電器を組み合わせたものとする.
(4) CB形の高圧主回路の過電流は, 変流器と過電流継電器を組み合わせたもので検出する.

解答 (2) 三相変圧器の1台の容量は, 750kV・A以下としなければなりません.

問題 11 キュービクル式高圧受電設備に関する記述として,「日本産業規格(JIS)」上, 不適当なものはどれか.

(1) 高圧進相コンデンサには, 限流ヒューズなどの保護装置を取り付ける.
(2) 300Vを超える低圧の引出し回路には, 地絡遮断装置を設ける. ただし, 防災用, 保安用電源などは, 警報装置に代えることができる.
(3) PF・S形の主遮断装置の電源側は, 短絡接地器具などで容易, かつ, 確実に接地できるものとする.
(4) CB形においては, 保守点検時の安全を確保するため, 主遮断装置の負荷側に断路器を設ける.

解答 (4) 正しくは,「CB形においては, 保守点検時の安全を確保するため, 主遮断装置の**電源側**に断路器を設ける.」です.

問題 12 高圧受電設備に用いられる高圧限流ヒューズの種類として,「日本産業規格（JIS）」上，誤っているものはどれか.

(1)　C（リアクトル付きコンデンサ用）
(2)　G（一般用）
(3)　M（電動機用）
(4)　T（変圧器用）

解答 (1) C はコンデンサ用です.

問題 13 キュービクル式高圧受電設備の設置後，受電前に行う自主検査として，一般的に行われないものはどれか.

(1)　保護継電器試験　　(2)　温度上昇試験
(3)　絶縁耐力試験　　(4)　絶縁抵抗試験

解答 (2) 温度上昇試験，インピーダンス試験は，自主検査として一般に行われません.
(参考) JIS で規定されている標準的な受渡試験の項目には，構造試験，動作試験，耐電圧試験などがありますが，防水試験は含まれていません.

問題 14 高圧受電設備に関する記述として，不適当なものはどれか.

(1)　ストレスコーンは，高圧ケーブル端末部の電界の集中緩和のために用いられる.
(2)　変圧器のブッシングは，振動伝達を抑えるために用いられる.
(3)　変流器は，計器や保護継電器を動作させるために用いられる.
(4)　一般送配電事業者が設置する電力量計は，電力需給計器用変成器に接続して用いられる.

解答 (2) 変圧器のブッシングは，変圧器の入出力端子で，導体およびがい管からなっています．変圧器の振動伝達を抑えるためには，防振ゴムなどが用いられます.

問題 15　次の図に示す高圧受電設備の受電設備容量として，「高圧受電設備規程」上，適当なものはどれか．

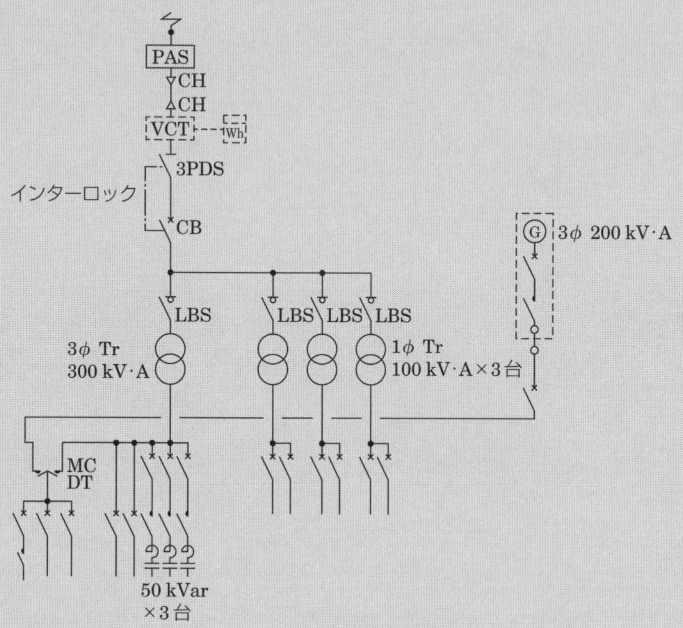

（1）　450kV・A　　（2）　600kV・A

（3）　800kV・A　　（4）　950kV・A

解答　（2）受電設備容量とは，受電電圧で使用する変圧器，電動機などの機器容量（kV・A）の合計をいい，高圧進相コンデンサは受電設備容量に含めないと定義されています．したがって，問題の図では変圧器だけが該当するので

受電設備容量 $S=300+100\times3=600$〔kV・A〕

14　高圧受電設備の施工

受電設備の最小保有距離

① 変圧器，配電盤など受電設備の主要部分は，保守点検や防火上有効な空間を保持するため，下表の値以上の保有距離を確保しなければなりません．

機器別	部　位〔m〕			
	前面・操作面	背面・点検面	列相互間（点検面）*	その他の面
高圧配電盤	1.0	0.6	1.2	－
低圧配電盤	1.0	0.6	1.2	－
変圧器など	0.6	0.6	1.2	0.2

（備考）＊は，機器類を 2 列以上設ける場合に適用します．

② 保守点検に必要な**通路は，幅 0.8 m 以上，高さ 1.8 m 以上**とし，変圧器などの充電部とは **0.2 m 以上**の保有距離を確保しなければなりません．

③ 受電室の広さ，高さおよび機器，配線などの離隔距離は，下図によることと規定されています．

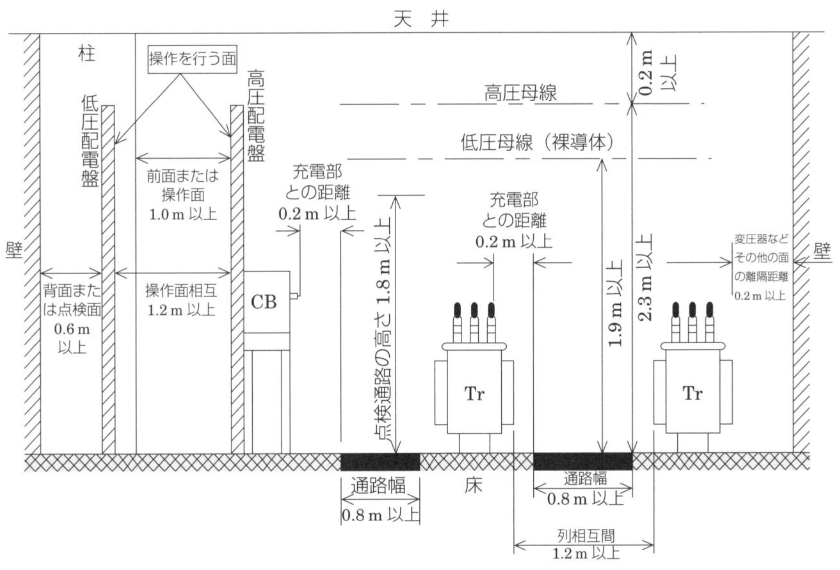

立面図

④ 通路面は，つまずき，滑りなどの危険のない状態に保持しなければなりません．

4章　送配電

⑤　キュービクルを受電室に設置する場合，金属箱の周囲との保有距離，ほかの造営物または物品との離隔距離は，下表のようにしなければなりません．

保有距離を確保する部分	保有距離〔m〕
点検を行う面	0.6 以上
操作を行う面	1.0＋保安上有効な距離以上
溶接などの構造で換気口がある面	0.2 以上
溶接などの構造で換気口がない面	－

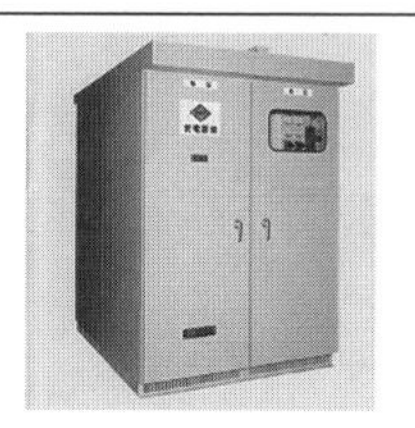

受電室の照明

受電室の照明は，次によらなければなりません．

①　照度は，**配電盤の計器面において 300 lx 以上**，その他の部分において 70 lx 以上とします．

②　照明器具は，計器面に反射して見えにくくならない位置に施設します．

③　受電室の灯具は，管球取替えの際に充電部に接近しなくてもよいようなところに施設します．なお，停電の場合を考慮して，移動用または携帯用灯火を受電室のわかりやすい場所に備えなければなりません．

問題 01　高圧受電設備の受電室に関する記述として，「高圧受電設備規程」上，不適当なものはどれか．

(1)　受電室を通過する排水管は，最短になるように施設した．
(2)　保守点検に必要な通路の幅を 0.8 m とした．
(3)　受電室を耐火構造とし，不燃材料で造った壁，柱，床および天井で区画した．
(4)　配電盤の計器面の照度を 300lx とした．

解答　(1) 受電室には，漏水時に設備の水没のおそれや感電のおそれがあるので，排水管を通過させてはなりません．
(参考) 次の選択肢も出題されています．
○：屋内キュービクルの点検を行う面の保有距離を 0.6m とした．
×：ドレパンを設けた給水管を通過させた．
○：扉に施錠装置を施設し，「高圧危険」および「関係者以外立入禁止」の表示をした．

01 直流機

直流発電機の誘導起電力の発生

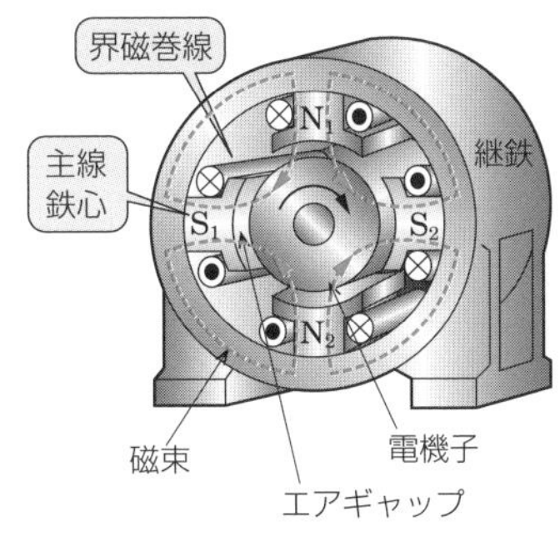

固定子と回転子とから構成され，固定子は界磁，継鉄など，回転子は電機子，整流子などで構成されています．

発電機では，電機子導体を界磁磁束と直角に置き，回転させると，導体にはフレミングの右手の法則により，誘導起電力 E を発生します．

比例定数を K，1極当たりの磁束を Φ〔Wb〕，回転速度を N〔min^{-1}〕とすると

$$\boldsymbol{E = K\phi N}\ \text{〔V〕}$$

で表されます．

直流発電機の回路

他励発電機		他励発電機の負荷時の出力電圧 V は，誘導起電力 E よりも小さい（$V = E - r_a I_a$）．
分巻発電機		分巻発電機の界磁回路（r_f 部分）に加わる電圧 V は，出力電圧 V に等しい．
直巻発電機		直巻発電機の界磁巻線と電機子巻線は直列接続であるため，**界磁電流は，電機子電流 I_a と等しい**．

（注意）r_a は電機子巻線抵抗，r_f は界磁巻線抵抗，I_a は電機子電流，I_f は界磁電流で，電機子電流 I_a は発電機の場合は破線矢印，電動機の場合は実線矢印の方向に流れる．

問題 01　図に示す発電機の原理図において，磁界中でコイルを一定の速度で回転させたとき，抵抗 R に流れる電流 i の波形として，適当なものはどれか．ただし，S_1 と S_2 は整流子，B_1 と B_2 はブラシとする．

(1)

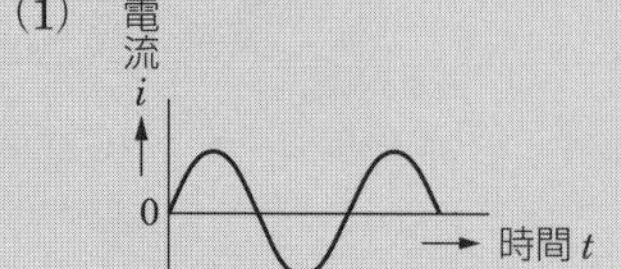

(2)

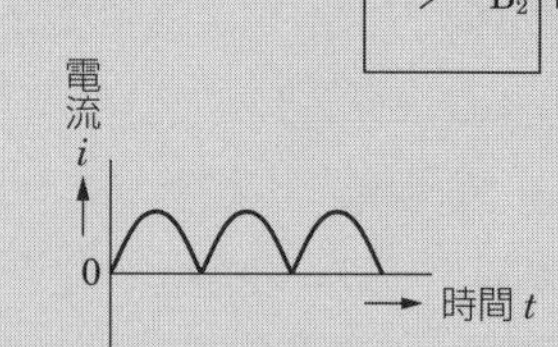

(3)

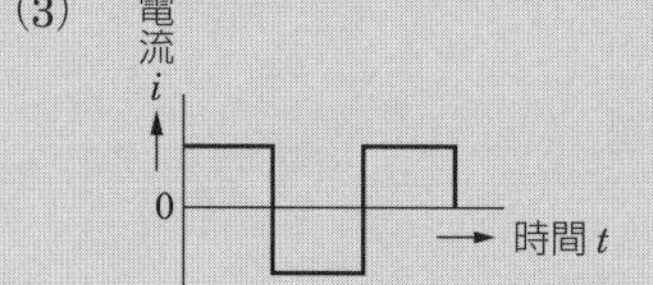

(4)

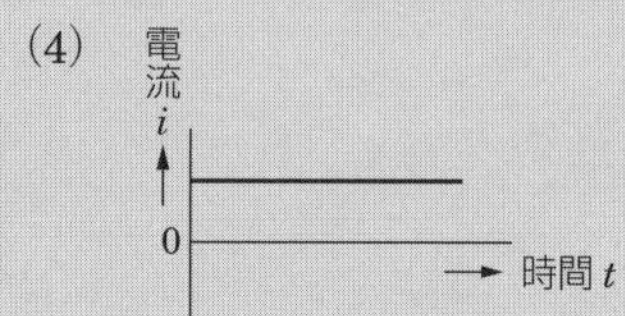

解答　(2) コイルに流れる電流は，半回転ごとに極性が変わるので交流波形です．しかし，整流子とブラシの作用によって，抵抗 R に流れる電流は直流波形（全波整流波形）となります．

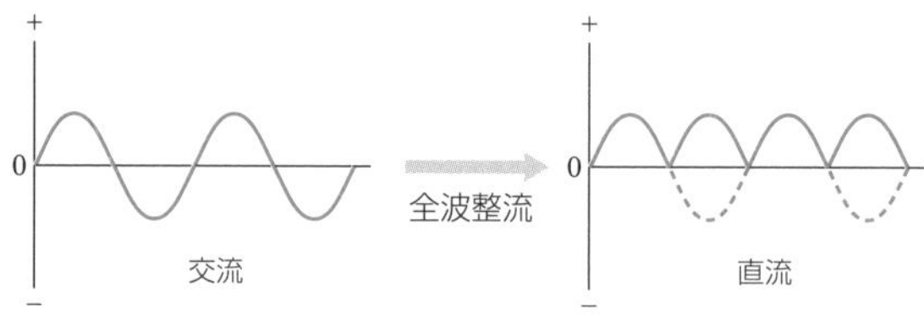

問題 02 図に示す直流発電機の原理図において，発生する誘導起電力に関する記述として，不適当なものはどれか．ただし，S_1 と S_2 は整流子，B_1 と B_2 はブラシを示し，これらにより整流するものである．

(1) 電機子コイルに発生する起電力は，フレミングの右手の法則によって定まる向きに発生する．
(2) 電機子コイルの回転方向を反転させても出力電圧の向きは変わらない．
(3) 回転速度が上がると，出力電圧も上がる．
(4) 出力電圧は，回転数が一定のとき磁束の大きさに比例する．

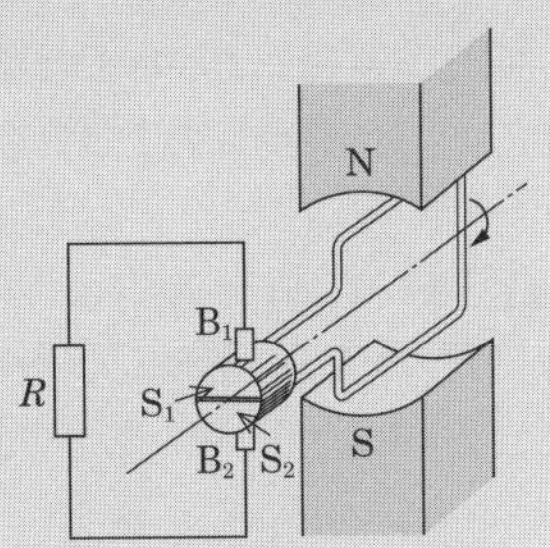

解答 (2) 電機子コイルの回転方向を反転させると，力の向きが元の逆になるので，フレミングの右手の法則を適用すると出力電圧の向きは反転前の逆方向となります．
(参考) フレミングの右手の法則は，人指し指（磁界の方向），親指（力の方向），中指（誘導起電力の方向）です．

問題 03 図に示す直流発電機の界磁巻線の接続方法のうち，分巻発電機の接続図として，適当なものはどれか．

ただし，A：電機子，F：界磁巻線，I：負荷電流，I_a：電機子電流，I_f：界磁電流

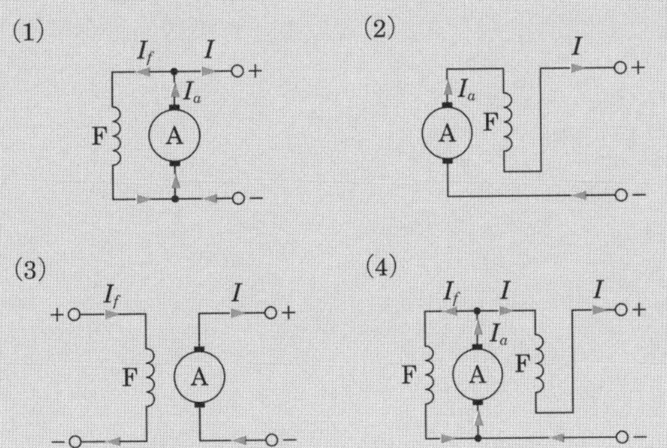

解答 (1) が正解．界磁巻線 F の位置から，(1) は分巻発電機，(2) は直巻発電機，(3) は他励発電機，(4) は複巻発電機（内分巻）です．

問題 04　直流発電機に関する記述として，不適当なものはどれか．

（1）　直巻発電機は，自励発電機に分類される．
（2）　分巻発電機は，他励発電機に分類される．
（3）　直巻発電機の無負荷時の出力電圧は，残留電圧に等しい．
（4）　分巻発電機の無負荷時の出力電圧は，誘導起電力に等しい．

解答　（2）直流発電機には，他励式と自励式とがあります．
❶**他励式**は，界磁巻線の界磁電流を別の電源からとる方式です．
❷**自励式**は，界磁巻線の界磁電流を自己の起電力からとる方式で，分巻式，直巻式，複巻式はこれに該当します．

問題 05　直流発電機に関する記述として，不適当なものはどれか．

（1）　他励発電機の負荷時の出力電圧は，誘導起電力より小さい．
（2）　分巻発電機の界磁回路に加わる電圧は，出力電圧に等しい．
（3）　直巻発電機の界磁電流は，電機子電流より小さい．
（4）　直巻発電機の誘導起電力は，磁束の大きさと回転速度の積に比例する．

解答　（3）が不適当．
（1）　出力電圧 V= 誘導起電力 E − 電機子抵抗の電圧降下 $R_a I_a$
（2）　界磁回路に加わる電圧 V= 出力電圧 V
（3）　界磁電流 I_f = 電機子電流 I_a
（4）　誘導起電力 E は，定数を K，磁束を Φ〔Wb〕，回転速度を N〔min^{-1}〕とすると

$$E=K\Phi N \text{〔V〕}$$

問題 06 回転速度 1 500min⁻¹ のときの起電力が 200V の直流他励発電機を，回転速度 1 350min⁻¹ で運転したときの起電力の値として，正しいものはどれか．ただし，界磁電流は一定とする．

（1） 162V　（2） 180V　（3） 200V　（4） 222V

解答 （2） 直流発電機の起電力は，回転速度に比例するので，1 350min^{-1} で運転したときの起電力 E は

$$E = 200 \times \frac{1\,350}{1\,500} = 180 \text{〔V〕}$$

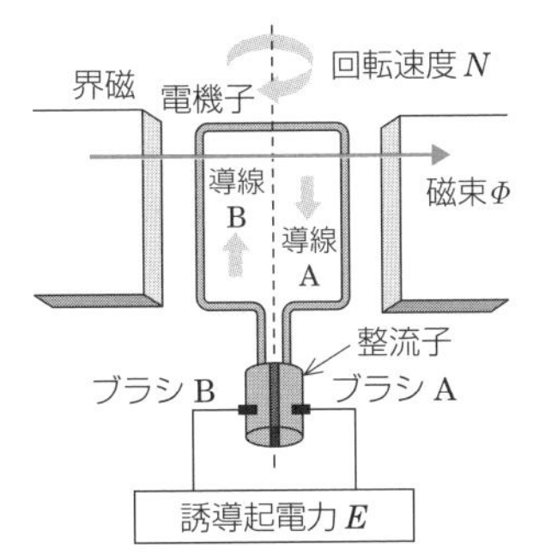

02 同期発電機

同期機の回転速度（同期速度）

同期発電機は，水力発電所や火力・原子力発電所の発電機として用いられ，同期速度で回転する発電機です．磁極数をp，周波数をf〔Hz〕とすると，

同期速度　$N_s = \dfrac{120f}{p}$〔min^{-1}〕で表されます．

同期発電機の構造

同期発電機は，図のように固定子として3個の電機子巻線を$2\pi/3$〔rad〕間隔に配置し，その内部に直流励磁による界磁巻線を配置した構造の回転界磁形が主流です．

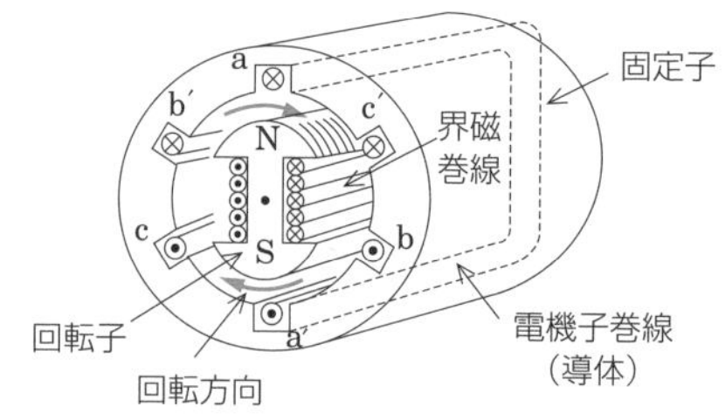

回転子が同期速度で回転すると，電機子には周波数f〔Hz〕の三相交流が発生します．

電圧変動率

同期発電機の電圧変動率は，界磁と回転速度を一定とし，定格出力から無負荷にした時の，電圧変動の割合を表します．

$$\text{電圧変動率}\ \varepsilon = \frac{V_0 - V_n}{V_n} \times 100\ 〔\%〕$$

ここで，V_nは定格力率における定格出力時の端子電圧〔V〕，V_0は無負荷にしたときの端子電圧〔V〕です．

短絡比

同期発電機の短絡比K_sは，同期機の体格を表す目安となります．

$$\text{短絡比}\ K_s = \frac{\text{三相短絡電流}\ I_s}{\text{定格電流}\ I_n} = \frac{100}{\%Z_s}\ 〔\text{p.u.}〕$$

ここで，$\%Z_s$〔%〕は，百分率同期インピーダンスです．

短絡比の大小による構造面と性能面を比較すると，次表のようになります．

短絡比 K_s の大小と機械の特徴

区　分	K_s の大きい機械	K_s の小さい機械
構造面	**水車発電機**：**鉄機械** 凸極形で軸方向に短い ギャップが大きい 大形で重量が大きい	**タービン発電機**：**銅機械** 円筒形で軸方向に長い ギャップが小さい 小形で軽量
性能面	回転速度が小（極数大） 同期インピーダンスが小さい 励磁電流が小さい 電圧変動率が小さい 過負荷耐量が大きい	回転速度が大（極数 2，4 極） 同期インピーダンスが大きい 励磁電流が大きい 電圧変動率大きい 過負荷耐量が小さい

同期発電機の並行運転条件

2 台以上の同期発電機を並列運転することを，並行運転と呼んでいます．安定した並行運転をするためには，次の五つの条件を満足させなければなりません．

① 周波数が相等しい．
② 起電力の大きさが等しい．
③ 起電力が同相である．
④ 起電力の波形が等しい．
⑤ 相回転が等しい．

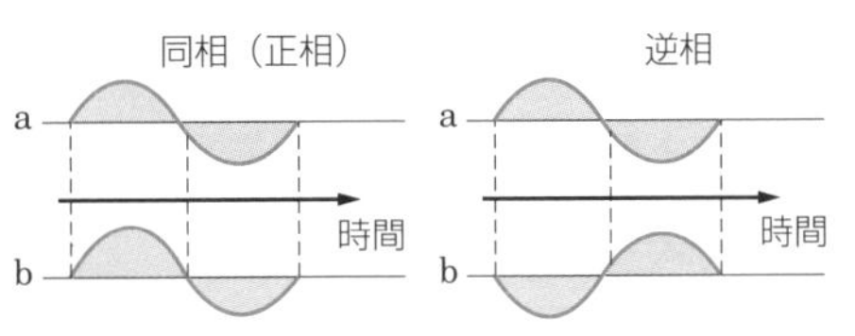

問題 01 回転界磁形同期発電機に関する記述として，不適当なものはどれか．

(1) 同期速度は，周波数と極数により決まる．
(2) 界磁電流には，交流が用いられる．
(3) 電機子には，ケイ素鋼板を積み重ねた鉄心が用いられる．
(4) 電機子巻線法の分布巻には，全節巻と短節巻がある．

解答 (2) 同期発電機の界磁電流には，直流が用いられます．

問題 02 水力発電所に用いられる水車発電機に関する記述として，不適当なものはどれか．

(1) 回転子には，一般に突極形のものが使用される．
(2) 回転速度は，蒸気タービン発電機より遅い．
(3) 立軸形は，横軸形に比べて小容量の高速機に適している．
(4) 立軸形には，スラスト軸受が設置されている．

解答 (3) 水車発電機の立軸形は，据付面積を小さくでき，大容量の低速機に用いられます．また，立軸形は，発電機の回転子と水車の重量をスラスト軸受で支えています．タービン発電機は，横軸形で，高速機に適しています．

(参考) 次の選択肢も出題されています．

○：立軸形は，横軸形に比べて大容量低速機に適している．

○：短絡比は，蒸気タービン発電機より大きい．

×：回転子は，軸方向に長い円筒形が多く採用されている．→半径方向に大きく軸方向に短い突極形が多く採用されています．

問題 03 火力発電に用いられるタービン発電機に関する記述として，最も不適当なものはどれか．

(1) 水車発電機に比べて，回転速度が速い．
(2) 大容量機では，水素冷却方式が採用される．
(3) 単機容量が増せば，発電機の効率は良くなる．
(4) 回転子は，突極形が採用される．

解答 (4) 火力発電所や原子力発電所のタービン発電機は高速回転するため，遠心力が大きくなります．このため，回転子の直径が小さく，軸方向に長い円筒形が採用されています．突極形の回転子は，水車発電機です．

水車発電機とタービン発電機の比較

比較項目	水車発電機	タービン発電機
回転速度	低速小容量	高速大容量
回転子	突極形 磁極鉄心 N タブテール留め 界磁巻線 スパイダ S	円筒形 N 界磁巻線 S 磁極鉄心
軸の形	主に立軸（据付面積は小）	横軸（据付面積は大）
冷却方式	空気冷却	水素または水冷却
短絡比	大（0.9 ～ 1.2）	小（0.6 ～ 1.0）
機械区分	鉄機械	銅機械

問題 04 同期発電機の特性に関する記述として，不適当なものはどれか．

(1)　界磁電流を大きくすれば，出力電圧は上昇し，やがて飽和する．
(2)　容量性負荷の場合，残留磁気があると無励磁でも出力電圧は上昇する．
(3)　同期インピーダンスが小さければ，短絡比も小さくなる．
(4)　出力端子を短絡したときの電機子電流は，界磁電流に正比例して大きくなる．

解答 (3) 同期インピーダンスと短絡比は反比例の関係があります．同期インピーダンスが小さい機器は水車発電機で，短絡比は大きくなります．

問題 05 同期発電機の並行運転を行うための条件として，必要のないものはどれか．

(1)　定格容量が等しいこと．
(2)　起電力の位相が一致していること．
(3)　起電力の周波数が等しいこと．
(4)　起電力の大きさが等しいこと．

解答 (1) 定格容量が異なっても，同期発電機の並行運転（並列運転）は行えます．

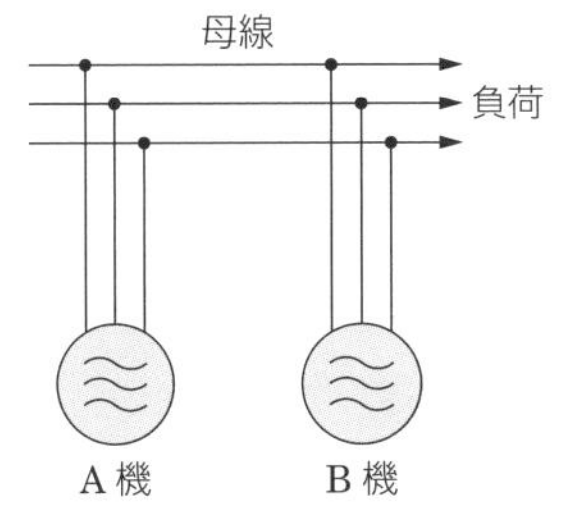

03　誘導電動機

誘導電動機の速度制御

誘導電動機は，産業用では最も多く使用されている電動機です．誘導電動機の速度制御は，下式の回転速度の三要素を変化させて行います．

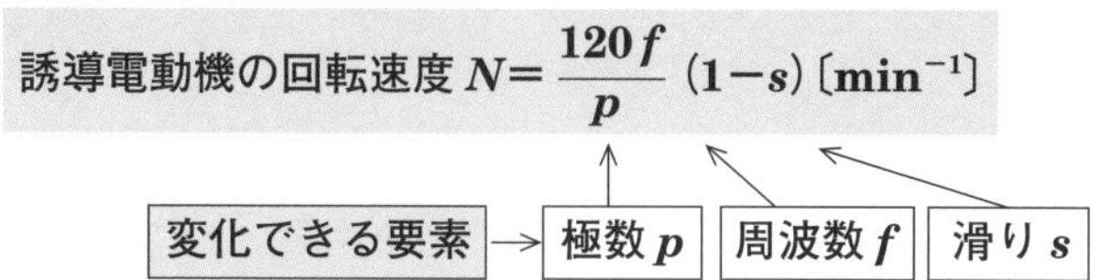

$$誘導電動機の回転速度\ N=\frac{120f}{p}(1-s)\,[\mathrm{min}^{-1}]$$

かご形誘導電動機の始動法

誘導電動機の始動時には定格電流の4～8倍の電流が流れます．このため，電圧降下が大きくなるので，始動電流抑制のための始動法が必要となります．

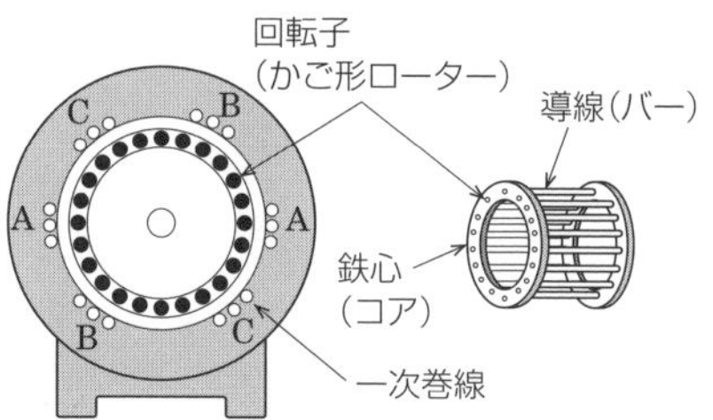

①　直入始動	全電圧（定格電圧）を直接加えて始動する方法で，**小容量機**に採用されます．
②　Y-△始動	巻線をY結線として始動し，運転時に△結線とします．巻線の電圧は，始動時は$1/\sqrt{3}$倍で，**始動電流と始動トルクは直入始動の1/3**となります．
③　リアクトル始動	**リアクトルを直列に入れて始動**します．始動電流を$1/a$倍にすると，始動トルクは$1/a^2$倍に減少します．
④　補償器始動	三相単巻変圧器を用いた**始動補償器**による方法で，始動時は電動機の電圧を50～60%に下げ，始動後に全電圧を加えます．

巻線形誘導電動機の始動法

二次側に外部抵抗を接続し，抵抗値を徐々に小さくして，始動後は短絡させます．**トルクの比例推移を利用**し，高い始動トルクが得られます．

問題 01　三相誘導電動機の特性に関する記述として，最も不適当なものはどれか．

(1)　負荷が減少するほど，回転速度は速くなる．
(2)　滑りが増加するほど，回転速度は速くなる．
(3)　極数を少なくするほど，回転速度は速くなる．
(4)　周波数を高くするほど，回転速度は速くなる．

解答 (2) 回転速度 N は，極数を p〔極〕，周波数を f〔Hz〕，滑りを s とすると

$$N=\frac{120f}{p}(1-s)\ 〔\mathrm{min}^{-1}〕$$

で表されるので，滑りが増加するほど回転速度は遅くなります．

問題 02 三相誘導電動機の特性に関する記述として，最も不適当なものはどれか．

(1)　回転速度は，同期速度より遅くなる．
(2)　回転速度は，電源周波数が低くなるほど遅くなる．
(3)　回転速度は，滑りが減少するほど速くなる．
(4)　回転速度は，固定子巻線の極数が多くなるほど速くなる．

解答 (4) 回転速度 N は，極数を p〔極〕，周波数を f〔Hz〕，滑りを s とすると

$$N=\boxed{\frac{120f}{p}}(1-s)\ 〔\mathrm{min}^{-1}〕$$

で表され，色アミ部分は同期速度で，回転速度は同期速度より遅くなり，電源周波数に比例します．また，滑り s が減少するほど (1−s) は大きくなるので，回転速度は速くなります．(4) の回転速度は，固定子巻線の極数 p が多くなるほど遅くなります．

問題 03 かご形誘導電動機にインバータ制御を用いた場合の特徴として，最も不適当なものはどれか．

(1)　始動電流が大きくなる．
(2)　低速でトルクが出にくい．
(3)　速度を連続して制御できる．
(4)　速度が商用電源の周波数に左右されない．

解答 (1) インバータ制御は，電圧を V，周波数を f とすると，(V/f) = 一定で制御する方式で，回転速度 N は周波数 f に比例します．始動時には，周波数を低くして始動できるので，始動電流は大きくなりません．

問題 04 電動機分岐回路に設置する機器に関する記述として，最も不適当なものはどれか．

(1)　配線用遮断器は，短絡電流から回路の保護が可能である．
(2)　2E リレーは，電動機の反相保護が可能である．
(3)　電動機用配線用遮断器は，過負荷保護が可能である．
(4)　低圧進相コンデンサは，無効電力を補償するものである．

解答 (2) 2E リレーは，電動機の**過負荷保護，欠相保護**の二つの保護を行うもので，反相保護（逆相）の保護はできません．

問題 05 低圧三相誘導電動機の保護に用いられる 3E リレーの保護目的の組合せとして，正しいものはどれか．

(1)　短絡保護，欠相保護，過負荷保護
(2)　反相保護，欠相保護，過負荷保護
(3)　短絡保護，漏電保護，過負荷保護
(4)　反相保護，漏電保護，過負荷保護

解答 (2) 3E リレーは，電動機の**過負荷保護，欠相保護，反相保護（逆相）**の三つの保護を行います．過負荷保護は過電流の場合，欠相保護は断線などの場合，反相保護は相順が逆の場合に動作します．

問題 06 三相誘導電動機の始動方式として，不適当なものはどれか．

(1)　全電圧始動　　(2)　スターデルタ始動
(3)　始動補償器法　　(4)　コンデンサ始動

解答 (4) コンデンサ始動，分相始動，くま取りコイル始動，反発始動は，単相電動機の始動法です．

04 変圧器

変圧器の誘導起電力と巻数比

一次巻線の巻数を N_1，二次巻線の巻数を N_2，一次の誘導起電力を E_1〔V〕，二次の誘導起電力を E_2〔V〕，一次電流を I_1〔A〕，二次電流を I_2〔A〕とすると，

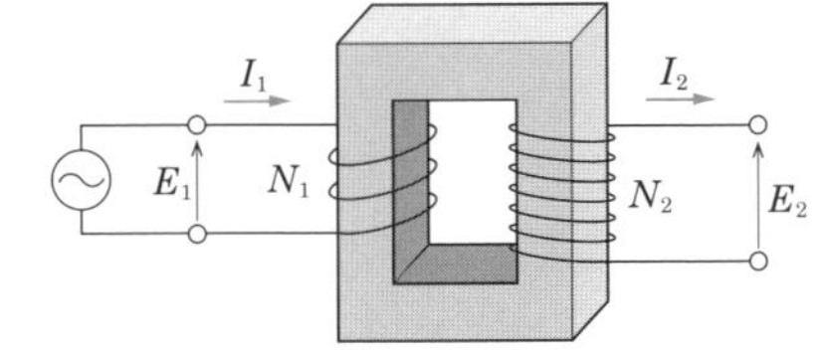

$$\text{巻数比 } a=\frac{N_1}{N_2}=\frac{E_1}{E_2}=\frac{I_2}{I_1}$$

起磁力が等しい $N_1I_1=N_2I_2$　　皮相電力が等しい $E_1I_1=E_2I_2$

また，変流比は $\dfrac{I_1}{I_2}=\dfrac{1}{a}$ で表され，巻数比 a の逆数となります．

変圧器の結線と特徴

変圧器の三相結線の代表的なものには，Y（スター），△（デルタ），V（ヴィ）があり，それぞれの結線の特徴は下表のとおりです．

結線	特徴
Y-Y結線	起電力に高調波を含み，中性点を接地すると線路に第3高調波を含む充電電流が流れ，通信障害を起こすので**採用されません**．
△-Y結線	発電所での**昇圧用変圧器**に採用されています．
Y-△結線	受電端変電所での**降圧用変圧器**に採用されています．
Y-Y-△結線	①Y-Y結線の欠点を補うために，三次に△巻線を設けています． ②送電用変圧器として広く採用され，**三次巻線の△結線の部分には，力率改善用コンデンサや分路リアクトルなどの調相設備**を接続します．
△-△結線	**配電用変圧器**に使用されています．
V-V結線	**柱上変圧器**として広く採用されています．

変圧器の電圧変動率

変圧器の二次端子に定格力率で定格二次電流 I_{2n} となる負荷を接続し，二次端子電圧が定格電圧 E_{2n} となるようにし，一次側電圧を変えずに二次側を無負荷にしたときの二次端子電圧を E_{20} とすると，

$$\text{電圧変動率 } \varepsilon=\frac{E_{20}-E_{2n}}{E_{2n}}\times 100\text{〔\%〕}$$

となります．

変圧器の損失

変圧器の損失の主なものには，鉄心で発生する鉄損（無負荷損）と巻線で発生する銅損（負荷損）とがある．鉄損には，ヒステリシス損と渦電流損とがある．

変圧器の効率

変圧器の効率 η は，**規約効率**で表します．

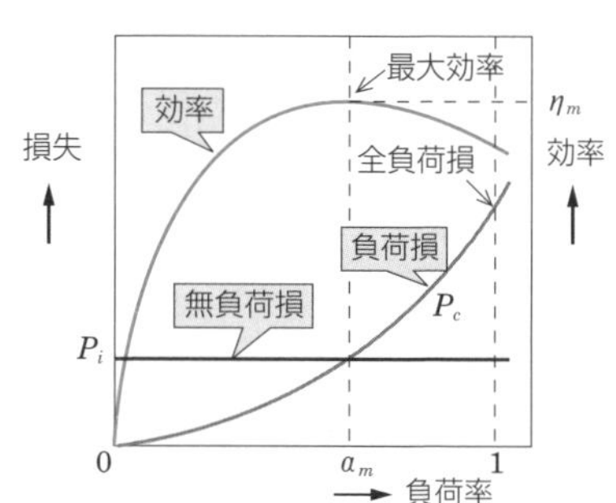

$$\eta=\frac{\text{出力}}{\text{出力}+\text{損失}}\times 100\ 〔\%〕$$

出力を P〔W〕，鉄損（無負荷損）を P_i〔W〕，銅損（負荷損）を P_c〔W〕とすると，

$$\eta=\frac{P}{P+P_i+P_c}\times 100\ 〔\%〕$$

ここで，**鉄損**は負荷の大きさに関わらず**常に一定値**で，**銅損は負荷電流の2乗に比例**します．このため，**鉄損＝銅損**のときに規約効率が最大になります．

変圧器の並行運転

変圧器を並列接続して運転することを並行運転と呼び，並行運転する理由は，次のとおりです．

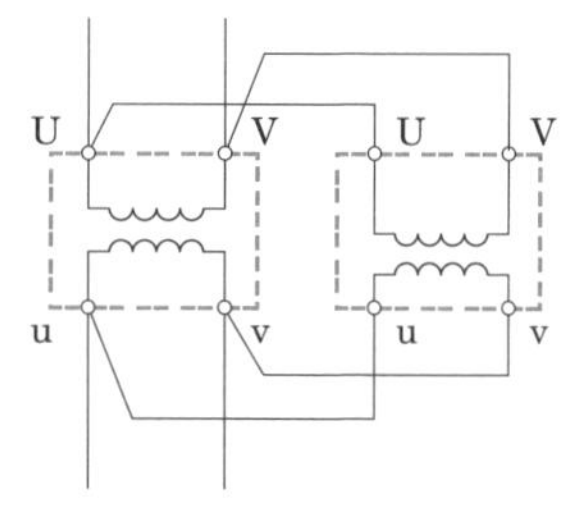

① 1台の変圧器が故障しても供給を継続できる．

② 損失が小さく省エネルギーにつながるケースがある．

変圧器を並行運転するには，次の条件を満足させなければなりません．

①	**一次と二次の極性が一致**している（日本では**減極性**を採用）．
②	**巻数比が等しく，定格電圧が等しい．**
③	**インピーダンスが容量に逆比例している．**
④	**リアクタンスと抵抗の比が等しい．**
⑤	**三相変圧器では相回転と角変位が等しい．**

問題 01 変圧器の冷却方式に関する次の記述に該当するものとして，適当なものはどれか．

「変圧器内部の絶縁油の自然対流によって鉄心および巻線に発生した熱を外箱に伝え，外箱からの放射と空気の対流によって，熱を外気に放散させる方式」

(1) 送油風冷式　(2) 送油自冷式
(3) 油入風冷式　(4) 油入自冷式

解答 (4) 変圧器の冷却方式には，下図のようなものがあります．

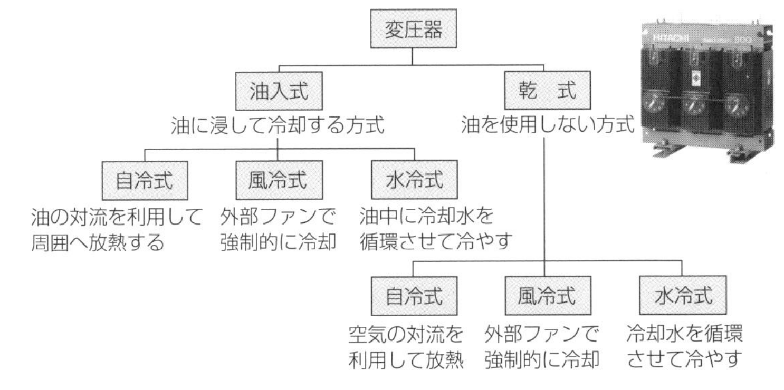

問題 02 変圧器油に関する記述として，不適当なものはどれか．

(1) 絶縁耐力が大きいこと．　(2) 冷却作用が大きいこと．
(3) 粘度が高いこと．　(4) 引火点が高いこと．

解答 (3) 変圧器油の粘度や凝固点は，低いことが必要です．

問題 03 一次側に電圧 6 600V を加えたとき，二次側の電圧が 110V となる変圧器がある．この変圧器の二次側の電圧を 105V にするための一次側の電圧〔V〕として，正しいものはどれか．ただし，変圧器の損失はないものとする．

(1) 6 000V　(2) 6 150V　(3) 6 300V　(4) 6 450V

解答 (3) 変圧器の一次側の電圧を V_1〔V〕とすると,

$$V_1\times\frac{110}{6\,600}=105\,〔\mathrm{V}〕\rightarrow V_1\times\frac{1}{60}=105\,〔\mathrm{V}〕$$

$\therefore\ V_1=105\times60=6\,300$〔V〕

問題 04 同容量の単相変圧器2台をV結線により三相負荷に電力を供給するときの変圧器の利用率として，正しいものはどれか．

(1) $\frac{1}{2}$　(2) $\frac{2}{\sqrt{3}}$　(3) $\frac{2}{3}$　(4) $\frac{\sqrt{3}}{2}$

解答 (4) 変圧器1台の容量を P とすると，2台の総容量は $2P$ で，V結線では $\sqrt{3}\,P$ の電力供給ができるので，利用率は次のようになります．

$$利用率=\frac{\sqrt{3}\,P}{2P}=\frac{\sqrt{3}}{2}$$

問題 05 同一定格の単相変圧器3台を△−△結線し，三相変圧器として用いる場合の記述として，最も不適当なものはどれか．

(1)　線間電圧と変圧器の相巻線の電圧が等しくなる．
(2)　単相変圧器1台が故障したときは，V結線で運転できる．
(3)　第3調波電流が外部に出るため，近くの通信線に障害を与える．
(4)　線電流は，単相変圧器の相電流の $\sqrt{3}$ 倍となる．

解答 (3) △−△結線とした場合，第3調波電流は△の内部を環流して外部に出ないため，通信線に誘導障害を与えません．

問題 06 変圧器に関する記述として，最も不適当なものはどれか．ただし，電圧および周波数は一定とする．

(1)　鉄損は，負荷電流に関係なく一定である．
(2)　鉄損は，渦電流損が含まれる．
(3)　銅損は，負荷電流に正比例する．
(4)　銅損は，負荷損に分類される．

解答 (3) 銅損は，巻線の抵抗を R〔Ω〕，巻線に流れる電流（負荷電流）を I〔A〕とすると，1 相分は RI^2〔W〕で表され，負荷電流の 2 乗に比例します．

問題 07 変圧器の並行運転の条件として，不適当なものはどれか．

(1) 一次および二次の極性が一致していること．
(2) 一次および二次の定格電圧が等しいこと．
(3) 各変圧器のインピーダンスが変圧器の容量に比例していること．
(4) 各変圧器の抵抗と漏れリアクタンスの比が等しいこと．

解答 (3) 各変圧器のインピーダンスが変圧器の容量に反比例していることが必要です．

問題 08 2 台の三相変圧器を並行運転する場合，変圧器の結線の組合せとして，不適当なものはどれか．

(1) △－△結線と△－△結線
(2) Y－Y結線と△－△結線
(3) Y－Y結線とY－Y結線
(4) △－△結線と△－Y結線

解答 (4) △－YやY－△の一次側と二次側の角変位は 30° です．

三相結線と並行運転の可否（減極性変圧器の正接続の場合）

並行運転の可否	角変位	結線の組合せ
可　能	**0°**	△-△相互，Y-Y相互，△-△とY-Y
	−30°	△-Y相互
	+30°	Y-△相互
不可能	−	△-△と△-Y，△-△とY-△ Y-YとY-△，Y-Yと△-Y

問題 09　定格容量が 100〔kV・A〕と 300〔kV・A〕の変圧器を並行運転し，240〔kV・A〕の負荷に供給するとき，変圧器の負荷分担の組合せとして，適当なものはどれか．ただし，2 台の変圧器は並行運転の条件を満足しているものとする．

	100kV・A 変圧器	300kV・A 変圧器
(1)	24kV・A	216kV・A
(2)	30kV・A	210kV・A
(3)	60kV・A	180kV・A
(4)	100kV・A	140kV・A

解答 (3) 並行運転条件を満足しているので，変圧器の負荷分担は容量に比例します．

$$\text{定格容量 100kV・A の負荷分担} = 240 \times \frac{100}{100+300} = 60\ 〔\text{kV・A}〕$$

$$\text{定格容量 300kV・A の負荷分担} = 240 \times \frac{300}{100+300} = 180\ 〔\text{kV・A}〕$$

01 照明の基礎用語

照明計算の基礎用語

照明計算の最も基本的な用語を図示すると下図のようになります.

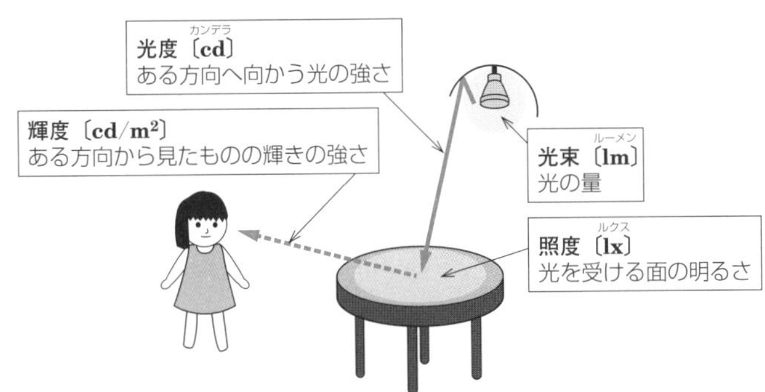

色温度

高温物体の光色と**同じ光色の黒体の温度を高温物体の温度とする**ことをいい，単位は〔K〕(ケルビン)です.

色温度が高いと青みがかった光色，低いと赤みがかった光色になります.

演色性

ランプで照明されたものの色の見え方のことで，**数値が高いほど自然光**に近づきます．一般に，白熱電球は演色性が良く，高圧ナトリウムランプは演色性が悪いです.

グレア（まぶしさ）

高輝度の対象物によって，まぶしさや不快感を与えるほか，視作業に障害を引き起こしたりすることをグレアといいます．グレアのうち**減能グレア**は，ものをはっきり見る能力を低下させるもので，**不快グレア**は不快感を与えるものです.

また，照明器具のグレアの分類には**G分類**が，VDT画面の反射グレアの分類には**V分類**があります.

問題 01 照明に関する用語と単位の組合せとして，不適当なものはどれか．

	用語	単位
(1)	光度	cd
(2)	光束	lm
(3)	照度	lx
(4)	輝度	lm/m^2

解答 (4) 照明に関する用語と単位は次のとおりです．
(1) 光度：cd（カンデラ），(2) 光束：lm（ルーメン），(3) 照度：lx（ルクス），(4) 輝度：cd/m^2．なお，〔lm/m^2〕＝〔lx〕で，〔lm/m^2〕は照度や光束発散度の単位です．

問題 02 照明に関する記述として，不適当なものはどれか．

(1) 視感度は，ある波長の放射エネルギーが，人の目に光としてどれだけ感じられるかを表すものである．
(2) 物質に入射する光束の反射率，透過率および吸収率の総和は 1 となる．
(3) ランプ効率は，ランプが発する全光束をそのランプの消費電力〔W〕で除した値で表される．
(4) 光束発散度は，受光面の単位面積当たりに入射する光束で表される．

解答 (4) 照度は，受光面の単位面積当たりに入射する光束で，単位は〔lx〕です．光束発散度は，単位面積当たりに発散する光束であり，単位は〔lm/m^2〕です．

問題 03 光源色の種類について，相関色温度（K）が高い順に並べたものとして，「日本産業規格（JIS）」上，正しいものはどれか．

(1) 昼白色，白色，温白色
(2) 温白色，白色，昼白色
(3) 白色，昼白色，温白色
(4) 温白色，昼白色，白色

解答 (1) 色温度は青みがかったものは高く，赤みがかったものは低い．

02 各種の光源

光源の種類と特徴

代表的な光源について，発光原理と特徴を示すと，下表のようになります．

種別		発光原理	特徴
白熱電球		**温度放射**：フィラメントの加熱による発光を利用	点滅・調光が可能で，**演色性は良い**が効率は低いです．
ハロゲン電球		白熱電球の一種で，電球内に微量のよう素を封入	**ハロゲンサイクルにより特性改善され，長寿命**です．
蛍光ランプ		**放射ルミネセンス**：低圧水銀中のアーク放電を利用	① **効率が高く長寿命**で，種々の光色が可能です． ② 3波長形は演色性が良く，Hf形はインバータ用です． (Hf：High frequency の略)
HID ランプ	高圧水銀ランプ	**電気ルミネセンス**：高圧水銀中のアーク放電を利用	① 効率が高く長寿命です． ② **始動時間が長く，演色性が悪いです．**
	メタルハライドランプ	水銀ランプの発光管中に金属ハロゲン化合物を添加したもので，アーク放電を利用	① **水銀ランプより演色性と発光効率が改善**されています． ② 演色性は白色蛍光ランプと同程度です．
	高圧ナトリウムランプ	**電気ルミネセンス**：ナトリウム蒸気中のアーク放電を利用	① **効率が非常に高く**，寿命が比較的長いです． ② オレンジ色の単色光で，**演色性が極めて悪いです．**
キセノンランプ		キセノンガス中の放電を利用	自然昼光に極めて近いが，寿命が短いです．
LED		**電界発光**を利用	**効率が高く長寿命**です．

（参考）**HID ランプ**は，**高輝度放電ランプ**のことです．

発光ダイオードの発光原理

順方向に電圧を印加すると，半導体の pn 接合部で電子と正孔が再結合する際に余剰エネルギーが光の形となって放出されます．発光ダイオード（LED）は，この発光原理を利用したもので，白色 LED ランプは，青色 LED と黄色蛍光体による発光を利用しています．

電流の流れ 電子の流れ
発光
p 型半導体 n 型半導体

問題 01　照明の光源に関する記述として，最も不適当なものはどれか．

(1)　高圧水銀ランプは，消灯直後の水銀蒸気圧が高いため，すぐには再始動できない．
(2)　ハロゲン電球は，メタルハライドランプに比べて定格寿命が短い．
(3)　メタルハライドランプは，高圧水銀ランプに比べて演色性が良い．
(4)　蛍光ランプは，熱放射による発光を利用したものである．

解答　(4) 熱放射（温度放射）による発光を利用したものは，白熱電球やハロゲン電球です．蛍光ランプなどの放電灯やLEDなどの固体光源の発光はルミネセンスを利用しています．

問題 02　LEDランプに関する記述として，最も不適当なものはどれか．

(1)　発光は，エレクトロルミネセンスの原理を利用している．
(2)　発光時に熱が発生するため，フィンを付けるなどの放熱対策が必要である．
(3)　LED素子は，耐圧が低いため電圧の変化により破壊されやすい．
(4)　蛍光ランプに比べて，周囲温度の変化による光束の低下が大きい．

解答　(4) LEDも周囲温度が上昇すると光束は低下するが，その低下の割合は蛍光ランプに比べて小さいです．

03 照明方式と照度計算

照明方式

照明方式には，器具の配置によって次のような種類があります.

全般照明	・部屋全体を一様に照らすことを目的とした照明方式です. ・作業面の位置に関係なく配置し，床全体を照らします.
局部全般照明	・作業場所の照度を高く，他の場所の照度は低くする照明方式です. ・図のような**タスク・アンビエント照明**はこれに該当します. タスク・アンビエント照明
局部照明	・作業面などの小範囲のみを照らす照明方式です. ・机のスタンド器具やスポットライトはこれに該当します.

距離の逆 2 乗の法則

光度が全方向に均等な I〔cd〕の点光源から r〔m〕離れた位置の照度は，**距離の逆 2 乗に比例**します.

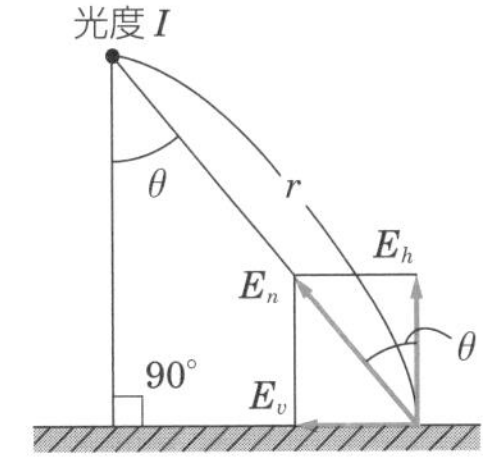

・**法線照度** $E_n = \dfrac{I}{r^2}$〔lx〕

・**水平面照度** $E_h = \dfrac{I}{r^2}\cos\theta$〔lx〕

・**鉛直面照度** $E_v = \dfrac{I}{r^2}\sin\theta$〔lx〕

水平面照度が法線照度の $\cos\theta$ 倍になることを**入射角余弦の法則**といいます.

問題 01　図においてP点の水平面照度E〔lx〕の値として，正しいものはどれか．ただし，光源はP点の直上にある点光源とし，P方向の光度Iは90〔cd〕とする．

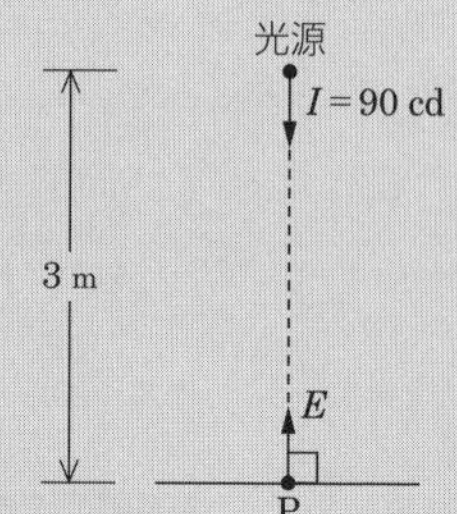

(1)　3〔lx〕
(2)　10〔lx〕
(3)　15〔lx〕
(4)　30〔lx〕

解答　(2) **距離の逆2乗の法則**より，点光源の光度をI〔cd〕，光源とP点との距離をr〔m〕とすると，P点の水平面照度Eは下式で求められます．

$$E = \frac{I}{r^2} = \frac{90}{3^2} = 10 \text{〔lx〕}$$

問題 02　事務所の規準面における維持照度の推奨値として,「日本産業規格（JIS)」の照明設計基準上，誤っているものはどれか．

(1)　事務室　750lx　　(2)　応接室　500lx
(3)　会議室　300lx　　(4)　更衣室　200lx

解答　(3) 会議室の維持照度の推奨値は，**500**〔lx〕です．

問題 03　事務所の室等のうち，「日本産業規格（JIS)」の照明設計基準上，推奨照度が最も高いものはどれか．

(1)　電気室　　　(2)　事務室
(3)　集中監視室　(4)　電子計算機室

解答　(2) 電気室は200〔lx〕，**事務室**は**750**〔lx〕，集中監視室は500〔lx〕，電子計算機室は500〔lx〕です．
(参考) 倉庫や廊下は100〔lx〕です．

04 光束法による平均照度計算

光束法による照度計算

全般照明で，灯具1台当たりのランプの全光束を F〔lm〕，灯具の台数を N，照明率を U，保守率を M，対象となる作業面や床の面積を S〔m^2〕とすると，平均照度 E は，次式で求められます．

平均照度　$E=\dfrac{F\cdot N\cdot U\cdot M}{S}$〔lx〕

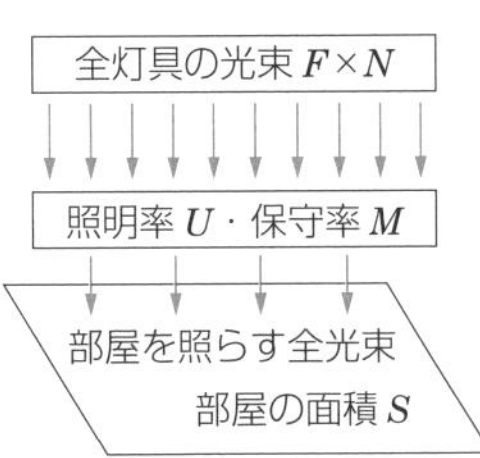

式を $E=\dfrac{FN}{S}\times UM$ と書くと理解しやすいです．

つまり，平均照度＝(理論照度)×照明率×保守率の形です．

照明率

光源の全光束が被照面にどれだけ達するか，その割合を示す数値です．

保守率

光源の光束は時間とともに減少し，汚損により減光するので少なめに見積もっておく数値です．

問題 01　全般照明において，室の平均照度 E〔lx〕を光束法により求める式として，正しいものはどれか．ただし，各記号は次のとおりとする．

F：ランプ1本当たりの光束〔lm〕，N：ランプの本数〔本〕，U：照明率，
M：保守率，A：室の面積〔m^2〕

(1)　$E=\dfrac{F\cdot N\cdot U\cdot M}{A}$〔lx〕　　(2)　$E=\dfrac{F\cdot N\cdot M}{A\cdot U}$〔lx〕

(3)　$E=\dfrac{F\cdot N\cdot U}{A\cdot M}$〔lx〕　　(4)　$E=\dfrac{F\cdot N}{A\cdot U\cdot M}$〔lx〕

解答　(1) 室の面積 S を A で表しただけで，平均照度の基本式そのものズバリです．

問題 02 照明用語に関する記述として，不適当なものはどれか．

(1) 法線照度とは，光源の光軸方向に垂直な面上の照度である．

(2) 照明率とは，基準面に達する光束の，光源の全光束に対する割合である．

(3) 光束法とは，作業面の各位置における直接照度を求めるための計算方法である．

(4) 保守率とは，ある期間使用した後に測定した平均照度の，新設時に測定した平均照度に対する割合である．

解答 (3) 光束法とは，ランプまたは照明器具の数量と形状，部屋の特性，作業面の**平均照度**の関係を予測する計算方法です．

問題 03 照明用語に関する記述として，「日本産業規格（JIS）」上，不適当なものはどれか．

(1) 配光曲線とは，光源の光度の値を空間内の方向の関数として表した曲線である．

(2) 照明率とは，照明施設の規準面に入射する光束の，その施設に取付けられた個々のランプの全光束の総和に対する比である．

(3) 室指数とは，作業面と照明器具との間の室部分の形状を表す値で，保守率を計算するために用いる．

(4) 光束法とは，ランプまたは照明器具の数量と形状，部屋の特性，作業面の平均照度の関係を予測する計算方法である．

解答 (3) 天井高さを H〔m〕，間口を X〔m〕，奥行を Y〔m〕とすると

$$\text{室指数} = \frac{XY}{H(X+Y)}$$

で示される値で，**照明率を算出する**ために用いられます．

05 道路照明

道路照明の要素

道路照明では，良好な視環境を維持するため，次の要素の留意が必要です．

① **路面輝度**：輝度が適切であること．

② **均斉度**：分布にむらがないこと．

③ **グレア**：まぶしさの少ないこと．

④ **誘導性**：視線の誘導性の良いこと．

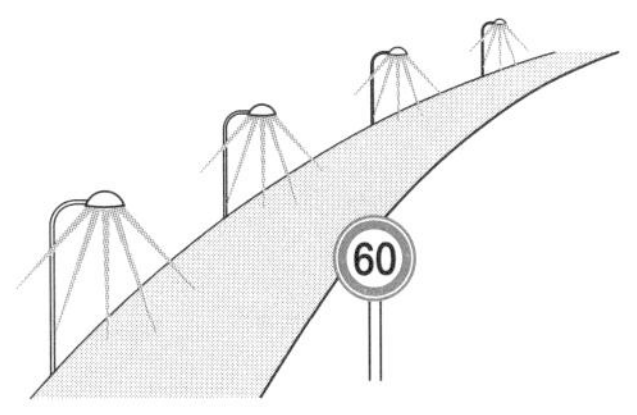

道路照明方式

道路照明方式の代表的なものには下表のような種類があり，目的や場所に応じた使い分けをします．

ポール照明	ハイマスト照明	高欄照明	カテナリ照明
地上 8～12 m の**ポールの先端に照明器具を取り付け照明するもので**，広く採用されています．	地上高 20～40 m の**照明塔に大容量光源を多数取り付けて照明するもの**です．	ポール照明方式が採用できない箇所で，**高欄に小電力の灯具を取り付けて照明するもので**す．	**中央分離帯**に 50～100 m 間隔で**ポールを立て，ワイヤを張り照明器具を懸垂して照明するもの**です．

道路照明の配列方式

道路照明の配列方式には，下表のような種類があります．

配列方式	図	説明
片側配列	s　s	曲線道路，市街地道路，中央分離帯のある道路などに用います．
千鳥配列	s　s	直線道路では良好ですが，**曲線道路では誘導性が悪く，路面輝度の均一性が低下**します．
向合せ配列	s　s	直線道路や広い曲線道路に適し，誘導性は良好です．

問題01 道路照明において，連続照明の設計要件に関する記述として，最も不適当なものはどれか．

(1)　道路条件に応じ十分な路面輝度を確保すること．
(2)　路面輝度分布ができるだけ均一であること．
(3)　照明からのグレアを大きくすること．
(4)　道路線形の変化に対する誘導性を有すること．

解答 (3) **グレア**とはまぶしさのことで，少なくしなければなりません．

問題02 道路照明に関する記述として，最も不適当なものはどれか．

(1)　灯具の千鳥配列は，道路の曲線部における適切な誘導効果を確保するのに適している．
(2)　連続照明とは，原則として一定の間隔で灯具を配置して連続的に照明することをいう．
(3)　局部照明とは，交差点やインターチェンジなど必要な箇所を局部的に照明することをいう．
(4)　連続照明のない横断歩道部では，背景の路面を明るくして歩行者をシルエットとして視認する方式がある．

解答 (1) **千鳥配列**は，直線道路では良好ですが曲線道路では誘導性が悪く，路面輝度の均一性が低下します．

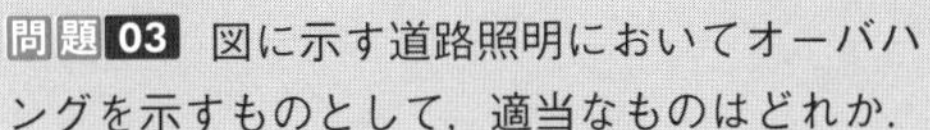

問題03 図に示す道路照明においてオーバハングを示すものとして，適当なものはどれか．

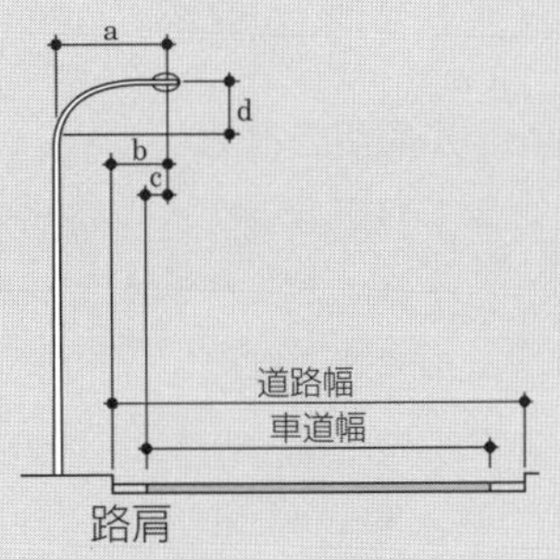

(1) a
(2) b
(3) c
(4) d

解答 (3) **オーバハング**とは，**照明器具の光中心とそれに近い車道端との水平距離**のことをいいます．

問題04 横断歩道の照明に関する記述として，不適当なものはどれか．

(1) 横断歩道の存在を示し，横断中および横断しようとする歩行者などの状況がわかるよう設置する．
(2) 歩行者の背景を照明することを原則とするが，条件によっては歩行者自身を照明する方式を採用する．
(3) 歩行者の背景を照明する方式では，連続照明がない場合，横断歩道の後方に灯具を配置するのが効果的である．
(4) 歩行者自身を照明する方式は，背景の明るさが確保され，シルエット効果が得られる場合に適している．

解答 (4) 歩行者自身を照明する方式は，将来的に見ても連続照明されない道路や横断歩道が曲線部や坂の上などにある場合など，背景の明るさの確保が難しく，シルエット効果が得られにくい場合に適しています．

06 トンネル照明

トンネル照明の目的

トンネル照明はトンネル内部の特殊な条件下における**交通の安全，円滑を確保**することを目的としています．

トンネル照明の構成

トンネル照明は，基本的に次の３種類の照明から構成されます．

① **基本照明**：照明器具は一定間隔に配置し，照度は設計速度に応じて決めます．

② **入口部照明**：**入口部の輝度を最大にし，奥に進むに従って減少**させます．

③ **出口部照明**：昼間，トンネルを出ると高輝度のグレアにより視覚性の問題が発生するので，この問題の解決のため，必要に応じて基本照明に付加する照明です．

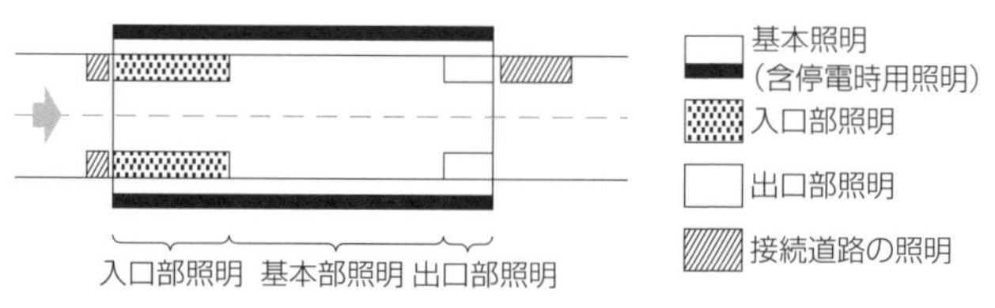

トンネル照明の構成（一方通行の場合の例）

問題 01 道路トンネル照明に関する記述として，最も不適当なものはどれか．

(1) 入口部照明の区間の長さは，設計速度が速いほど短くする．
(2) 入口部照明の路面輝度は，野外輝度の変化に応じて調光することができる．
(3) 基本照明の平均路面輝度は，設計速度が速いほど高くする．
(4) 交通量の少ない夜間の基本照明の平均路面輝度は，昼間より低くすることができる．

解答 (1) 入口部照明の区間の長さは，設計速度が速いほど長くしなければなりません．

問題 02 図に示すトンネル内の照明方式のうちプロビーム照明方式として，適当なものはどれか．

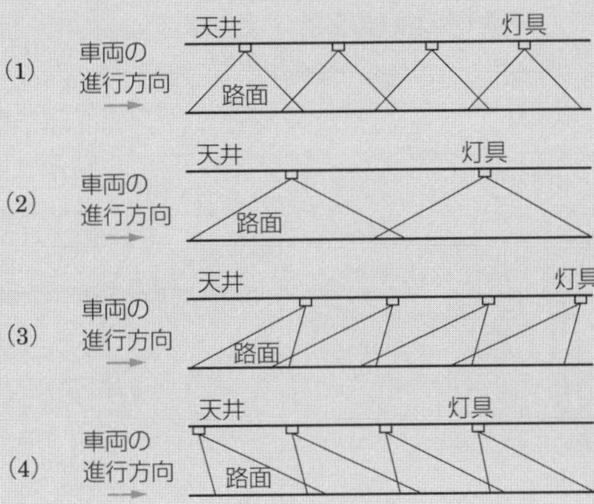

解答 (4) が正しい．(1)，(2) は対称照明方式，(3) はカウンタービーム照明方式です．

問題 03 トンネル照明に関する記述として，最も不適当なものはどれか．

(1) トンネル照明方式は，対称照明方式と非対称照明方式に分類される．
(2) 非対称照明方式は，カウンタービーム照明方式とプロビーム照明方式に分類される．
(3) カウンタービーム照明方式は，車両の進行方向に対向した配光をもち，出口照明に採用される．
(4) プロビーム照明方式は，車両の進行方向に配光をもち，入口・出口照明に採用される．

解答 (3) **カウンタービーム照明方式**は，車両の進行方向に対向した配光をもち，**入口部照明**に適用されます．

(参考) 次の選択肢も出題されています．

×：カウンタービーム照明方式は，対称照明方式である．

○：カウンタービーム照明方式は，入口部照明に採用される．

7章 電気化学・電熱

01 蓄電池

蓄電池の種類

蓄電池は二次電池で，**充放電の反復使用**ができます．

代表的な蓄電池

鉛蓄電池

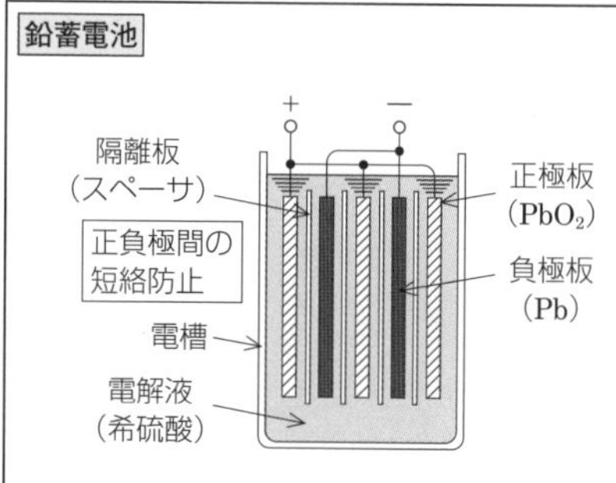

正極	過酸化鉛（PbO_2）
電解液	希硫酸（H_2SO_4）
負極	鉛（Pb）
公称電圧	2 V

（鉛蓄電池の充放電時の化学反応）

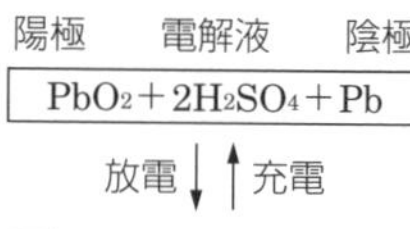

陽極　電解液　陰極

$$PbO_2 + 2H_2SO_4 + Pb$$

放電↓　↑充電

陽極　電解液　陰極

$$PbSO_4 + 2H_2O + PbSO_4$$

特徴

① 放電が進むと硫酸の濃度が低下し，**希硫酸の比重が小さく**なります．

② 液面減少時は蒸留水を補充します．

ニッケル・カドミウム蓄電池

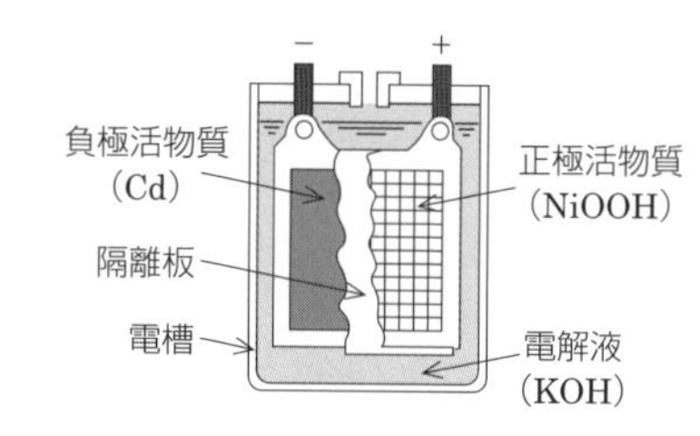

正極	オキシ水酸化ニッケル（NiOOH）
電解液	水酸化カリウム（KOH）
負極	カドミウム（Cd）
公称電圧	1.2 V

特徴 アルカリ蓄電池で，

① **堅牢で取扱いが簡単**です．

② **重負荷放電特性が優れ**ています．

③ アンペア時効率が低いです．

問題 01 据置鉛蓄電池に関する記述として，不適当なものはどれか．

（1）単電池の公称電圧は 2V である．

（2）電解液には，水酸化カリウム水溶液を用いている．

（3）触媒栓は，充電時に水の電気分解で発生するガスを水に戻す栓である．

（4）極板の種類により，クラッド式とペースト式に分類される．

解答 （2）**鉛蓄電池**の電解液は**希硫酸**（H_2SO_4）で，**アルカリ蓄電池**の電解液は**水酸化カリウム**（KOH）です．

（参考）電解液の温度が低いほど，放電容量は小さくなります．

問題 02 据置鉛蓄電池に関する記述として，不適当なものはどれか.

(1) 放電により，水素ガスが発生する.
(2) 電解液には，希硫酸を用いる.
(3) 単電池の公称電圧は 2V である.
(4) 蓄電池の容量の単位は A･h である.

解答 (1) **充電**によって，陽極板に付着した硫酸鉛は，電解液中の水と反応して酸化鉛に変化し，硫酸と**水素を電解液中に放出**します.
(参考) 鉛蓄電池の電解液は希硫酸ですが，放電すると硫酸濃度が低下し水になるため，電解液の比重は下がります.

問題 03 据置鉛蓄電池に関する記述として，不適当なものはどれか.

(1) 放電すると，電解液の濃度（比重）が下がる.
(2) 温度が高いほど，自己放電は大きくなる.
(3) 制御弁式鉛蓄電池は，通常，電解液を補液することができない.
(4) ベント形蓄電池は，使用中の補水が不要である.

解答 (4) 制御弁式鉛蓄電池（MSE 形）は，電解液への補水が不要です.

問題 04 蓄電池に関する記述として，不適当なものはどれか.

(1) 据置ニッケル・カドミウムアルカリ蓄電池は，据置鉛蓄電池に比べて高率放電特性がよい.
(2) 据置鉛蓄電池は，極板の種類によりクラッド式とペースト式に分類される.
(3) 据置鉛蓄電池は，据置ニッケル・カドミウムアルカリ蓄電池に比べて低温特性がよい.
(4) 制御弁式据置鉛蓄電池（MSE 形）は，通常の条件下では密閉状態である.

解答 (3) 据置ニッケル・カドミウムアルカリ蓄電池は，据置鉛蓄電池に比べて大電流放電や低温特性に優れ，長寿命です.

02　電気加熱

電気加熱の特長

電気加熱は，電気エネルギーを使って熱エネルギーに変換し，その熱で物質を加熱するものです．燃料の燃焼による加熱に対し，次のような特長があります．

①**高温**が得られ熱効率が高い，②**内部加熱**が可能，③**局部加熱・均一加熱**が可能，④**炉気制御**が可能，⑤**温度調節や操作**が容易，⑥**製品品質**が良い．

電気加熱の特長

電気加熱方式の代表的なものとして，下表の方式があります．

方式	説明	図
① 抵抗加熱	抵抗に電流を流したときに発生する**ジュール熱を利用**したものです． 用途・直接抵抗炉：黒鉛化炉 ・間接抵抗炉：塩溶炉	熱遮へい体 ヒータ 電流 被加熱物 電源
② アーク加熱	**アーク放電による高温を利用**し，被熱物-電極間または電極-電極間にアークを発生させます． 用途・アーク炉 ・アーク溶接	電極 アーク 被熱物
③ 誘導加熱	**交番磁界中**で，導電性物体中に生じる**渦電流損やヒステリシス損を利用**します． 用途・誘導炉，各種金属の溶融 ・鋼材などの表面焼入れ ・電磁調理器	交番磁界 過電流

④誘電加熱	**内部加熱に交番電界による誘電体損を利用し，5〜3 000 MHz の高周波**を使用します． 用途 ・木材・紙・布などの乾燥 ・食品の殺虫殺菌 ・電子レンジ	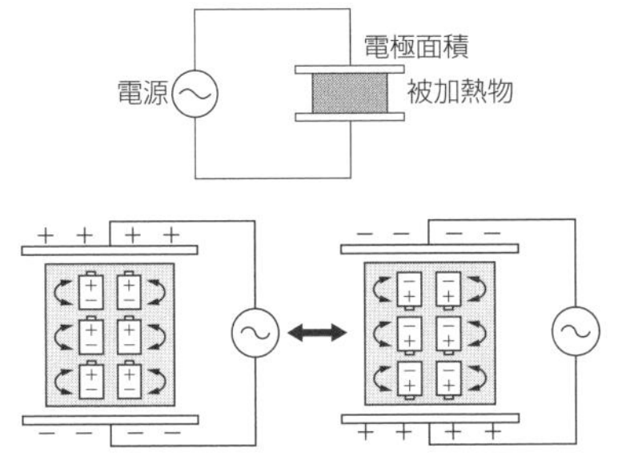

問題 01 電気加熱方式に関する記述として，最も不適当なものはどれか．

(1) 抵抗加熱は，通電した際に発生するジュール熱を利用する．
(2) 誘電加熱は，交番電界中において，絶縁性被熱物中の誘電体損による発熱を利用する．
(3) アーク加熱は，電子ビーム照射による熱を利用する．
(4) 赤外線加熱は，赤外線電球などの発熱による放射熱を利用する．

解答 (3) アーク加熱は，電極間に生ずるアーク放電を利用します．電子ビーム照射による発熱を利用するのは，電子ビーム加熱です．

問題 02 電気加熱に関する次の記述に該当する方式として，適当なものはどれか．
「交番磁界内において，導電性物体中に生じる渦電流損や磁性材料に生じるヒステリシス損を利用して加熱する．」

(1) 抵抗加熱　(2) 誘導加熱　(3) 誘電加熱　(4) 赤外線加熱

解答 (2) 誘導加熱は，交番磁界内において，導電性物体中に生じる渦電流損や磁性材料に生じるヒステリシス損により加熱するもので，IH 調理器（電磁調理器）などに利用されています．

問題 03　電気加熱の方式に関する次の記述のうち，［　　］に当てはまる用語の組合せとして，適当なものはどれか．

「誘電加熱は，交番［ア］中に置かれた被加熱物中に生じる誘電損により加熱するものである．誘電加熱の一部であるマイクロ波加熱は，［イ］などに利用されている．」

	ア	イ
(1)	磁界	電子レンジ
(2)	磁界	ＩＨ調理器
(3)	電界	電子レンジ
(4)	電界	ＩＨ調理器

解答 (3)「誘電加熱は，交番 **電界** 中に置かれた被加熱物中に生じる誘電損により加熱するものである．誘電加熱の一部であるマイクロ波加熱は，**電子レンジ** などに利用されている．」となります．

01 接地工事

A 種～D 種の四つの接地工事は，下表のように規定されています．

種　類	主な接地箇所	接地抵抗値	接地線の最小太さ	抵抗値の緩和条件など
A 種	・特別高圧・高圧機器の金属製外箱 ・避雷器 ・特別高圧計器用変成器の二次側	10 Ω 以下	2.6 mm	
B 種	特別高圧または高圧変圧器の**低圧側の中性点または 1 線**	**150/I_1** Ω 以下 （I_1：1 線地絡電流）	特別高圧変圧器 4.0 mm	①②以外の条件の場合
		① **300/I_1** Ω 以下	高圧変圧器 2.6 mm	変圧器の特別高圧または高圧と低圧との**混触により，低圧電路の対地電圧が 150 V を超えた場合**に，次の装置を施設するとき． ① **1 秒を超え 2 秒以内に電路を自動的に遮断する場合．** ② **1 秒以内に電路を自動的に遮断する場合．**
		② **600/I_1** Ω 以下		
C 種	300 V を超える低圧機器の金属製外箱	10 Ω 以下	1.6 mm	原則
		500 Ω 以下		・低圧電路に地絡を生じたとき，**0.5 秒以内**に自動的に電路を遮断する装置を設けるとき．
D 種	・300 V 以下の低圧機器の金属製外箱 ・高圧計器用変成器の二次側 ・高圧ケーブルのちょう架用線	100 Ω 以下	1.6 mm	原則
		500 Ω 以下		・低圧電路に地絡を生じたとき，**0.5 秒以内**に自動的に電路を遮断する装置を設けるとき．

問題 01　高圧架空配電線路の柱上変圧器の施工に関する記述として，「電気設備の技術基準とその解釈」上，誤っているものはどれか．

(1)　柱上変圧器を，市街地で地表上 4.5m の位置に取り付けた．
(2)　変圧器外箱の A 種接地工事の接地抵抗値は，10Ω 以下とした．
(3)　B 種接地工事の接地線は，直径 4mm 以上の軟銅線を使用した．
(4)　接地線は，地面から地上 1.8m までの部分のみを，合成樹脂管で保護した．

解答　(4) 接地線は，**地下 75cm から地上 2m までの部分を合成樹脂管で保護**しなければなりません．

問題 02　人が触れるおそれがある場所で単独に A 種接地工事の接地極および接地線を施設する場合の記述として，「電気設備の技術基準とその解釈」上，不適当なものはどれか．

ただし，発電所または変電所，開閉所もしくはこれらに準ずる場所に施設する場合，および移動して使用する電気機械器具以外の金属製外箱等に接地工事を施す場合を除くものとする．

(1)　接地抵抗値は，10Ω 以下とする．
(2)　接地極は，地下 75cm 以下の深さに埋設する．
(3)　接地線は，避雷針用地線を施設してある支持物に施設しない．
(4)　接地線の地表立ち上げ部分は，堅ろうな金属管で保護する．

解答　(4) 接地線は，**地下 75cm から地上 2m までの部分を合成樹脂管で保護**しなければなりません．金属管は絶縁性がないので，適用してはなりません．

問題 03　D 種接地工事を施す箇所として，「電気設備の技術基準とその解釈」上，不適当なものはどれか．

(1)　高圧電路と低圧電路とを結合する変圧器の低圧側の中性点
(2)　使用電圧が 200V の電路に接続されている，人が触れるおそれがある場所に施設する電動機の金属製外箱
(3)　高圧キュービクル内にある高圧計器用変成器の二次側電路
(4)　屋内の金属管工事において，使用電圧 100V の長さ 10m の金属管

解答　(1) 高圧電路と低圧電路とを結合する変圧器の低圧側の中性点に施す接地工事は，B 種接地工事です．

問題 04　図に示す回路において，電気機器に完全地絡が生じたとき，その金属製外箱に生じる対地電圧〔V〕として，適当なものはどれか．
　ただし，電線の抵抗など，表示なき抵抗は無視するものとする．

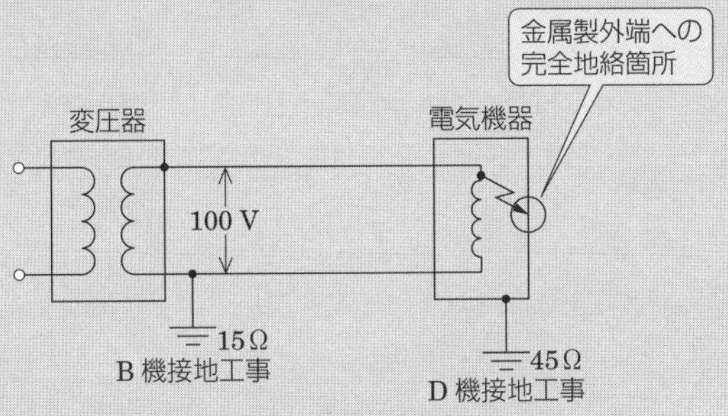

（1）25V　（2）50V　（3）75V　（4）100V

解答　（3）15 Ωと 45 Ωの直列回路に 100 Vが，印加された形になるので，

$$金属製外箱の対地電圧 = 45 \times 電流 = 45 \times \frac{100}{15+45} = 75〔V〕$$

問題 05　架空電線路の施工に関する記述として，「電気設備の技術基準とその解釈」上，不適当なものはどれか．
　ただし，高圧電線と低圧電線は，同一支持物に施設するものとする．

（1）　高圧ケーブルの被覆に使用する金属体に，D 種接地工事を施した．
（2）　架空電線の分岐接続は，電線に張力が加わらないように電線の支持点で行った．
（3）　高圧架空電線に屋外用ポリエチレン絶縁電線（OE）を使用し，低圧架空電線の下に施設した．
（4）　高圧架空電線から柱上変圧器への配線に，高圧引下用架橋ポリエチレン絶縁電線（PDC）を使用した．

解答　（3）高圧と低圧とでは，高圧のほうが危険度は高い．このため，高圧架空電線は，低圧架空電線の上に施設しなければなりません．

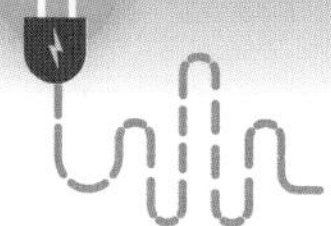

02 接地抵抗の測定

接地抵抗の測定

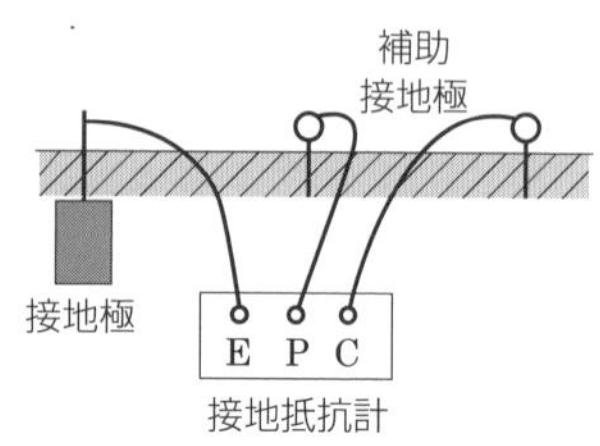

接地抵抗計（アーステスタ）での接地抵抗の測定原理には電圧降下法を用いており，測定接地極と電位測定補助極の電位差を測定電流で除して求めます．**交流電流を用いて測定**するのは，直流電流では，電気化学作用を生じるためです．

接地抵抗計には，次の三つの端子があります．

- **E 端子（Earth）**：測定接地極に接続
- **P 端子（Potential）**：第 1 補助接地極である電圧補助接地極に接続
- **C 端子（Current）**：第 2 補助接地極である電流補助接地極に接続

補助接地極は，相互の影響を避けるため，**E～P 間**，**P～C 間**はそれぞれ **10 m 以上**離さなければなりません．

補助接地極は，既存の接地極があれば，これを使用してもかまいません．

接地抵抗の測定上での注意事項

①　接地抵抗計のレンジが電圧レンジになっていることを確認しておきます．

②　接地端子に接続された被測定接地極に，電圧が出ていないことを確認し，レンジを測定レンジに切り換えます．

問題 01 電圧降下式の接地抵抗計による接地抵抗の測定に関する記述として，最も不適当なものはどれか．

（1）　測定用補助接地棒 (P，C) は，被測定接地極 (E) を中心として両側に配置した．
（2）　測定前に，接地端子箱内で機器側と接地極側の端子を切り離した．
（3）　測定前に，接地抵抗計の電池の電圧を確認した．
（4）　測定前に，地電圧が小さいことを確認した．

解答 （1）補助接地極は，電位分布の影響を避けるため，E ～ P 間，P ～ C 間はそれぞれ 10m 以上離さなければなりません．並び順は，**E－P－Cの順**です．

（参考）次の選択肢も出題されています．

○：測定用補助接地棒を打込む場所がなかったので，補助接地網を使用して測定した．

○：測定用補助接地棒を打込む場所がなかったので，商用電源のアース側を利用した簡易測定（2 極法）にて測定した．

03 絶縁耐力試験

電路の絶縁耐力試験

高圧や特別高圧の電路では，**絶縁耐力試験での絶縁性能を確認**します．絶縁耐力試験での試験電圧の算定の基準となるのは**最大使用電圧 E_m** です．

$$\text{最大使用電圧} = \text{公称電圧} \times \frac{1.15}{1.1}\ \text{〔V〕} \Leftrightarrow E_m = E_n \times \frac{1.15}{1.1}\ \text{〔V〕}$$

ここで，公称電圧は，電線路において，その線路を代表する線間電圧です．

試験電圧は，最大使用電圧を E_m とすると，下表のように定められています．

電路の種類	試験電圧（連続 10 分間）	試験箇所
E_m が 7 000 V 以下	**$1.5\,E_m$**	電路-大地間（多心ケーブルでは心線相互間および心線-大地間）
E_m が 7 000 V を超え 60 000 V 以下	$1.25\,E_m$（最低 10 500 V）	

絶縁耐力試験回路

試験用変圧器

（注意）電線に**ケーブルを使用する交流の電路では，試験電圧の 2 倍の直流電圧**を加えて試験することができます．

問題 01 高圧引込ケーブルの絶縁性能の試験（絶縁耐力試験）における交流の試験電圧として，「電気設備の技術基準とその解釈」上，適当なものはどれか．

（1）　最大使用電圧の 1.5 倍　　（2）　最大使用電圧の 2 倍

（3）　公称電圧の 1.5 倍　　（4）　公称電圧の 2 倍

解答 （1）**交流での絶縁耐力試験は最大使用電圧の 1.5 倍**で，試験を直流で行うときには**交流試験電圧の 2 倍**です．なお，高圧ケーブルの絶縁耐力試験を直流で実施すると，交流での試験に比べて試験用電源の容量が小さくなります．

04 絶縁抵抗の測定

低圧電路の絶縁抵抗

低圧の電路の**電線相互間および電路と大地との間の絶縁抵抗**は，**開閉器または過電流遮断器で区切ることのできる電路ごと**に，下表の値以上でなければならない.

電路の使用電圧の区分		絶縁抵抗値
300 V 以下	**対地電圧**（接地式電路においては電線と大地間の電圧，非接地式電路においては電線間の電圧をいう）が**150 V 以下**の場合	**0.1 MΩ 以上**
	その他の場合	**0.2 MΩ 以上**
300 V を超えるもの		**0.4 MΩ 以上**

絶縁抵抗計

絶縁抵抗の測定が困難な場合

漏えい電流が 1 mA 以下であれば同等の絶縁性能とみなせます.

問題 01　使用電圧 200V の三相誘導電動機が接続されている電路と大地との間の絶縁抵抗値として，「電気設備の技術基準とその解釈」上，定められているものはどれか.

（1）　0.1 MΩ 以上　　（2）　0.2 MΩ 以上
（3）　0.3 MΩ 以上　　（4）　0.4 MΩ 以上

解答　（2）使用電圧 150 V 超過で 300 V 以下は 0.2 MΩ 以上，使用電圧 300 V を超えるものは 0.4MΩ 以上でなければなりません.

問題 02　電気工事の試験や測定に使用する機器とその使用目的の組合せとして，不適当なものはどれか.

	機器	使用目的
（1）	検電器	充電の有無の確認
（2）	検相器	三相動力回路の相順の確認
（3）	接地抵抗計	回路の絶縁抵抗値の測定
（4）	回路計（テスタ）	低圧回路の電圧値の測定

解答 (3) 接地抵抗計（アーステスタ）は接地抵抗値の測定に，絶縁抵抗計（メガ）は絶縁抵抗値の測定に用います．

問題 03 低圧の屋内配線工事における測定器の使用に関する記述として，不適当なものはどれか．

(1) 分電盤内の電路の充電状態を確認するため，低圧用検電器を使用した．
(2) 三相動力回路の相順を確認するため，検相器を使用した．
(3) 分電盤の分岐回路の絶縁を確認するため，接地抵抗計を使用した．
(4) 配電盤からの感染の電流を計測するため，クランプ式電流計を使用した．

解答 (3) 分電盤の分岐回路の絶縁を確認するためには，絶縁抵抗計（メガ）を使用しなければなりません．

問題 04 絶縁抵抗測定に関する記述として，不適当なものはどれか．

(1) 高圧ケーブルの各心線と大地間を，1 000V の絶縁抵抗計で測定した．
(2) 200V 電動機用の電路と大地間を，500V の絶縁抵抗計で測定した．
(3) 測定前に絶縁抵抗計の接地端子（E）と線路端子（L）を短絡し，スイッチを入れて無限大（∞）を確認した．
(4) 対地静電容量が大きい回路なので，絶縁抵抗計の指針が安定してからの値を測定値とした．

解答 (3) 接地端子 (E) と線路端子 (L) を短絡し，指示値がゼロであることを確認しなければなりません．また，接地端子 (E) と線路端子 (L) を開放し，指示値が∞（無限大）であることを確認しなければなりません．
(参考) ケーブルは対地静電容量が長さに比例し，長さの長い場合には絶縁抵抗計の指針が安定してから測定しなければなりません．

05 屋内配線工事の適用

低圧屋内配線の施設場所による工事の種類

低圧屋内配線の適用は，下表によらなければならない．

施設場所 ＼ 工事の種類	乾燥した場所			その他の場所		
	展開した場所	隠ぺい場所		展開した場所	隠ぺい場所	
		点検できる	点検できない		点検できる	点検できない
1　がいし引き工事	○	○	×	○	○	×
2　合成樹脂管工事	○	○	○	○	○	○
3　金属管工事	○	○	○	○	○	○
4　金属線ぴ工事（300 V 以下）	○	○	×	×	×	×
5　可とう電線管工事	○	○	○	○	○	○
6　金属ダクト工事	○	○	×	×	×	×
7　バスダクト工事	○	○	×	△	×	×
8　フロアダクト工事（300 V 以下）	×	×	○	×	×	×
9　セルラダクト工事（300 V 以下）	×	○	○	×	×	×
10　ライティングダクト工事（300 V 以下）	○	○	×	×	×	×
11　平形保護層工事（300 V 以下）	×	○	×	×	×	×
12　ケーブル工事	○	○	○	○	○	○

（注）○印：施設してよい　×印：施設できない　△印：300 V 以下ならばよい

問題 01　低圧屋内配線の施設場所と工事の種類の組合せとして，「電気設備の技術基準とその解釈」上，不適当なものはどれか．

ただし，使用電圧は 300V 以下とし，事務所ビルに施設するものとする．

	施設場所	工事の種類
(1)	乾燥した点検できない隠ぺい場所	ケーブル工事
(2)	乾燥した点検できない隠ぺい場所	合成樹脂管工事
(3)	湿気の多い場所または水気のある場所	金属線ぴ工事
(4)	湿気の多い場所または水気のある場所	金属管工事

解答 (3) 金属線ぴ工事は，乾燥した場所で展開した場所か点検できる隠ぺい場所に適用できる工事です．**四つの工事（金属管工事，合成樹脂管工事，金属可とう電線管工事，ケーブル工事）は，施設制限がない**ということも覚えておきましょう．

06 屋内配線工事の施工方法の概要

低圧屋内配線工事の施設方法

低圧屋内配線工事の主な施設方法の規定は，下表のとおりです．

<table>
<tr><th>工事方法</th><th>使用電線</th><th>電線接続</th><th colspan="3">施設方法などのポイント</th></tr>
<tr><td>がいし引き</td><td>絶縁電線
（OW・DV 線除く）</td><td>—</td><td colspan="3">電線相互間隔：6 cm 以上
電線と造営材の離隔：300 V 以下では 2.5 cm 以上，300 V 超過では 4.5 cm 以上
電線支持点間隔：上面と側面 2 m 以下，300 V 超過で，その他取付け 6 m 以下</td></tr>
<tr><td>合成樹脂管</td><td rowspan="5">絶縁電線
（OW 線除く）
より線が原則
（直径 3.2 mm 以下のものは例外）</td><td rowspan="3">電線に接続点を設けない</td><td colspan="2">管の厚さ：原則 2 mm 以上
管の支持点間隔：1.5 m 以下</td><td rowspan="3">管相互，管と附属品の接続
・合成樹脂管：管外径の 1.2 倍（接着剤を使用する場合は 0.8 倍）以上を差し込む．
・電気的に完全に接続</td></tr>
<tr><td>金属管</td><td colspan="2">管の厚さ：原則 1（コンクリート内 1.2）mm 以上</td></tr>
<tr><td>可とう電線管</td><td colspan="2">二種金属製可とう電線管が原則</td></tr>
<tr><td>フロアダクト</td><td rowspan="2">原則として電線に接続点を設けない</td><td colspan="2">ダクトの規格：厚さ 2 mm 以上</td><td rowspan="5">ダクトの施工法
・ダクトなどは堅ろう，電気的に接続
・ダクト終端部は閉塞
・内部にじんあい，水浸入の防止または水がたまらないように施設

←ダクトの支持点間隔</td></tr>
<tr><td>セルラダクト</td><td colspan="2">解釈の適合</td></tr>
<tr><td>バスダクト</td><td rowspan="2">—</td><td rowspan="2">電線相互は堅ろう，電気的に完全に接続</td><td>同上</td><td>（垂直取付け）
6 m 以下</td></tr>
<tr><td>ライティングダクト</td><td>電気用品安全法の適用品</td><td>2 m 以下</td></tr>
<tr><td>金属ダクト</td><td rowspan="2">絶縁電線
（OW 線除き）</td><td rowspan="2">原則として電線に接続点を設けない</td><td>幅 5 cm 超，厚さ 1.2 mm 以上</td><td>（垂直取付け）
6 m 以下</td></tr>
<tr><td>金属線ぴ</td><td colspan="2">線ぴと附属品（黄銅・銅製）：幅 5 cm 以下，厚さ 0.5 mm 以上</td><td>電気的に完全に接続</td></tr>
<tr><td>平形保護層</td><td>平形導体合成樹脂絶縁電線</td><td>外部に引き出す部分はジョイントボックス</td><td colspan="3">造営材の床面，壁面に施設
施設禁止場所：住宅，宿泊室，小中学校の教室，病室，発熱線施設床面
地絡遮断装置を施設</td></tr>
<tr><td>ケーブル</td><td>原則：ケーブル，3 種，4 種キャブタイヤケーブルなど</td><td>コンクリート内では接続点を設けない</td><td colspan="3">＜造営材の下・側面取付け支持点間距離＞
ケーブル：原則として 2 m 以下
キャブタイヤケーブル：1 m 以下</td></tr>
</table>

問題 01　金属管配線に関する記述として,「内線規程」上, 不適当なものはどれか.

（1）　金属管配線には, 絶縁電線（IV）を使用した.
（2）　金属管のこう長が, 30m を超えないように, 途中にプルボックスを設置した.
（3）　金属管の太さが 31mm の管の内側の曲げ半径を, 管内径の 6 倍以上とした.
（4）　強電流回路の電線と弱電流回路の電線を同一ボックスに収めるので, 金属製の隔壁に D 種接地工事を施した.

解答　（4）強電流回路の電線と弱電流回路の電線を同一ボックスに収める場合には, 金属製の隔壁にC種接地工事を施さなければなりません.

問題 02　合成樹脂管配線（PF 管, CD 管）に関する記述として,「内線規程」上, 最も不適当なものはどれか.

（1）　点検できない隠ぺい場所に, PF 管を使用した.
（2）　建物の強度を減少させないように, コンクリート内の集中配管をさせた.
（3）　乾燥した場所に, CD 管を露出配管した.
（4）　管相互の接続は, カップリングを使用した.

解答　（3）CD 管は, コンクリート直接埋設を除き, **専用の不燃性または自消性のある難燃性の管またはダクトに収めて施設**することとされています.

問題 03　金属線ぴ工事による低圧屋内配線に関する記述として,「電気設備の技術基準とその解釈」上, 誤っているものはどれか.

（1）　電線を線ぴ内で接続して分岐した.
（2）　電線にビニル絶縁電線（IV）を使用した.
（3）　乾燥した点検できる隠ぺい場所に施設した.
（4）　線ぴの長さが 4m 以下なので, D 種接地工事を省略した.

解答　（1）線ぴ内での接続は禁止されています.

問題 04 金属線ぴ配線に関する記述として,「内線規程」上,不適当なものはどれか.

(1) 金属線ぴ配線の使用電圧は,300V 以下であること.
(2) 金属線ぴとボックスその他の附属品とは,堅ろうに,かつ,電気的に完全に接続すること.
(3) 金属線ぴ配線は,屋内の外傷を受けるおそれのない乾燥した点検できる隠ぺい場所に施設することができる.
(4) 同一線ぴ内に収める場合の電線本数は,2 種金属製線ぴの場合,電線の被覆絶縁物を含む断面積の総和が当該線ぴの内断面積の 32%以下とすること.

解答▶ (4) 同一線ぴ内に収める場合の電線本数は,2 種金属製線ぴの場合,電線の被覆絶縁物を含む断面積の総和が当該線ぴの**内断面積の 20%以下**とすることとされています.

問題 05 ライティングダクト工事による低圧屋内配線に関する記述として,「電気設備の技術基準とその解釈」上,誤っているものはどれか.

(1) ライティングダクトの終端部は,閉そくした.
(2) ライティングダクトを壁などの造営材を貫通して設置した.
(3) ライティングダクトに,D 種接地工事を施した.
(4) ライティングダクトの開口部は,下に向けて施設した.

解答▶ (2) ライティングダクトは,壁などの造営材を貫通して施設することは禁止されています.
(参考) ❶ライティングダクトおよび附属品は,電気用品安全法の適用を受けるものを使用しなければなりません.
❷終端部は,充電部が露出しないよう閉そくしなければなりません.

問題 06　ライティングダクト配線の記述として，「内線規程」上，不適当なものはどれか．

(1)　ライティングダクトの終端部は，エンドキャップを取り付けて閉そくした．
(2)　ライティングダクトを点検できる隠ぺい場所に取り付けた．
(3)　ライティングダクトは堅固に取り付け，その支持点間の距離を 2m とした．
(4)　ライティングダクトの開口部を上向きに取り付け，ほこりが入らないようにカバーを取り付けた．

解答　(4) 開口部は，下向きに施設しなければなりません．

問題 07　屋内の低圧配線方法と造営材に取り付ける場合の支持点間の距離の組合せとして，「内線規程」上，最も不適当なものはどれか．

	配線方法	距離
(1)	合成樹脂管（PF 管）	1m 以下
(2)	金属管	2m 以下
(3)	金属ダクト	3m 以下
(4)	ライティングダクト	3m 以下

解答　(4) ライティングダクト工事の支持点間は **2 m 以下**です．

問題 08　低圧屋側電線路の工事として，「電気設備の技術基準とその解釈」上，不適当なものはどれか．ただし，木造の造営物に施設する場合を除くものとする．

(1)　金属管工事　　(2)　金属ダクト工事
(3)　合成樹脂管工事　　(4)　ケーブル工事

解答　(2) 金属ダクト工事は，低圧屋側電線路の工事として規定されていません．

07 低圧幹線の許容電流

低圧幹線の許容電流

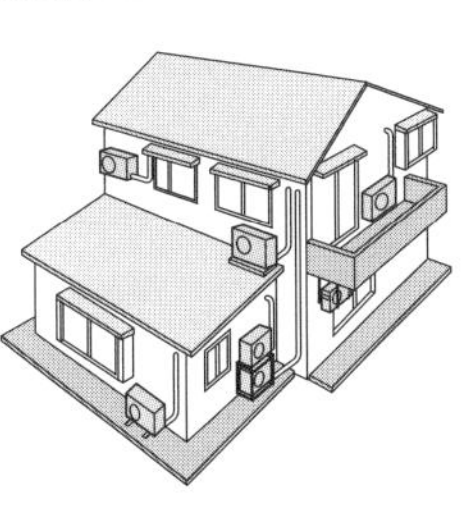

幹線の太さは，機械器具の定格電流の合計以上の許容電流のあるものが必要で，具体的には次によります．

電動機の定格電流の合計を I_M〔A〕，照明器具や電熱負荷の定格電流の合計を I_L〔A〕とすると，低圧幹線の許容電流 I〔A〕は，次の計算式によって求められます．

(1) $I_M \leqq I_L$ の場合 (電動機負荷が 50%以下)	**(2) $I_M > I_L$ の場合** (電動機負荷が 50%超過)
$I = I_L + I_M$〔A〕	① $I_M \leqq 50$A のとき：$I = I_L + 1.25\,I_M$〔A〕 ② $I_M > 50$A のとき：$I = I_L + 1.1\,I_M$〔A〕

問題 01 低圧屋内幹線の電線の太さを選定する場合に検討すべき項目として，最も関係のないものはどれか．

(1) 絶縁抵抗値　(2) 電線の種類　(3) 布設方法　(4) 電圧降下

解答 (1) 低圧屋内幹線の電線の太さを選定する際に検討すべき項目には，①電線の種類，②幹線の長さ，③布設方法，④許容電圧降下，⑤許容電流があります．絶縁抵抗値は，絶縁性能を示すもので電線の太さを選定する場合の検討事項ではありません．

問題 02 電気使用場所内の変圧器より供給される場合の低圧幹線の電圧降下として，「内線規程」上，定められているものはどれか．

ただし，変圧器の二次側端子から最遠端の負荷までのこう長は 60 m 以下とする．

(1) 2%以下　(2) 3%以下　(3) 4%以下　(4) 5%以下

解答 (2)「内線規程」では電圧降下について，次のように規定しています．

①低圧配線は，**幹線および分岐回路**で，それぞれ**標準電圧の 2%以下を原則**とする．

②**電気使用場所内の変圧器からの幹線では，3%以下**とすることができる．

08　分岐幹線の過電流遮断器の施設

分岐幹線の過電流遮断器の施設

○ **原　則** ：幹線との分岐点から **3 m 以下**の箇所には，原則として開閉器および過電流遮断器を各極に施設しなければなりません（図の S）．

○ **例　外** ：分岐点から開閉器および過電流遮断器までの電線の許容電流が，次に該当するときは例外です．

幹線保護用
過電流遮断器
定格電流：A
低圧屋内幹線
分岐幹線の
長さ：L
分岐幹線の
許容電流：B
分岐幹線保護用
過電流遮断器：S

電線の許容電流 B ≧

電線に接続する低圧幹線を保護する過電流遮断器の定格電流 A の 55%

（長さ L が 8 m 以下の場合は A の 35%）

問題 01 図に示す定格電流 100A の過電流遮断器で保護された低圧屋内幹線との分岐点から，電線の長さが 5m の箇所に過電流遮断器を設ける場合，分岐幹線の電線の許容電流の最小値として，「電気設備の技術基準とその解釈」上，正しいものはどれか．

（1）　35〔A〕
（2）　55〔A〕
（3）　75〔A〕
（4）　100〔A〕

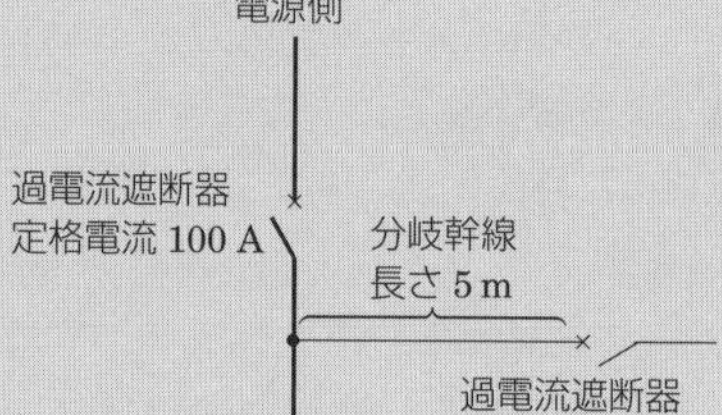

解答 （1）分岐幹線の長さが 8 m以下の場合の分岐幹線の電線の許容電流の最小値は，下式で計算できます．

電線の許容電流の最小値＝低圧幹線を保護する過電流遮断器の定格電流× 0.35

＝ 100 × 0.35 ＝ 35〔A〕

問題 02 図に示す低圧屋内幹線の分岐点から 10〔m〕の箇所に過電流遮断器を設ける場合，分岐幹線の許容電流の最小値として，「電気技術基準とその解釈」上，適当なものはどれか．

(1) 70〔A〕
(2) 90〔A〕
(3) 110〔A〕
(4) 130〔A〕

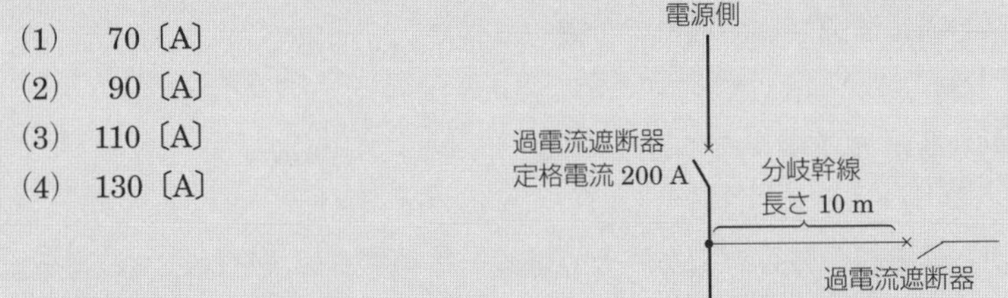

解答▶ (3) 分岐幹線の長さが 8 m 超過の場合の分岐幹線の電線の許容電流の最小値は，下式で計算できます．

電線の許容電流の最小値＝低圧幹線を保護する過電流遮断器の定格電流 × 0.55
＝ 200 × 0.55 ＝ 110〔A〕

問題 03 電動機のみを接続する低圧電路の保護に関する記述として，「電気設備の技術基準と解釈」上，不適当なものはどれか．

(1) 過負荷保護装置は，電動機が焼損するおそれがある過電流を生じた場合に，自動的にこれを遮断するものとする．
(2) 短絡保護専用遮断器は，過負荷保護装置が短絡電流によって焼損する前に，当該短絡電流を遮断する能力を有するものとする．
(3) 短絡保護専用遮断器は，当該遮断器の定格電流で自動的に遮断するものとする．
(4) 短絡保護専用ヒューズは，過負荷保護装置が短絡電流によって焼損する前に，当該短絡電流を遮断する能力を有するものとする．

解答▶ (3) 過電流遮断器として低圧電路に施設する配線用遮断器は，**定格電流の 1 倍の電流で自動的に動作してはいけません．**

09 分岐回路の保護とコンセント

低圧分岐回路の施設

低圧分岐回路には，過電流遮断器および開閉器を施設しなければなりません．

分岐回路の過電流遮断器の取付け位置

（1） 原　則

分岐点から **3 m 以下**の箇所に施設しなければなりません．

（2） 例　外

☆**分岐点からの電線の許容電流**が，その電線を接続する幹線を保護する**過電流遮断器の定格電流の 35%以上**である場合は，**分岐点から 8 m 以下**の箇所に施設しなければならない．

☆**分岐点からの電線の許容電流**が，その電線を接続する幹線を保護する**過電流遮断器の定格電流の 55%以上**である場合は，**分岐点から 8 m を超過**してもよい．

問題 01 三相誘導電動機に用いる低圧進相用コンデンサに関する記述として，「内線規程」上，不適当なものはどれか．ただし，低圧進相用コンデンサは，個々の電動機の回路ごとに取り付けるものとする．

（1） 電動機と並列に接続された低圧進相用コンデンサに至る電路に開閉器を設ける．
（2） 低圧進相用コンデンサは，放電抵抗器付のものを使用する．
（3） 低圧進相用コンデンサは，手元開閉器よりも電動機側に接続する．
（4） 低圧進相用コンデンサの容量は，電動機の無効分より大きくしない．

解答 （1）電動機と並列に接続された低圧進相用コンデンサに至る電路には，開閉器を設けてはなりません．

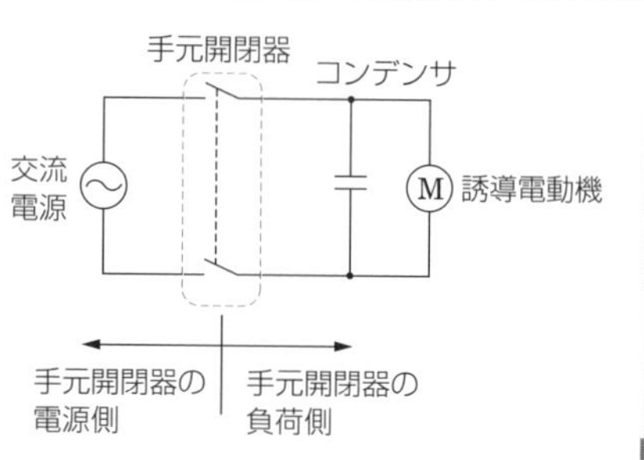

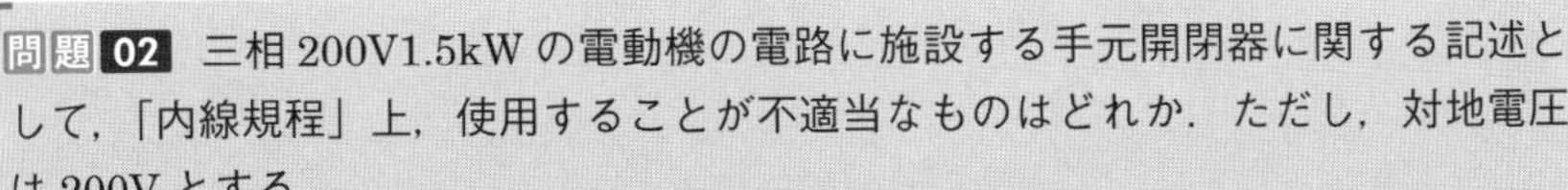

問題 02 三相200V1.5kWの電動機の電路に施設する手元開閉器に関する記述として，「内線規程」上，使用することが不適当なものはどれか．ただし，対地電圧は200Vとする．

(1) 箱開閉器　(2) 電磁開閉器
(3) 配線用遮断器　(4) カバー付ナイフスイッチ

解答 (4) カバー付ナイフスイッチは，手元開閉器として使用できません．

問題 03 単相200V回路に使用する定格電流15Aのコンセントの極配置として，「日本産業規格（JIS)」上，適当なものはどれか．

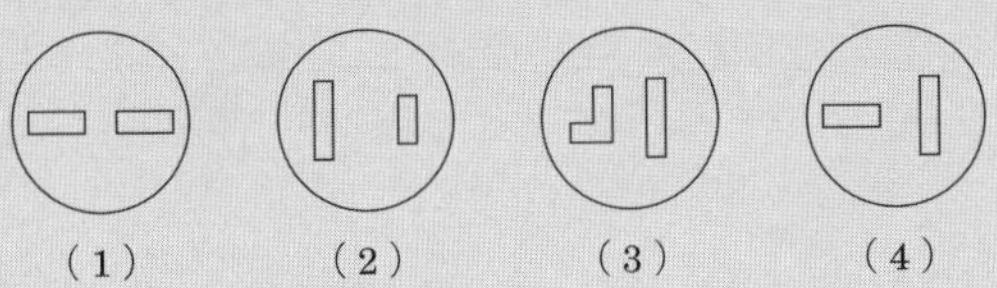

解答 (1) が適当．(2) は単相125V15A，(3) は単相250V20Aです．

問題 04 単相200V回路に使用する定格電流15Aの接地極付コンセントの極配置として，「日本産業規格（JIS)」上，正しいものはどれか．

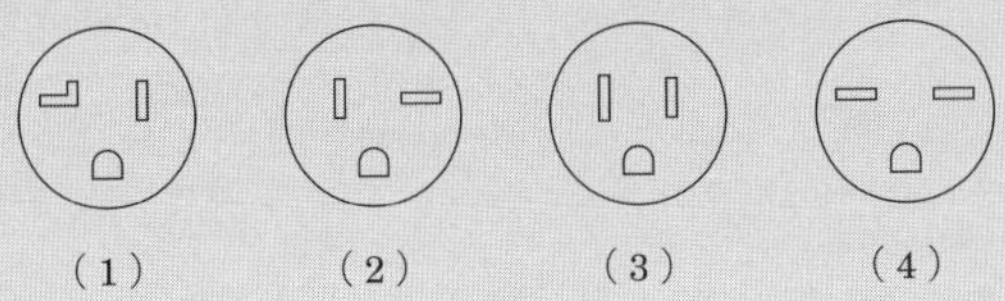

解答 (4) すべて接地極付で，(1) は125V20A，(2) は250V20A，(3) は125V15Aです．

8章 電気設備技術基準等

問題 05 配線用図記号と名称の組合せとして，「日本産業規格 (JIS)」上，誤っているものはどれか．

	図記号	名　称
(1)	▶◀	誘導灯（蛍光灯形）
(2)	▭○▭	蛍光灯
(3)	●₃	点滅器（3路）
(4)	⏀	コンセント（床面に取り付ける場合）

解答 (1) 問題の（1）の図記号は制御盤です．分電盤の図記号は ◢ で，紛らわしいので注意してください．誘導灯（蛍光灯形）の図記号は ▭⊗▭ です．

問題 06 構内電気設備の配線用図記号と名称の組合せとして，「日本産業規格 (JIS)」上，誤っているものはどれか．

	図記号	名　称
(1)	◢	分電盤
(2)	▶◀	制御盤
(3)	⧄	OA 盤
(4)	▀▄	配電盤

解答 (4) 問題の（4）の図記号は警報盤です．配電盤の図記号は ▶◀ で，紛らわしいので注意してください．

問題 07 電灯設備の配線用図記号と名称の組合せとして，「日本産業規格（JIS）」上，不適当なものはどれか．

	図記号	名　称
(1)	▭●▭	誘導灯（蛍光灯形）
(2)	◫	二重床用コンセント
(3)	$●_R$	リモコンスイッチ
(4)	Ⓦh (Wh)	電力量計

解答 (1) 問題の (1) の図記号は非常灯（蛍光灯形）で，誘導灯（蛍光灯形）の図記号は，▭⊗▭です．

10 地中電線路の施設

地中ケーブルの布設方式

直接埋設式，管路式，暗きょ式の特徴は，下表のとおりです．

布設方式	図	特　徴
直接埋設式	土冠 ふた トラフ 川砂 ケーブル	長所：建設費が安く，放熱効果が大きいため許容電流が大きい． 短所：外傷に弱く，ケーブルの張替・増設が困難である．
管路式	コンクリート ケーブル	長所：暗きょ式に対して建設費が安く，ケーブルの張替も容易である． 短所：熱放散が悪く，ケーブル条数が増加すると送電容量が減少する．
暗きょ式	ケーブル	長所：所要スペースが大きく，保守点検作業が容易である． 短所：建設費が高いため，変電所引出し口などケーブル条数の特に多い場合にしか採用できない．

直接埋設式の埋設深さ

直接埋設式工事は，埋設深さの規定があります．

① 重量物の圧力を受けない場合：**0.6 m 以上**

② 重量物の圧力を受ける場合：**1.2 m 以上**

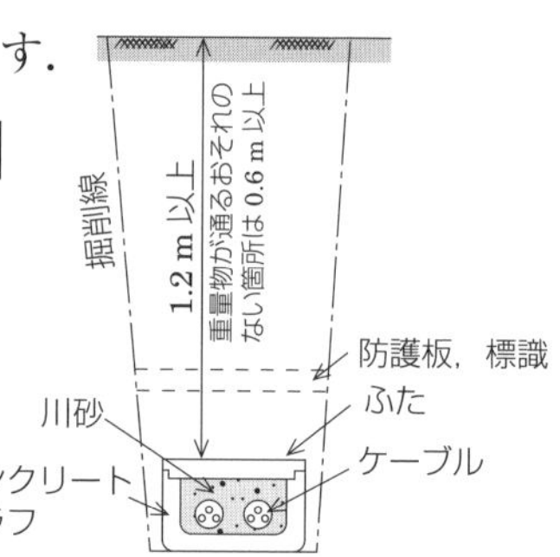

地中ケーブルと他物との離隔距離

地中ケーブルと他物との離隔距離は次のように規定されています（堅ろうな耐火性の隔壁を設ければ除外）．

① 地中箱以外での最小離隔距離

弱電流電線と低圧・高圧電線	弱電流電線と特別高圧電線	低圧と高圧	低圧または高圧と特別高圧
30 cm	**60 cm**	**15 cm**	**30 cm**

② 可燃性・有毒性の流体を内包する管と特別高圧電線とは，**1 m 以上**離す.

③ 普通の管と特別高圧電線とは，**30 cm 以上**離す.

規定値以内に接近する場合の措置

① 相互間に堅ろうな耐火性の隔壁を設ける.

② 地中電線を堅ろうな不燃性または自消性のある難燃性の管に収める.

地中電線相互の接近の場合の特例

それぞれの地中電線が，次のいずれかであれば離隔距離の規制から外れます.

① 自消性のある難燃性の被覆を有している. ← **対策はそれぞれの地中電線**

② 堅ろうな自消性のある難燃性の管に収められている. ← **対策は同上**

③ 何れかの地中電線が不燃性の被覆を有している. ← **対策は単独の地中電線**

④ 何れかの地中電線が堅ろうな不燃性の管に収められている. ← **対策は同上**

問題 01 地中電線路における電力ケーブルの敷設方式に関する記述として，最も不適当なものはどれか. ただし，埋設深さ 1.2m，ケーブルサイズなどは同一条件とする.

(1) 直接埋設式は，管路式に比べて許容電流が小さい.
(2) 管路式は，直接埋設式に比べてケーブルに外傷を受けにくい.
(3) 管路式は，直接埋設式に比べて保守点検が容易である.
(4) 暗きょ式は，多条数敷設に適している.

解答 (1) 管路式は，直接埋設式に比べて熱放散が悪く，許容電流は小さい.

問題 02 地中電線路に関する記述として，「電気設備の技術基準とその解釈」上，不適当なものはどれか.

(1) 直接埋設式により，車両その他の重量物の圧力を受けるおそれがある場所に施設するので，地中電線の埋設深さを 1.2m 以上とした.
(2) 高圧地中電線と地中弱電流電線との離隔距離は，30cm 以上確保した.
(3) ハンドホール内のケーブルを支持する金物類の D 種接地工事を省略した.
(4) 管路式で施設する場合，電線に耐熱ビニル電線（HIV）を使用した.

解答 (4) 地中電線路の電線には，**ケーブルを使用**しなければなりません.

問題03 需要場所に施設する地中電線路に関する記述として,「電気設備の技術基準とその解釈」上,誤っているものはどれか.

(1)　管路式では,電線に絶縁電線(IV)を使用することができる.
(2)　直接埋設式では,地中電線を衝撃から防護するための措置を施す.
(3)　暗きょ式で施設する場合は,地中電線に耐燃措置を施す.
(4)　暗きょ式で施設する暗きょは,車両その他の重量物の圧力に耐えるものとする.

解答 (1) 地中電線路の電線には,**ケーブルを使用**しなければなりません.

問題04 需要場所に施設する地中電線路に関する記述として,「電気設備の技術基準とその解釈」上,不適当なものはどれか.ただし,地中電線路の長さは15mを超えるものとする.

(1)　地中箱は,車両その他の重量物の圧力に耐える構造であること.
(2)　高圧地中電線と地中弱電流電線との離隔距離は,30cm以上確保すること.
(3)　暗きょ内のケーブルを支持する金物類には,D種接地工事を省略できる.
(4)　管路式で施設した高圧の地中電線路には,電圧の表示を省略できる.

解答 (4) 高圧または特別高圧の地中引込線を**管路式**または**直接埋設式**により需要場所に施設する場合は,地中引込線の長さが15 m以下である場合を除き,ケーブル埋設箇所の表示を行うことが義務づけられています.この場合,表示の方法は,次によらなければなりません.

① **物件の名称**,**管理者名**および**電圧**(**需要場所**に施設する場合にあっては**電圧**)を表示すること.
② **おおむね2 mの間隔**で表示すること.ただし,他人が立ち入らない場所や十分当該電線路の位置を認知できるような場合は,この限りでない.

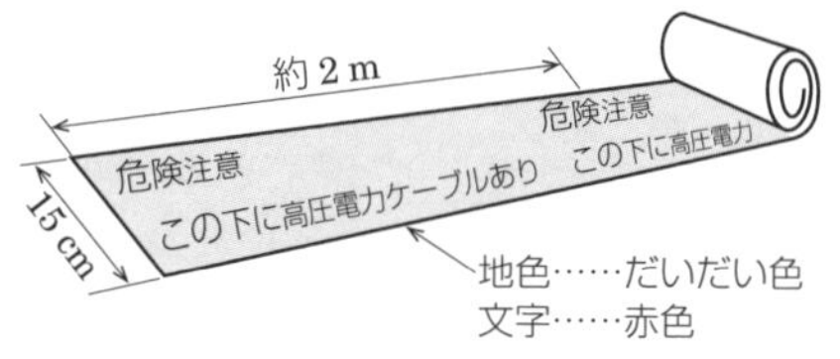

01 電気鉄道のき電方式

電気鉄道のき電方式

電気車への電力供給方式には，直流方式（600 V，750 V，1 500 V）と単相交流方式（20 kV，25 kV）があります．

直流方式	交流方式
① 架線の電圧を**直流直巻電動機**に直接印加します． ② 電動機の絶縁面や整流面から高電圧の使用が困難です． ③ 電気車の出力増大には，集電能力，電流容量，電圧降下，電力損失，事故検出などの制約を受けます．	① **変圧器を搭載し交流電動機に電圧を供給**するため，架線を高電圧にできます． ② 電気車の出力を増大でき，き電電流が小さく変電所間隔を大きくとれるため，変電所数を減らせます． ③ 単相交流方式では，通信誘導障害対策や電圧の不平衡対策が必要となります．

問題 01 国内の電車線の標準電圧として，用いられていないものはどれか．

(1) 直流 600V　(2) 直流 750V
(3) 三相交流 6 600V　(4) 単相交流 25 000V

解答 (3) 三相交流 6 600 V は，国内の電車線の標準電圧ではなく，**高圧配電線の標準電圧**です．

問題 02 交流電気鉄道に採用されているき電方式の記述として，不適当なものはどれか．

(1) BT き電方式は，吸上変圧器を使用する方式である．
(2) AT き電方式は，単巻変圧器を使用する方式である．
(3) 同軸ケーブルき電方式は，同軸電力ケーブルを使用する方式である．
(4) 直接き電方式は，シリコンダイオード整流器を使用する方式である．

解答 (4) 直接き電方式は，直接交流を使用するので，シリコンダイオード整流器は使用しません．

02 電気鉄道の線路

建築限界と車両限界

建築限界：列車が安全に走行するため，**外部構造物などと列車本体との安全を保つ許容範囲**で，建築限界内には，建造物などを設けられません．

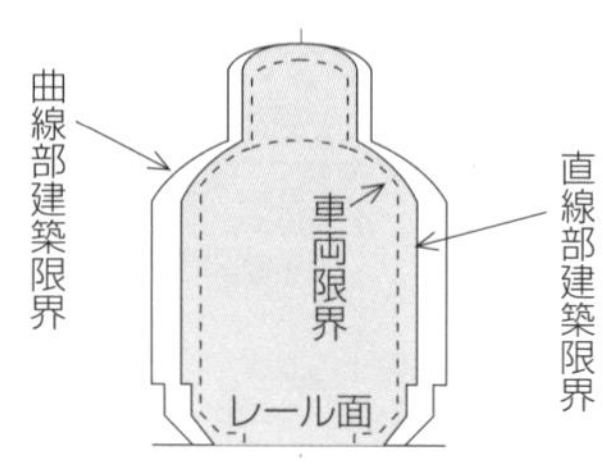

車両限界：鉄道における**車両断面の大きさの限界範囲**で，建造物などとの衝突を避けるためのものです．

建築限界＞車両限界の関係があります．

軌道の構造

軌道は，車両の安全走行のため，線路の施工基面上に敷設された構造物です．

軌道 ＝ **レール** ＋ **まくら木** ＋ **道床**

施工基面は，路盤上面のことで，その幅は軌道中心線から外縁までの長さです．

道床は，まくら木からの荷重を分散させて路盤に伝達させるもので，バラストとコンクリートスラブなどがあります．

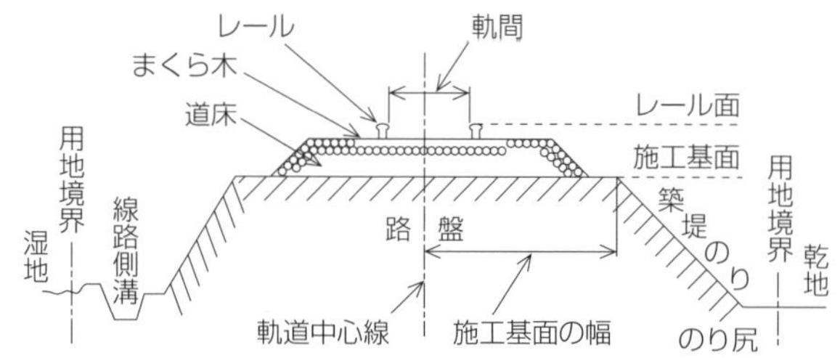

鉄道線路の用語

① **軌間**：軌道中心線が直線区間における**レール頭部間の最短距離**のことです．

② **遊間**：温度変化によるレールの伸縮に応ずるため**継目部に設ける隙間**です．

③ **カント**：列車が軌道のカーブを通過すると遠心力によってカーブの外側に押されます．この遠心力の影響を少なくするため，カーブ外側のレールを内側のレールより高くします．この**レールの高低差**がカントです．

④　**スラック**：曲線部において車輪を円滑に通過させるため，**軌間を拡大することまたはその拡大量**のことです．

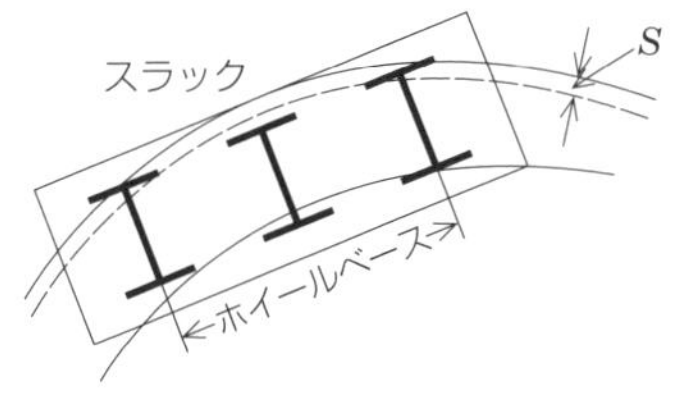

⑤　**反向曲線**：突然進行方向が変わる**S字カーブ**のことで，脱線の危険性が非常に高く，速度も乗り心地も犠牲になります．

⑥　**安全側線**：**逸走による列車や車両の衝突事故を防止**するために設ける側線です．

問題01　鉄道線路および軌道構造に関する記述として，「日本産業規格（JIS）」上，不適当なものはどれか．

(1)　施工基面とは，路盤の高さの基準面である．
(2)　建築限界とは，建造物の構築を制限した軌道上の限界である．
(3)　軌道中心間隔とは，並行して敷設された2軌道の中心線間の距離である．
(4)　軌間とは，直線区間における左右のレール中心間の距離である．

解答　(4) 軌間は，左右レールの頭部内面間の最短距離のことです．

問題02　電気鉄道におけるロングレールに関する記述として，不適当なものはどれか．

(1)　ロングレールが温度変化によって伸縮する部分は，レール両端から一定の範囲に限られる．
(2)　ロングレールの施設にあたっては，PCまくら木の使用が適している．
(3)　ロングレールの継目は，間げきを設け，継目板によって接続する．
(4)　ロングレールは，レール交換の作業性のため，その長さが制限される．

解答　(3) ロングレールとは，200 m以上の長さのレールのことをいいます．ロングレールは，現地で溶接するので継ぎ目がないが，温度変化による膨張収縮を逃がすために数kmごとに図のような伸縮継目を設けています．

内側

伸縮継目の構造

問題03 図は鉄道軌道におけるレールの直線区間の断面を示したものである．軌間を示すものとして，適当なものはどれか．

(1) ア
(2) イ
(3) ウ
(4) エ

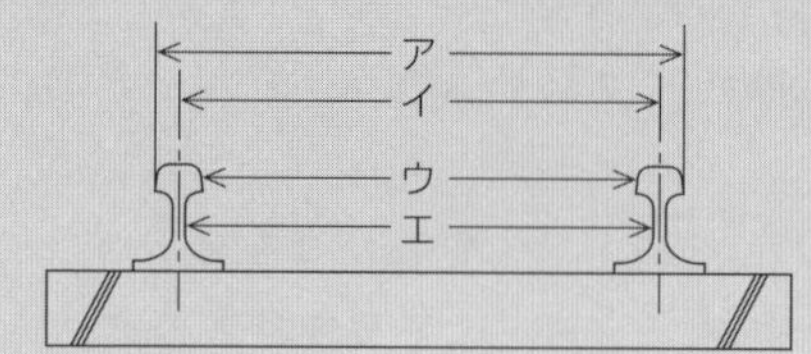

解答 (3) 左右レールの頭部内面間の最短距離（ウ）を軌間といいます．
（参考）新幹線の軌間は**1 435mm**，JR在来線の軌間は1 067mmです．

問題04 鉄道線路のカントに関する記述として，不適当なものはどれか．

(1) カントは，曲線を通過する車両の外方向への転倒を防止するものである．
(2) 運行速度が同じであれば，曲線半径が小さいほどカントは大きい．
(3) 曲線半径が同じであれば，運行速度が速いほどカントは大きい．
(4) カントは，左右レールの水平軸に対する傾斜角で表される．

解答 (4) カントとは，列車が軌道のカーブを通過するとき，遠心力の影響を少なくするため，カーブ外側のレールを内側のレールより高くすることです．カントは，傾斜角でなく**レール頭部上面の高低差**です．

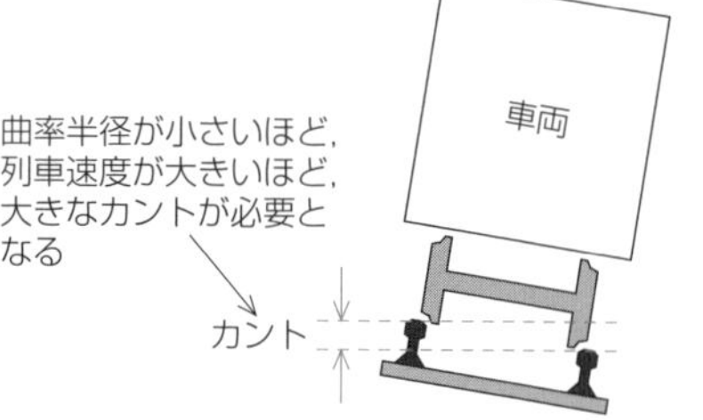

問題 05 鉄道線路の軌道に関する記述として，最も不適当なものはどれか.

(1) ガードレールは，脱線事故の防止に用いられる.
(2) トングレールは，分岐器のポイント部に用いられる.
(3) サードレールは，車両からの帰線に用いられる.
(4) ロングレールは，特に高速列車の運転区間に用いられる.

解答 (3) 架空電車線方式では，トロリ線が張られています．地下鉄などでは，レールの横に3本目のレール（サードレール）を施設し，これがトロリ線と同じ役割を果たしています.

問題 06 鉄道線路の軌道における速度向上策に関する記述として，不適当なものはどれか.

(1) バラスト道床の厚みを小さくする.
(2) 曲線半径を大きくする.
(3) まくら木の間隔を小さくする.
(4) レール単位重量を大きくする.

解答 (1) 鉄道線路の軌道において速度を向上させるには，バラスト道床の厚みを大きくしなければなりません.

問題 07 鉄道線路のレール摩耗に関する記述として，最も不適当なものはどれか.

(1) レール摩耗は，通過トン数，列車速度など運行条件に大きく影響を受ける.
(2) 曲線では，外側レールの頭部側面の摩耗が内側レールよりすすむ.
(3) レール摩耗低減には，焼入れレールの使用が効果的である.
(4) 一般に平たん区間のレール摩耗は，勾配区間よりすすむ.

解答 (4) 一般に平たん区間は，勾配区間に比べて列車走行時の摩擦抵抗が小さいので，レール摩耗は勾配区間より少なくなります.

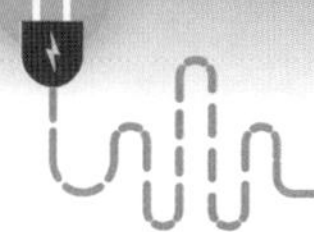

03　電車線のちょう架方式

ちょう架方式

架設された架空式の電車線は，一般的に双曲線であるカテナリちょう架線の下部にあります．ちょう架線の張り方には多くの種類があり，代表的なちょう架式は下表のとおりです．

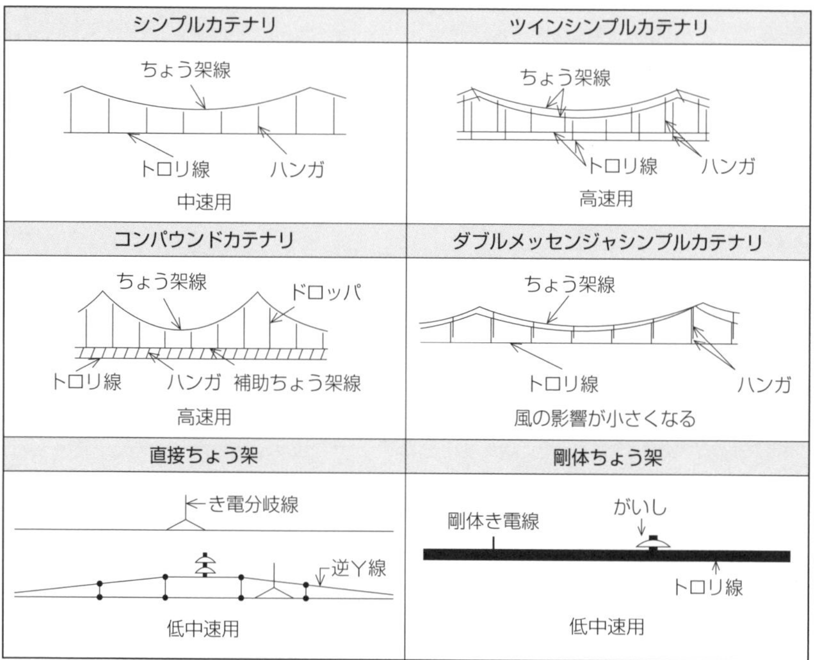

コンパウンドカテナリ式の架線

コンパウンドカテナリ式は，ちょう架線，補助ちょう架線，トロリ線の３条で構成されています．

①　ちょう架線への補助ちょう架線のつり下げ⇒ **ドロッパを使用**

②　補助ちょう架線へのトロリ線のつり下げ⇒ **ハンガを使用**

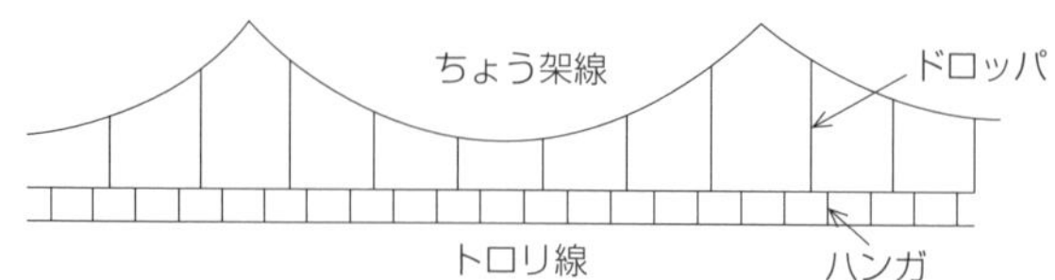

問題 01 電車線のちょう架方式のうち，大容量区間の本線に用いられるものとして，最も不適当なものはどれか．

(1)　き電ちょう架式　　(2)　ツインシンプルカテナリ式
(3)　シンプルカテナリ式　　(4)　コンパウンドカテナリ式

解答 (3) シンプルカテナリ式は，中速・中容量区間の本線に用いられています．

問題 02 高速運転で集電電流が大容量の区間に用いられる電車線のちょう架方式として，最も適当なものはどれか．

(1)　直接ちょう架式　　(2)　剛体ちょう架式
(3)　ダブルメッセンジャ式　　(4)　コンパウンドカテナリ式

解答 (4) コンパウンドカテナリ式は，トロリ線の張力を高められるので，集電電流容量を大きくすることができ，高速運転で大容量の区間に用いられています．

問題 03 電車線において，速度 100km/h 以上の運転区間に用いられるちょう架方式として，不適当なものはどれか．

(1)　ヘビーシンプルカテナリ方式　　(2)　コンパウンドカテナリ式
(3)　ツインシンプルカテナリ方式　　(4)　直接ちょう架方式

解答 (4) 直接ちょう架方式は，50 ～ 85km/h までの低中速用のちょう架方式です．

問題 04 直流電化区間のシンプルカテナリ式電車線路の構成において，図に示すアおよびイに支持されている線の名称の組合せとして，適当なものはどれか．

	ア	イ
(1)	き電線	ちょう架線
(2)	き電線	トロリ線
(3)	ちょう架線	トロリ線
(4)	ちょう架線	き電線

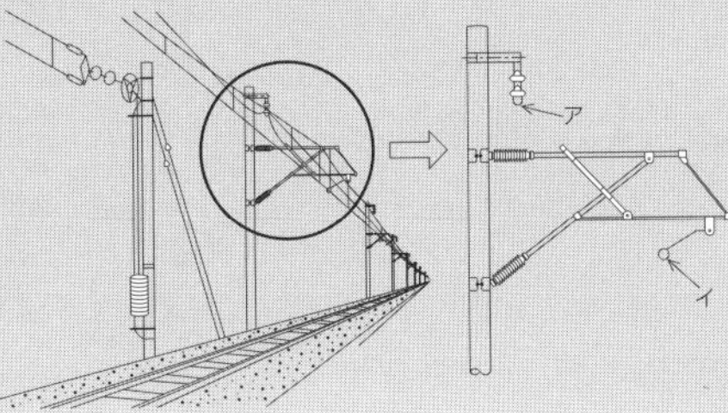

解答 (2) 電車線には，き電線とトロリ線があり，変電所からトロリ線に電気を送るのが**き電線**，電車に直接電気を供給するのが**トロリ線**です．

問題 05 電気鉄道の架空式の電車線路に関する記述として，最も不適当なものはどれか．

(1) トロリ線には，円形溝付の断面形状のものが広く用いられている．
(2) ハンガは，トロリ線とちょう架線を電気的に接続するために用いる金具である．
(3) ちょう架線には，一般的に亜鉛めっき鋼より線が用いられている．
(4) スプリング式バランサは，トロリ線の伸縮によって変化するトロリ線張力を一定に調整する装置である．

解答 (2) ハンガは，トロリ線をちょう架するのに用いる金具です．

問題 06 次の図に示す，交流電化区間の電車線路標準構造において，部材アとイの名称の組合せとして，適当なものはどれか．

	ア	イ		ア	イ
(1)	腕金	アームタイ	(2)	腕金	ハンガ
(3)	可動ブラケット	ハンガ	(4)	可動ブラケット	アームタイ

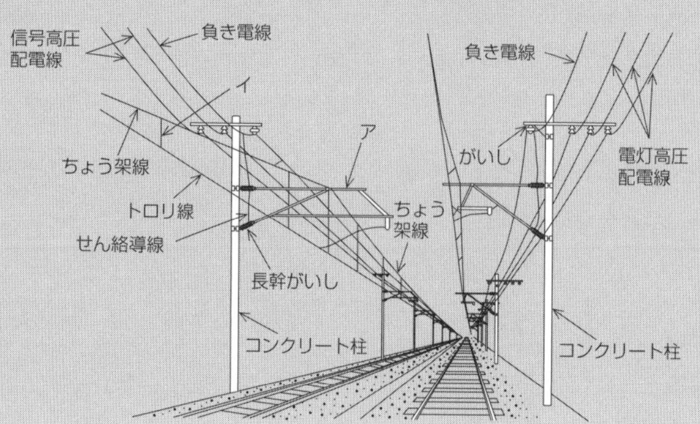

解答 (3) アは**可動ブラケット**で，支持物であると同時に振止装置などの役割を果たしています．イは，ちょう架線とトロリ線を結ぶ金具は**ハンガ**です．

問題 07　電車線において，図に示す部材アおよびイの名称の組合せとして，適当なものはどれか．

	ア	イ
(1)	き電線	ドロッパ
(2)	き電線	ハンガイヤー
(3)	トロリ線	ドロッパ
(4)	トロリ線	ハンガイヤー

解答 (4) 図のちょう架方式はシンプルで，アは**トロリ線**，イは**ハンガイヤー**です．ドロッパは，シンプルカテナリでなくコンパウンドカテナリに用い，ちょう架線と補助ちょう架線との間に用いる金具です．

04 トロリ線とパンタグラフ

トロリ線の摩耗

トロリ線の摩耗には，機械的摩耗と電気的摩耗があります．

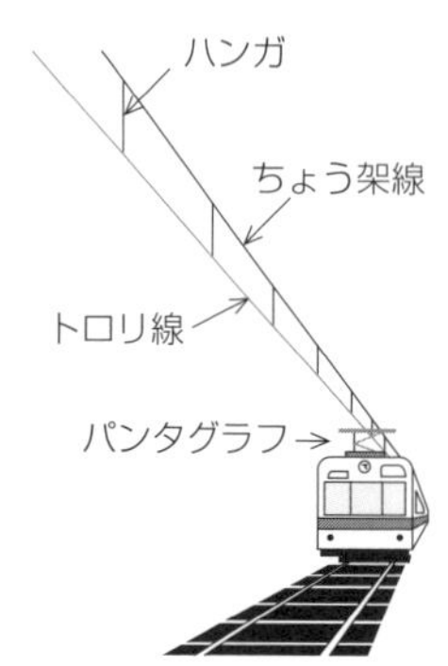

☆ **機械的摩耗**：パンタグラフのすり板の押し上げ力が大きいときに発生し，トロリ線の張力不整，接触面の変形，接続箇所などの硬点，こう配変化点などで，多く発生します．

☆ **電気的摩耗**：パンタグラフのすり板の押し上げ力が小さいときにアークによる摩耗が発生します．

トロリ線の摩耗軽減対策

☆ **局部的な摩耗の防止**

① トロリ線のこう配と**こう配変化を少なく**します．

② 局部的な硬点をなくすため，**金具を軽量化するとともに数を減少**させます．

③ **自動張力調整装置**を設け，**トロリ線の張力を一定に保つ**ようにします．

☆ **全般的な摩耗の防止**

① パンタグラフのすり板を改良して，過大硬度のものとしないようにします．

② 耐摩耗性のトロリ線を採用したり，トロリ線を二重にします．

③ ダンパハンガを採用します．

パンタグラフの離線

パンタグラフは，車両通過時に，トロリ線を上に押し上げて集電します．

パンタグラフが離線すると，集電できなくなるほか，雑音を生じたり，回生ブレーキも使えない状況になってしまいます．

パンタグラフの離線対策

① 高速鉄道では，波動伝搬速度の大きいトロリ線を使用しています．

② 新幹線では，高張力のカテナリちょう架方式を採用しています．

新幹線鉄道における電車線路

① 電車線の高さは，レール面上**5 m**を標準としています（架空単線式の電車線は，**レール面上5 m以上5.4 m以下**としなければなりません）．

② 電車線は，**公称断面積110 mm^2の溝付き硬銅線**またはこれに準ずるものとします．

問題 01 電車線路のトロリ線に要求される性能に関する記述として，不適当なものはどれか．

(1) 抵抗率が高い．
(2) 耐熱性に優れている．
(3) 耐摩耗性に優れている．
(4) 引張り強度が大きい．

解答 (1) トロリ線は，通電に優れた性能が要求され，抵抗率は低くなければなりません．

問題 02 架空式電車線の区分装置に関する記述として，不適当なものはどれか．

(1) 区分装置は，変電所またはき電区分所付近，駅の上下線のわたりなどに設けられる．
(2) FRPセクションは，駅中間など高速走行区間用に用いられる．
(3) エアセクションは，電車線相互の離隔空間を絶縁に用いるものである．
(4) がいし形セクションは，懸垂がいしを絶縁材としたものである．

解答 (2) 絶縁物を使用したFRPセクションは低速運転に適し，直流区間の駅構内や路面電車などに用いられます．

問題 03 電車線に関する次の記述に該当する区分装置（セクション）として，適当なものはどれか．

「直流，交流区間ともに広く採用され，パンタグラフ通過中に電流が中断せず，高速運転に適するので主に駅間に設けられる．」

(1) エアセクション
(2) BTセクション
(3) FRPセクション
(4) がいし形セクション

解答 (1)「直流，交流区間ともに広く採用され，パンタグラフ通過中に電流が中断せず，高速運転に適するので主に駅間に設けられる.」に該当する区分装置はエアセクションです.

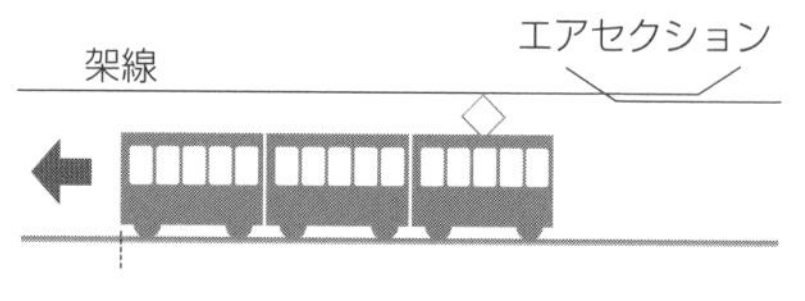

問題 04　電気鉄道の電車線路設備に関する記述として，最も不適当なものはどれか.

(1)　線路の交差箇所では，パンタグラフ通過時にトロリ線相互が上下に離れないように振止金具を設置する.

(2)　トロリ線は，通電特性，機械強度特性，摩耗特性などの条件を満たす必要がある.

(3)　鉄柱は，同じ強度のコンクリート柱に比べて，軽量で耐震性が高い.

(4)　区分装置は，事故や保守作業のときに電気的に系統区分ができるようにした絶縁装置である.

解答 (1) 線路の交差箇所では，トロリ線相互の関係位置を固定するため**交差金具**が設置されます．振止金具は，直線区間において風圧や列車の走行による電車線の動揺を防止する目的で設置されるものです.

問題 05　架空単線式の電車線の偏位に関する記述として，不適当なものはどれか.

(1)　偏位とは，レール中心に対する電車線の左右への偏りのことをいう.

(2)　新幹線鉄道の最大変位量は，普通鉄道よりも小さくする.

(3)　レールの曲線区間では，電車線には必然的に偏位が発生する.

(4)　偏位量は，風による電車線の振れや走行状態での車両の動揺などを考慮して規定している.

解答 (2) 最大偏位量は，新幹線鉄道のほうが普通鉄道よりも大きくします.

問題 06 電車線路におけるトロリ線の偏位に関する記述として，不適当なものはどれか.

(1) 偏位とは，レール中心に対するトロリ線の左右の偏りのことをいう.
(2) レールの曲線区間では，トロリ線には必然的に偏位が発生する.
(3) レールの直線区間では，パンタグラフの摩耗を平均的にするため，トロリ線にはジグザグに偏位をつけている.
(4) 風圧が一定の場合，トロリ線の張力を大きくすると，偏位は大きくなる.

解答 (4) 風圧が一定の場合，トロリ線の張力を大きくすると，偏位は小さくなります.

問題 07 電気鉄道におけるパンタグラフの離線防止対策に関する記述として，不適当なものはどれか.

(1) トロリ線の硬点を多くする.
(2) トロリ線の接続箇所を少なくする.
(3) トロリ線の勾配変化を少なくする.
(4) トロリ線の架線張力を適正に保持する.

解答 (1) 離線防止対策は，トロリ線の硬点を少なくします.

問題 08 電気鉄道における架空式の電車線路の施工に関する記述として，不適当なものはどれか.

(1) ちょう架線のハンガ取付け箇所には，アーク溶損を防止するために，保護カバーを取り付けた.
(2) 電車線を支持する可動ブラケットは，長幹がいしを用いて電柱に取り付けた.
(3) パンタグラフがしゅう動通過できるように，トロリ線相互の接続に圧縮接続管を使用した.
(4) パンタグラフの溝摩耗を防止するために，直線区間ではトロリ線にジグザグ偏位を設けた.

解答 (3) トロリ線相互の接続には，**トロリ線接続金具**を用います.

01 自動火災報知設備

自動火災報知設備

自動火災報知設備は，**火災に伴う熱・煙・炎の発生を検出**し，警報を発信するもので，次のように構成されています．

自動火災報知設備 = **感知器** ・ **発信機** + **中継器** + **受信機** + **音響装置など**

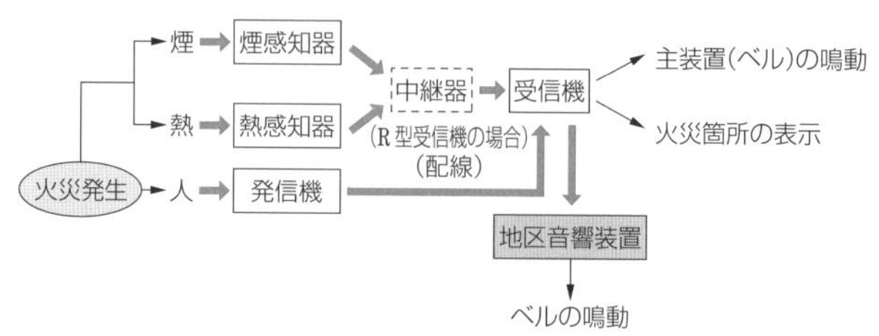

① **感知器** ：火災により生じる熱，煙，炎などを自動的に感知し，受信機や中継器に火災信号を発信する装置で，**熱感知器（定温式，差動式）**，**煙感知器（光電式）**，**炎感知器（赤外線・紫外線式）**に分類されます．

② **発信機** ：押しボタンを押し，受信機に火災発生信号を送る装置です．

③ **中継器** ：感知器や発信機からの火災発生信号を受信機に送る際に中継したり，この信号を中継し消火設備や排煙設備などに制御信号を発信する装置です．

④ **受信機** ：感知器・発信機または中継器が作動したときに，火災が発生した場所を表示し，その旨の信号を発する装置です．

P型 ：最も多く用いられており，感知器と受信機とを直接電線で結び，火災信号を共通の信号として受信する方式の受信機で，**感知器の回路数だけ電線本数が必要**になります．

R型 ：火災情報信号を発信する専用の感知器または感知器と受信機との間に固有の信号をもつ中継器を介して接続され，感知器が作動すると，感知器または中継器ごとに異なる固有の信号を発報する方式で，**回線数が多い場合にはP型受信機に比べて電線本数が少なくてすむ利点**があります．

⑤ **音響装置** ：受信機が火災発生の信号を受信したときに，人々に火災が発生したことを音で知らせる装置です．

自動火災報知設備の記号

自動火災報知設備の記号は，下表のように定められています．

記号	名称	記号	名称
	差動式スポット型感知器	P	P 型発信機
	定温式スポット型感知器	B	警報ベル
S	煙感知器　露出型		受信機
S→　→S	光電式分離型感知器（送光部，受光部）		表示灯
	炎感知器		機器収容箱

問題 01 自動火災報知設備に関する次の文章に該当する感知器として，「消防法」上，適当なものはどれか．

「周囲の温度の上昇率が一定の率以上になったときに火災信号を発信するもの」

(1) 定温式スポット型感知器　　(2) 差動式スポット型感知器
(3) 赤外線式スポット型感知器　　(4) 光電式スポット型感知器

解答 (2) (1) の**定温式スポット型感知器**は，**温度が一定以上になると作動**します．(3) の**赤外線式スポット型感知器**は，**一定量以上の炎から放射される赤外線の変化により作動**します．(4) の**光電式スポット型感知器**は，**周囲の空気が一定濃度以上の煙を含んだときに作動**します．

(参考) **イオン式スポット型感知器**は，**煙火災時のイオン電流の変化によって作動**します．

問題02　自動火災報知設備の配線用図記号と名称の組合せとして，「日本産業規格（JIS）」上，誤っているものはどれか．

	図記号	名　称
(1)	◯（上部に横線）	定温式スポット型感知器
(2)	Ⓑ	警報ベル
(3)	Ⓟ	P型発信機
(4)	▭（両端に縦線）	機器収容箱（消火栓箱に組込みの場合）

解答　(1) 正しくは差動式スポット型感知器です．定温式スポット型感知器の記号は◯で，紛らわしいので注意してください．なお，Ⓢ（四角）は煙感知器，◐は表示灯です．

問題03　自動火災報知設備の差動式スポット型感知器の設置場所として，「消防法」上，不適当なものはどれか．ただし，感知器の取付け面の高さは4m未満とする．

(1)　休憩室　　(2)　会議室　　(3)　ボイラ室　　(4)　自家発電室

解答　(3) ボイラ室に差動式スポット型感知器を設置すると，ボイラの立ち上げ時の温度上昇によって誤動作のおそれがあります．

問題04　自動火災報知設備を設置する事務所ビルにおいて，煙感知器を設ける場所として，「消防法」上，不適当なものはどれか．ただし，感知器の取付け面の高さは4m未満とする．

(1)　廊下　　(2)　会議室　　(3)　電算機室　　(4)　地下駐車場

解答　(4) 地下駐車場は，煙感知器では排気ガスによる誤動作が生じます．このため，熱感知器が必要となります．**廊下，階段や傾斜路**では光電式スポット型感知器などの煙感知器がいることは，確実に覚えておいてください．

問題05 自動火災報知設備のP型1級受信機に関する記述として，「消防法」上，定められていないものはどれか．

(1) 床面の高さが0.8 m以上1.5 m以下の箇所に設けること．
(2) 各階ごとに，その階の各部分から一の発信機までの歩行距離が25 m以下となるように設けること．
(3) 発信機の直近の箇所に赤色の表示灯を設けること．
(4) 火災信号の伝達に支障なく受信機との間で相互に電話連絡をすることができること．

解答 (2) **P型発信機**は，各階ごとにその階の部分から1の発信機までの**歩行距離が50m以下**となるように設けることと規定されています．

問題06 自動火災報知設備のP型2級受信機に関する記述として，「消防法」上，誤っているものはどれか．

(1) 火災灯を省略することができる．
(2) 発信機との間で電話連絡をすることができる装置を有しなければならない．
(3) 接続することができる回線の数は5以下である．
(4) 火災表示試験装置による試験機能を有しなければならない．

解答 (2) P型2級受信機には，電話連絡機能はありません．

問題07 自動火災報知設備のP型2級受信機（複数回線）に関する記述として，「消防法」上，不適当なものはどれか．

(1) 導通試験装置による試験機能を有しなければならない．
(2) 接続することができる回線の数は，5以下であること．
(3) 予備電源は，密閉型電池であること．
(4) 発信機との間で電話連絡ができる装置を設けないことができる．

解答 (1) P型2級受信機は小規模な建築物に特化した火災受信機で，P型1級受信機と違って，導通試験装置，確認応答装置，電話連絡装置といった，遠方との通話装置は搭載しなくてもよいと定められています．

10章 報知設備等

問題 08 次の負荷を接続する分岐回路に漏電遮断器を使用することが，最も不適当なものはどれか．

(1)　地下の機械室の床に設置する空調機　　(2)　冷却塔ファン
(3)　消火栓ポンプ　　(4)　揚水ポンプ

解答 (3) 消火栓ポンプの接続分岐回路には漏電遮断器を使用できません．

問題 09 自動火災報知設備の地区音響装置に関する記述として，「消防法」上，誤っているものはどれか．

ただし，装置を設置する建物は，小規模特定用途複合防火対象物ではないものとする．

(1)　主要部の外箱の材料は，不燃性または難燃性のものとする．
(2)　公称音圧は，音響により警報を発する音響装置にあっては 90dB 以上とする．
(3)　各階ごとに，その回の部分から一の地区音響装置までの水平距離は 25m 以下とする．
(4)　受信機から地区音響装置までの配線は，600V ビニル絶縁電線（IV）を使用する．

解答 (4) 配線には，**600V 二種ビニル絶縁電線（HIV）**またはこれと同等以上の耐熱性を有する電線を使用しなければなりません．

問題 10 建築物に設置される非常ベルに関する記述として，「消防法」上，誤っているものはどれか．

(1)　非常電源を附置する必要がある．
(2)　起動装置は，手動操作により音響装置を鳴動させる装置である．
(3)　赤色の表示灯は，音響装置の近傍に設ける必要がある．
(4)　表示灯の材料は，不燃性または難燃性である．

解答 (3) 赤色の表示灯は，音響装置の近傍に設ける必要はありません．赤色の表示灯は火災報知器の押しボタンの場所を知らせる役割があります．

02 警報・呼出・表示設備等

代表的な図記号

警報・呼出・表示・ナースコール設備の図記号の代表的なものは，下図のとおりです.

押しボタン		警報受信盤	
ベル		表示器（盤）	
ブザー		ナースコール	N または N

問題 01　非常警報設備に関する次の記述のうち，［　　］に当てはまる語句として，「消防法」上，定められているものはどれか.

「非常ベルまたは自動式サイレンの音響装置は，各階ごとに，その階の各部分から一の音響装置までの水平距離が［　　］m 以下となるように設けること.」

(1)　15m　　(2)　25m　　(3)　30m　　(4)　50m

解答　(2) 文章を完成させると，次のようになります.

「非常ベルまたは自動式サイレンの音響装置は，各階ごとに，その階の各部分から一の音響装置までの水平距離が **25** m 以下となるように設けること.」

(参考)「非常警報設備の起動装置は，各階ごとに，その階の各部分から一の起動装置までの歩行距離が **50** m以下となるように設けること.」

問題 02　インターホンに関する記述として，「日本産業規格（JIS)」上，不適当なものはどれか.

(1)　親子式とは，親機と子機の間に通話網が構成されているものをいう.
(2)　相互式とは，親機と親機の間に通話網が構成されているものをいう.
(3)　同時通話式とは，通話者側で同時に通話ができるものをいう.
(4)　通話路数とは，個々の親機，子機の呼出しが選択できる相手数をいう.

解答　(4) 通話路数とは，「同一の通話網で同時に別々の通話ができる数」のことをいいます.

10章　報知設備等

問題 03　情報通信設備の屋内配線に関する記述として，不適当なものはどれか．

(1)　保守用インターホン設備の配線に，着色識別ポリエチレン絶縁ビニルシースケーブル (FCPEV) を使用した．

(2)　非常放送設備のスピーカ配線に，警報用ポリエチレン絶縁ケーブル (AE) を使用した．

(3)　監視カメラの配線に，テレビジョン受信用同軸ケーブル (5C-FB) を使用した．

(4)　電話設備の幹線に，通信用構内ケーブル (TKEV) を使用した．

解答 (2) 非常放送設備のスピーカ配線には，**耐熱ケーブル**を使用しなければなりません．

問題 04　建築物等に設ける防犯設備に関する記述として，最も不適当なものはどれか．

(1)　ドアスイッチは，扉の開閉を検知するため，リードスイッチ部を建具枠に，マグネット部を扉にそれぞれ取り付けた．

(2)　ガラス破壊センサは，はめごろし窓のガラスの破壊および切断を検知するため，ガラス面に取り付けた．

(3)　熱線式パッシブセンサは，熱線を放出して侵入者を検知するため，外壁に取り付けた．

(4)　センサライトは，ライトを点灯して侵入者を威嚇するため，外壁に取り付けた．

解答 (3) 熱線式アクティブセンサは，赤外線ビームを発射しビームを反射したりさえぎったりした物体を検出します．熱線式パッシブセンサは，熱線を放出するものでなく，人体表面から放出する赤外線を受信し人を検出するもので，主に室内や廊下に取り付けられます．

11章 テレビ受信・拡声設備

01 テレビ共同受信設備

テレビ共同受信システムとは？

テレビ共同受信システムは，屋上に共同のアンテナをたて，同軸ケーブルや増幅器などを使用して，電波を共同で受信できるようにしたシステムです．

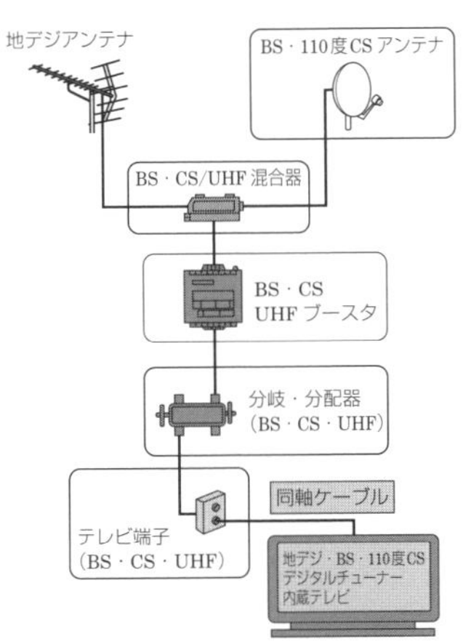

名　称	記　号
テレビアンテナ	
パラボラアンテナ	
混合（分波）器	
増幅器	
機器収容箱	
2 分岐器	
4 分岐器	
2 分配器	
4 分配器	
直列ユニット（中継用）	

問題 01 テレビ共同受信設備に用いる配線用図記号と名称の組合せとして，日本産業規格 (JIS) 上，誤っているものはどれか．

	図記号	名　称
(1)		パラボラアンテナ
(2)		増幅器
(3)		4 分配器
(4)		直列ユニット（75Ω）

解答 (3) 正しくは 4 分岐器です．4 分配器の図記号は　です．

問題 02 構内電気設備に用いる配線用図記号と名称の組合せとして，「日本産業規格(JIS)」上，誤っているものはどれか．

	図記号	名　称
(1)	◉	通信用アウトレット（電話用アウトレット）
(2)		情報用アウトレット
(3)		コンセント
(4)		非常用照明

解答 (4) 正しくは誘導灯（白熱灯形）です．非常用照明灯（白熱灯形）の図記号は●です．

問題 03 高周波同軸ケーブル（ポリエチレン絶縁編組形）の特性に関する次の記述の［　　］に当てはまる語句の組合せとして，適当なものはどれか．

「特性インピーダンスにより 50Ω と［ ア ］Ω 形の 2 種類があり，周波数が高いほど減衰量が［ イ ］.」

	ア	イ
(1)	75Ω	大きい
(2)	75Ω	小さい
(3)	300Ω	大きい
(4)	300Ω	小さい

解答 (1) 高周波同軸ケーブルには，特性インピーダンスが無線系の 50 Ω のものと TV 系の 75Ω のものとの 2 種類があり，減衰量は周波数が高いほど大きくなります．

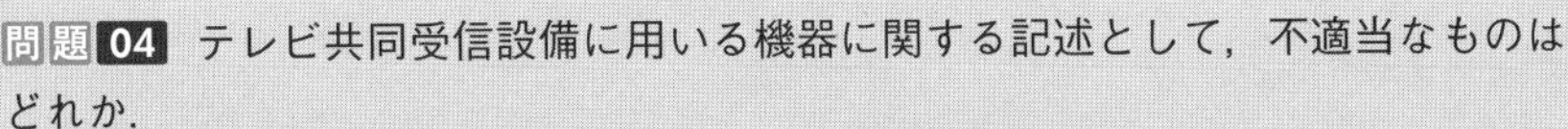

問題 04 テレビ共同受信設備に用いる機器に関する記述として，不適当なものはどれか．

(1) 分配器は，伝送された信号を均等に分配する機器である．
(2) 直列ユニットは，分岐機能を有し，テレビ受信機を接続する端子を持つ機器である．
(3) 分岐器は，混合された異なる周波数帯域別の信号を選別して取り出す機器である．
(4) 混合器は，複数のアンテナで受信した信号を1本の伝送線にまとめる機器である．

解答 (3) **分波器**は，**混合された異なる周波数帯域別の信号を選別して取り出す**ために使用します．**分岐器**は，**幹線からの信号の一部を取り出す**方向性結合器です．

問題 04 図に示すテレビ共同受信設備において，増幅器出口から末端Aの直列ユニットのテレビ受信機接続端子までの総合損失として，正しいものはどれか．

ただし，同軸ケーブルの長さおよび各損失は次のとおりとする．
増幅器出口から末端Aまでの同軸ケーブルの長さ：20 m
同軸ケーブルの損失：0.2 dB/m
分配器の分配損失：4.0 dB
直列ユニット単体の挿入損失：2.0 dB
直列ユニット単体の結合損失：12.0 dB

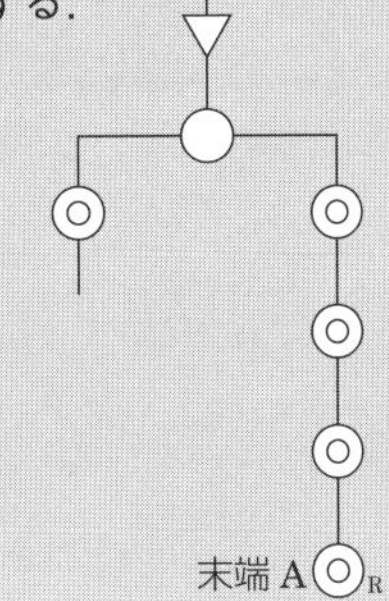

(1) 24.0 dB (2) 26.0 dB
(3) 28.0 dB (4) 30.0 dB

解答 (2) 増幅器出口から末端Aの直列ユニットのテレビ受信機接続端末までの総合損失 L は，次のように求められます．

❶分配器の分配損失：4dB/台×1台＝4dB
❷直列ユニット単体の挿入損失：2dB/台×3台＝6dB
❸直列ユニット単体の結合損失：12dB/台×1台＝12dB
❹同軸ケーブルの損失：0.2dB/m × 20m ＝ 4dB

総合損失 L ＝損失❶＋損失❷＋損失❸＋損失❹
＝ 4 ＋ 6 ＋ 12 ＋ 4 ＝ 26dB

02 拡声設備

マイクロホン：代表的なものに，**ダイナミック形**と**コンデンサ形**があります．

種　類	特　徴	主な用途
ダイナミック形	①　動作が安定している． ②　**温度や湿度の影響が少ない．** ③　屋外で使用できる．	一般に広く採用されている．
コンデンサ形	①　**周波数特性が極めて良い．** ②　固有雑音が少ない． ③　附属電源が必要である．	高性能が必要なときに用いる．

増幅器：定格出力の選定の際には，スピーカの定格出力の合計に余裕を見込みます．

スピーカ：代表的なものに，**コーン形**と**ホーン形**があります．

☆**コーン形**：主に屋内で使用され，丸形や角形があります．

☆**ホーン形**：主に体育館や屋外などの大出力が必要な場合に使用します．

問題 01　事務所ビルの全館放送に用いる拡声設備に関する記述として，最も不適当なものはどれか．

(1)　同一回線のスピーカは，直列に接続した．

(2)　一斉スイッチによる緊急放送を行うため，音量調整器には3線式で配線した．

(3)　非常警報設備に用いるスピーカへの配線は，耐熱電線（HP）とした．

(4)　スピーカは，ハイインピーダンスのものを使用した．

解答　(1) 直列に接続すると1台のスピーカの故障で，他のスピーカが使用できなくなるため，同一回線のスピーカは，**並列に接続**しなければなりません．なお，(2) は2線式では音量調整をオフにすると一斉放送ができないので，3線式とします．

01 LAN（ローカルエリアネットワーク）

LANの接続形態（トポロジー）

LANの論理的な接続形態（トポロジー）の代表的なものには，スター形，リング形，バス形があります．

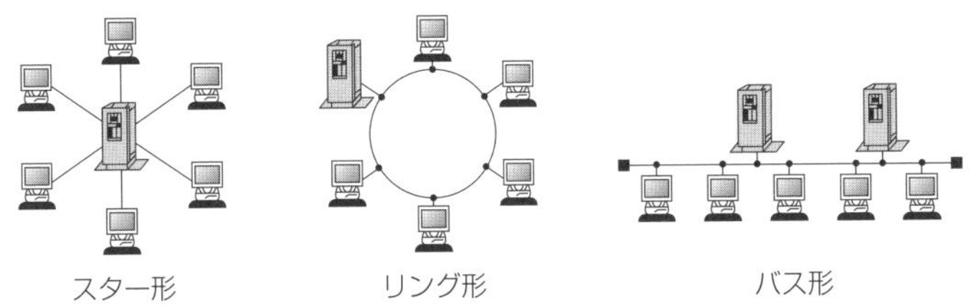

スター形	サーバーまたはハブを中心に放射状にクライアントを配置した形態です．
リング形	ループ状のネットワークにホストを接続した状態です．
バス形	バスと呼ばれる幹線にクライアントやサーバーが枝状に接続されます．

OSI参照モデルとTCP/IPの関係

OSI参照モデルは，ISO（国際標準化機構）で規格化されたネットワークに関する基本モデルで7つの階層に分けて定義されています．TCP/IPプロトコルは，IP通信を行う際に最も普及しているプロトコル（規約）です．

OSI基本参照モデル	
7層	応用層（アプリケーション層）
6層	プレゼンテーション層
5層	セッション層
4層	トランスポート層
3層	ネットワーク層
2層	データリンク層
1層	物理層

TCP/IP	
4層	アプリケーション層
3層	トランスポート層
2層	ネットワーク層
1層	ネットワークインターフェース層

OSI基本参照モデルとTCP/IPとの関係

問題 01 構内情報通信網 (LAN) に関する次の記述に該当する機器として，最も適当なものはどれか．

「ネットワーク上を流れるデータを，IP アドレスによって他のネットワークに中継する装置」

(1) ルータ　(2) リピータハブ
(3) スイッチングハブ　(4) メディアコンバータ

解答 (1) ルータは，OSI 基本参照モデルの第 3 層（ネットワーク層）でネットワーク間の接続を行う機器で，ネットワーク上を流れるデータを，IP アドレスによって他のネットワークに中継することができます．

問題 02 構内情報通信網（LAN）に関するイーサネット規格において，伝送媒体に光ファイバケーブルを使用するものとして，適当なものはどれか．

(1) 10 BASE5
(2) 100 BASE-TX
(3) 100 BASE-FX
(4) 100 BASE-T

解答 (3) 10BASE5 は同軸ケーブルを用いる規格です．100BASE-T は UTP ケーブルを用いる伝送速度 100MBps の規格群の総称で，100BASE-TX はカテゴリ 5 以上の UTP を用いる規格です．

問題 03 構内情報通信網（LAN）に関する記述として，不適当なものはどれか．

(1) 1000 BASE-T の伝送媒体は，ツイストペアケーブルである．
(2) 1000 BASE-T には，RJ-45 コネクタが用いられる．
(3) 1000 BASE-SX の伝送媒体は，光ファイバケーブルである．
(4) 1000 BASE-SX には，BNC コネクタが用いられる．

解答 (4) BNC コネクタは，同軸ケーブル用のコネクタです．1000 BASE-SX は，短波長のレーザ光による光通信を行うもので，LC コネクタや SC コネクタが用いられます．

問題 04 構内交換設備の施工に関する記述として，最も不適当なものはどれか．

(1) IP 電話機の配線は，UTP ケーブルを使用した．
(2) IP 電話機を，デジタル PBX 方式の交換機に接続した．
(3) 事業用電気通信設備との接続は，分界点を定め容易に切り離せるようにした．
(4) 電話配線および電話機の設置後，電話機ごとにサービス機能の試験を行った．

解答 (2) IP 電話機は，インターネットへの接続を行うもので，デジタル PBX 方式の交換機は関係ありません．

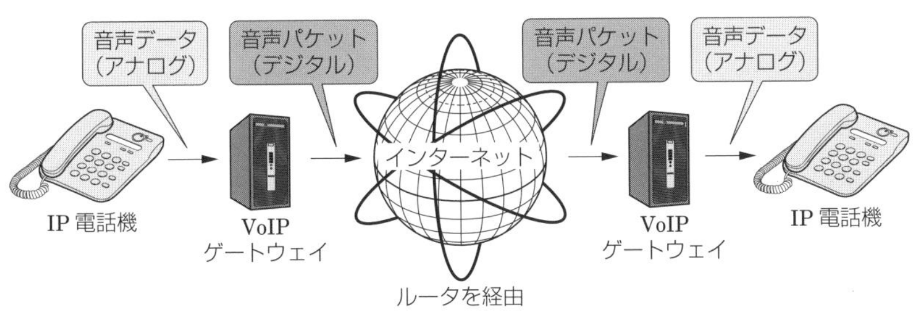

問題 05 電話・情報設備の配線用図記号と名称の組合せとして，「日本産業規格(JIS)」上，誤っているものはどれか．

	図記号	名称
(1)	T	内線電話機
(2)		情報用アウトレット
(3)	RT	ルータ
(4)	TA	端子盤

解答 (4) 図記号の TA はターミナルアダプタで，— は端子盤です．

問題 06 構内情報通信網（LAN）に関する次の記述に該当する機器として，最も適当なものはどれか.

「UTP ケーブルと光ファイバケーブル間での信号の変換を主たる機能とする装置」

(1) ルータ
(2) リピータハブ
(3) スイッチングハブ
(4) メディアコンバータ

解答 (4) メディアコンバータは異なるメディア（媒体）同士を変換して接続する装置です.

問題 07 情報通信設備の屋内配線に関する記述として，最も不適当なものはどれか.

(1) 構内情報通信網設備の配線に，難燃性ポリオレフィンシースカテゴリ6UTP ケーブルを（ECO-UTP-CAT6/f）を使用した.
(2) 電話設備の幹線に，EM- 構内ケーブル（ECO-TKEE/F）を使用した.
(3) 保守用インターホン設備の配線に，着色識別ポリエチレン絶縁ビニルシースケーブル（FCPEV）を使用した.
(4) 非常放送設備のスピーカ配線に，警報用ポリエチレン絶縁ケーブル（AE）を使用した.

解答 (4) 非常放送設備のスピーカ配線には，耐熱ケーブル（HP）を使用しなければなりません．警報用ポリエチレン絶縁ケーブル（AE）は，放送スピーカや自動火災報知設備の感知器など，弱電流電線として使用されるが耐火性や耐熱性はありません.

02 有線電気通信法

有線電気通信法の目的

「有線電気通信設備の設置及び使用を規律し，有線電気通信に関する秩序を確立することによって，公共の福祉の増進に寄与すること」を目的としています．

技術基準

有線電気通信設備は，政令で定める技術基準に適合しなければならない．

① 他人の設置する有線電気通信設備に妨害を与えないようにすること．

② 人体に危害を及ぼし，または物件に損傷を与えないようにすること．

電線の種類

有線電気通信線絶縁電線には，原則として絶縁電線またはケーブルを使用します．

通信回線の線路の電圧

通信回線の線路の電圧は，100 V以下でなければなりません．

架空電線の高さ

架空電線の高さの原則値は，下表の値としなければなりません．

道路上	路面から **5 m** 以上
横断歩道橋上	路面から **3 m** 以上
鉄道または軌道を横断	軌条（レール）面から **6 m** 以上
河川横断	舟行に支障を及ぼすおそれがない高さであること

屋内電線の絶縁抵抗

屋内電線と大地との間および屋内電線相互間の絶縁抵抗は，直流 100 Vの電圧で測定した値で，1MΩ 以上でなければならない．

問題 01 有線電気通信設備の線路に関する記述として，「有線電気通信法」上，誤っているものはどれか．ただし，光ファイバは除くものとする．

(1)　通信回線の線路の電圧を 100V 以下とした．

(2)　架空電線と他人の建造物との離隔距離を 40cm とした．

(3)　道路上に設置する架空電線は，横断歩道橋の上の部分を除き，路面から 5m の高さとした．

(4)　屋内電線と大地間の絶縁抵抗を直流 100V の電圧で測定した結果，0.4MΩ であったので，良好とした．

解答 (4) 屋内電線と大地間の絶縁抵抗は，直流 100 V の電圧で測定した値で，**1MΩ 以上**でなければならない．なお，(2) の架空電線と他人の建造物との離隔距離は 30 c m以下となるように設置してはならない．

問題 02 有線電気通信設備の線路に関する記述として，「有線電気通信法」上，誤っているものはどれか．ただし，光ファイバは除くものとする．

(1)　横断歩道橋の上に設置する架空電線（通信線）は，その路面から 3m の高さとした．

(2)　電柱の昇降に使用するねじ込み式の足場金具を，地表上 1.8m 以上の高さとした．

(3)　屋内電線（通信線）が低圧の屋内強電流電線と交差するので，離隔距離を 10cm 以上とした．

(4)　屋内電線（通信線）と大地間の絶縁抵抗を直流 100V の電圧で測定した結果，0.1MΩ であったので，良好とした．

解答 (4) 屋内電線と大地間の絶縁抵抗は，直流 100V の電圧で測定した値で，**1MΩ 以上**でなければならない．

問題 03 有線電気通信設備の線路に関する記述として，「有線電気通信法」上，誤っているものはどれか．ただし，交通に支障をおよぼすおそれが少ない場合で工事上やむを得ないとき，または車両の運行に支障をおよぼすおそれがない場合を除くものとする．

(1) 架空電線（通信線）が横断歩道橋の上にあるときは，その路面から 3m の高さとした．
(2) 架空電線（通信線）が鉄道または軌道を横断するときは，軌条面から 6m の高さとした．
(3) ケーブルを使用した地中電線（通信線）と高圧の地中強電流電との離隔距離が 10cm 未満となるので，その間に堅ろうかつ耐火性の隔壁を設けた．
(4) 公道に施設した電柱の昇降に使用するねじ込み式の足場金具を，地表上 1.5m の高さに取り付けた．

解答 (4) 公道に施設した電柱の昇降に使用するねじ込み式の足場金具は，**地表上 1.8m 以上**の高さに取り付けなければなりません．

問題 04 架空電線（通信線）の高さに関する記述として，「有線電気通信法」上，誤っているものはどれか．

(1) 鉄道を横断する架空電線は，軌条面から 6 mの高さとした．
(2) 道路上に施設する架空電線は，横断歩道橋の上の部分を除き路面から 5 m の高さとした．
(3) 河川を横断する架空電線は，舟行に支障をおよぼすおそれがない高さとした．
(4) 横断歩道橋の上に設置する架空電線は，その路面から 2.5 mの高さとした．

解答 (4) 横断歩道橋の上に設置する架空電線（通信線）は，その**路面から 3 m 以上の高さ**としなければなりません．

問題 05　有線電気通信設備の線路に関する記述として，「有線電気通信法」上，[　　　]に当てはまる語句として，正しいものはどれか．

ただし，地中強電流電線の設置者の承諾を得ていないものとする．

「地中電線（通信線）と 6.6kV の地中強電流電線との離隔距離が[　　　]以下となるので，その間に堅ろうかつ耐火性の隔壁を設けた．」

(1)　30cm　　(2)　40cm　　(3)　50cm　　(4)　60cm

解答 (1) 文章を完成させると，次のようになります．

「地中電線（通信線）と 6.6kV の地中強電流電線との離隔距離が **30cm** 以下となるので，その間に堅ろうかつ耐火性の隔壁を設けた．」

01 空気調和設備

空気調和の方式

空気調和の方式は，使用される熱搬送媒体により下表のように分類されます．

空調方式の種類

分　類	空調方式	システム概要と省エネルギー性
全空気方式	定風量単一ダクト方式（CAV 方式）	①　**送風量一定**で，負荷に応じて**温度を変化**させます． ②　送風量が一定のため，省エネルギー性に欠けます． ③　高度な空気処理ができ，クリーンルームにも適用できます．
	変風量単一ダクト方式（VAV 方式）	①　**温度一定**で，負荷変動により**送風量を変化**させます（外気量の確保，室内気流分布の配慮が必要）． ②　インバータで送風機の**回転速度制御**を行うため，**低負荷時に搬送動力を削減**できます．
	二重ダクト方式	①　空調機により調整された冷風と温風を混合して供給する方式で，室温の制御性は高いです． ②　**混合損失**が生じ，**省エネルギー性が損なわれ**ます． ③　現在では，ほとんど採用されていません．
全水方式	ファンコイルユニット方式	①　**冷温水の変流量供給による個別制御**が可能です． ②　単独では室内換気用の**外気の取り入れや室内湿度の制御を十分に行えない**ので，条件によってはほかの装置と組み合わせて使用します． ③　単独運転では，全空気方式よりファンの搬送動力が小さくなります．
冷媒方式	水熱源ヒートポンプユニット	①　各ユニットは熱媒体を通じて接続されており，冷房および暖房負荷が別々のユニットで同時に発生する場合に，系全体でどちらかの不足分に対して冷却塔や補助熱源で補う方式です． ②　**熱回収による省エネルギーが期待**できます．

機械換気の種類

室内の汚れた空気を新鮮な外気と交換するためには，換気が必要となります．自然換気は，室内外の温度差による浮力や外界の自然風によって生じる圧力を利用して換気を行います．一方，機械換気は，換気扇や送風機などにより強制的に換気するもので，自然換気に比べて必要な時に安定した換気量を得ることができます．機械換気には第 1 種，第 2 種，第 3 種機械換気があります．

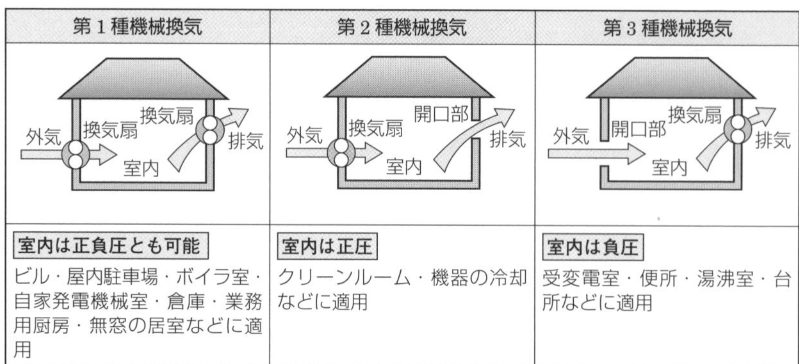

第1種機械換気	第2種機械換気	第3種機械換気
室内は正負圧とも可能 ビル・屋内駐車場・ボイラ室・自家発電機械室・倉庫・業務用厨房・無窓の居室などに適用	**室内は正圧** クリーンルーム・機器の冷却などに適用	**室内は負圧** 受変電室・便所・湯沸室・台所などに適用

問題 01　建物の空調で使用するヒートポンプの原理図において，アの名称として，適当なものはどれか．

（1）圧縮機
（2）凝縮器
（3）蒸発器
（4）熱交換器

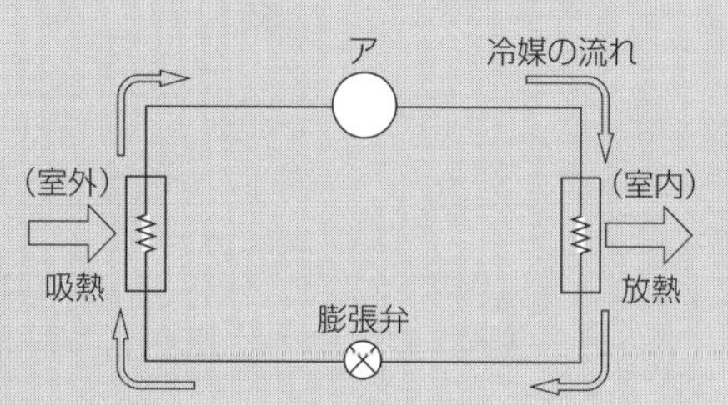

解答（1）冷媒の流れの順に，**圧縮機**→凝縮器→膨張弁→蒸発器で，凝縮器で放熱，蒸発器で吸熱を行います．

問題 02　換気設備に関する記述のうち，最も不適当なものはどれか．

（1）第1種機械換気方式は，ボイラ室など燃焼用空気およびエアバランスが必要な場所に用いられる．
（2）第2種機械換気方式は，便所など室内圧を負圧にするための換気方式である．
（3）第3種機械換気方式は，室内の汚れた空気や水蒸気などを他室に流出させたくない場所に用いられる．
（4）自然換気方式は，外部の風や温度差に基づく空気の密度差を利用した換気方式である．

解答（2）第2種機械換気方式は，室内圧を正圧にします．便所は，臭気が他室に漏れないように室内圧を負圧にする第3種換気方式が採用されます．

問題 03　換気設備に関する記述のうち，最も不適当なものはどれか.

(1)　厨房は，燃焼空気を確保するために正圧にする.
(2)　便所は，臭気が他室に漏れないように負圧にする.
(3)　居室の 24 時間換気システムは，シックハウス対策に有効である.
(4)　第 3 種換気方式は，機械排気と自然給気による換気を行う方式である.

解答　(1) 厨房は，第 1 種機械換気とし，やや負圧にします．正圧にすると，食堂のほうに厨房の臭いや熱気が流れてしまいます.

問題 04　図に示す第３種機械換気を行う部屋として，最も不適当なものはどれか.

(1)　シャワー室
(2)　湯沸室
(3)　電気室
(4)　ボイラ室

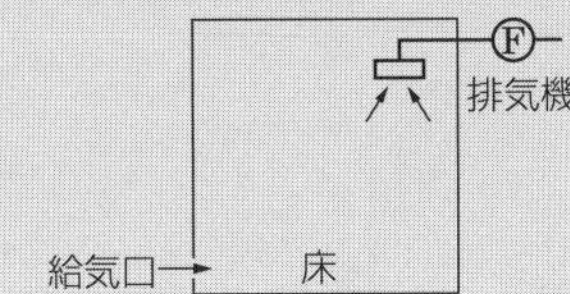

解答　(4) ボイラ室には，燃焼用空気およびエアバランスが必要であり，第 1 種機械換気が用いられ，給気圧＞排気圧とします.

02　給水・排水設備

給水方式の種類

給水方式には，配水管に直結して給水する**直結式**と，受水槽を経由して給水する**受水槽式**とがあります．直結式には，配水管の水圧をそのまま利用して直接給水する**直結直圧式**と，ポンプで加圧して給水する**直結増圧式**があります．

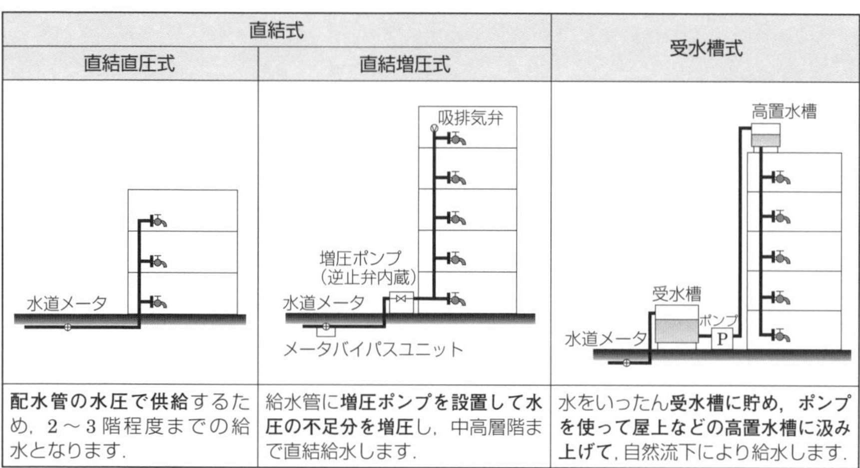

直結式		受水槽式
直結直圧式	直結増圧式	
配水管の水圧で供給するため，2～3階程度までの給水となります．	給水管に**増圧ポンプを設置して水圧の不足分を増圧**し，中高層階まで直結給水します．	水をいったん**受水槽に貯め，ポンプを使って屋上などの高置水槽に汲み上げて**，自然流下により給水します．

排水設備

排水設備は，便所・台所・浴室などの**生活排水を公共汚水ますへ接続するための施設**のことをいい，下水を公共下水道に支障なく，衛生的に排除する設備です．

問題 01　建物内の給水設備における水道直結直圧方式に関する記述として，不適当なものはどれか．

（1）　受水槽が不要である．
（2）　加圧給水ポンプが不要である．
（3）　建物の停電時には給水が不可能である．
（4）　水道本管の断水時には給水が不可能である．

解答　（3）水道直結直圧方式の給水圧力は，水道本管の圧力に応じて変化します．建物の停電時に伴って水道本管の圧力が変化するわけではないので，停電時でも給水可能です．

問題 02　建物の給水設備における受水槽を設置したポンプ直送方式に関する記述として，最も不適当なものはどれか.

(1)　水道本管の圧力変化に応じて給水圧力が変化する.
(2)　建物内の必要な箇所へ，給水ポンプで送る方式である.
(3)　水道本管断水時は，受水槽貯水分のみ給水が可能である.
(4)　停電により給水ポンプが停止すると，給水が不可能である.

解答 (1) ポンプ直送方式では，水道本管からの給水をいったん受水槽に蓄えるので，水道本管の圧力変化があっても給水圧力は変化しません.

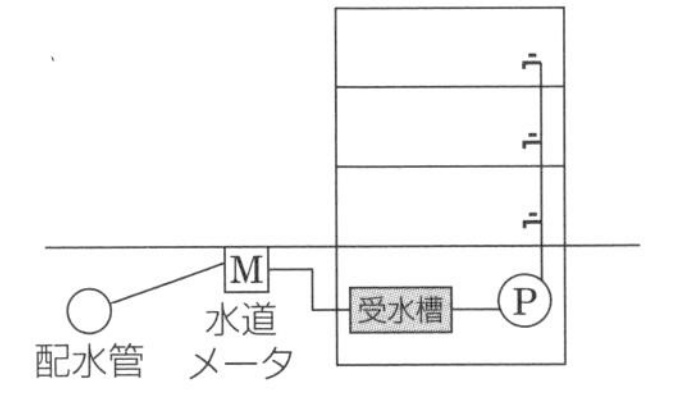

問題 03　図に示す排水槽の満水警報付液面制御を行う排水ポンプ停止用電極棒として，適当なものはどれか.

(1)　E_1
(2)　E_2
(3)　E_3
(4)　E_4

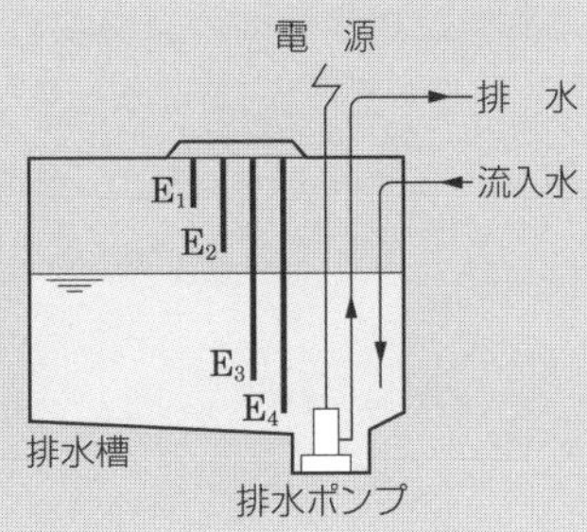

解答 (3) E_3 が正解. E_4 は電源極で，他の電極との通電に使用します. E_1～E_3 の電極の水位レベルと作動について整理すると，次のようになります.

・電極 E_1：満水警報を発信する.
・電極 E_2：排水ポンプを**始動**する.
・電極 E_3：排水ポンプを**停止**する.

01 土の現象と山留め

土の現象

区　分	ヒービング	ボイリング
現　象	**軟弱粘性土**を掘削するときに，矢板背面の土の質量で掘削底面内部に滑り破裂が生じて，**底面が押し上げられる**現象です．	**砂地盤**の掘削のときに，上向きの水流のため，掘削底の砂が水と混合して液体性状となり，砂全体が沸騰状に**吹き上げる**現象です．
説明図	土砂の流動（回り込み）／土の沈下／移動した土／軟弱粘性土	土の沈下／地下水／吹き上げられた土／砂地盤

山留め

土留めと締切りの総称で，土留めは陸上で地下構造物を築造するとき，地下水の遮水や土の崩壊の防止のため設ける仮設構造物です．

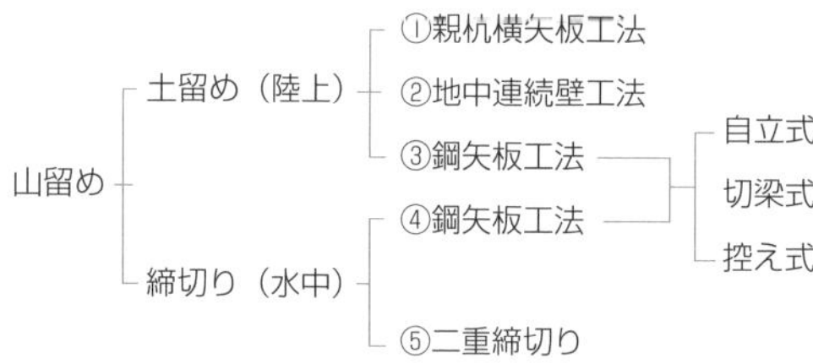

山留支保工の名称

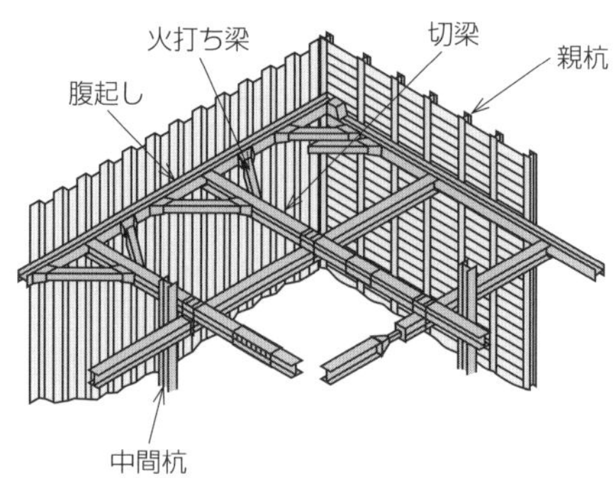

問題 01 土留め壁を設けて行う掘削工事に関する次の記述に該当する現象として，適当なものはどれか．
「軟弱な粘土質地盤で掘削を行うとき，矢板背面の鉛直土圧によって掘削底面が盛り上がる現象」

(1)　ボーリング　　(2)　ヒービング
(3)　ボイリング　　(4)　パイピング

解答 (2)「軟弱な粘土質地盤で掘削を行うとき，矢板背面の鉛直土圧によって掘削底面が盛り上がる現象」は，**ヒービング**です．

問題 02 図に示す山留め支保工に関するイとロの名称の組合せとして，適当なものはどれか．

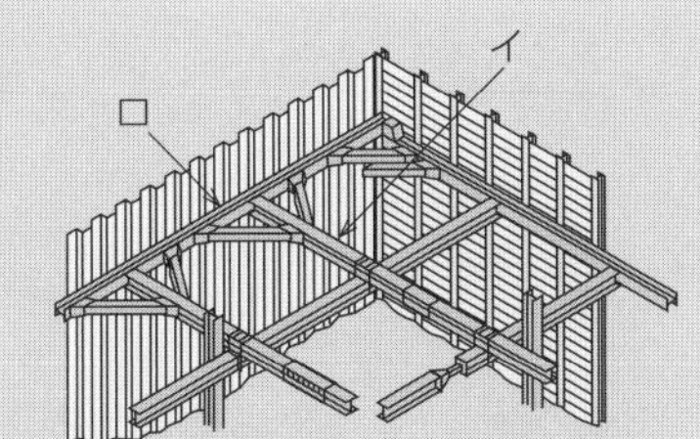

	イ	ロ
(1)	切　梁	中間杭
(2)	切　梁	腹起し
(3)	火打ち	中間杭
(4)	火打ち	腹起し

解答 (2) イは切梁(ばり)，ロは腹起しで，切梁と腹起しとの間の**斜め材**は**火打ち梁**です．この三つの名称はよく出題されます．

問題 03 山留め（土留め）壁工事において，遮水性が求められる壁体の種類として，最も不適当なものはどれか．

(1)　鋼矢板　　(2)　親杭横矢板　　(3)　柱列杭　　(4)　連続地中壁

解答 (2) 親杭横矢板は，遮水性が悪いです．

問題 04 盛土工事における締固めの目的に関する記述として，不適当なものはどれか．

(1)　透水性を高くする．
(2)　締固め度を大きくする．
(3)　せん断強度を大きくする．
(4)　圧縮性を小さくする．

解答 (1) 盛土工事における締固めは，透水性を低くします．

問題 05 盛土工事における締固めの効果または特性として，不適当なものはどれか．

(1)　透水性が低下する．
(2)　土の支持力が増加する．
(3)　せん断強度が大きくなる．
(4)　圧縮性が大きくなる．

解答 (4) 盛土工事における締固めをすると，圧縮性は小さくなります．ちなみに，圧縮性が小さいということは沈下しにくいということです．

問題 06 地中送電線路における管路の埋設工法として，不適当なものはどれか．

(1)　小口径推進工法
(2)　刃口推進工法
(3)　アースドリル工法
(4)　セミシールド工法

解答 (3) アースドリル工法は，杭基礎を作るための工法で，アースオーガを使用して掘削し，鉄筋を吊り入れてコンクリートを打設して杭を作ります．

02 鉄塔の基礎

鉄塔の基礎

鉄塔基礎は，構造や用途によって**コンクリート基礎**と**鋼材基礎**があります．

コンクリート基礎

主脚材といかり材をコンクリートまたは鉄筋コンクリートで包んだもので，荷重の規模や地質によって，逆T字型基礎，ロックアンカー基礎，マット基礎（べた基礎），アースアンカ基礎，井筒基礎，くい基礎などに分類されます．

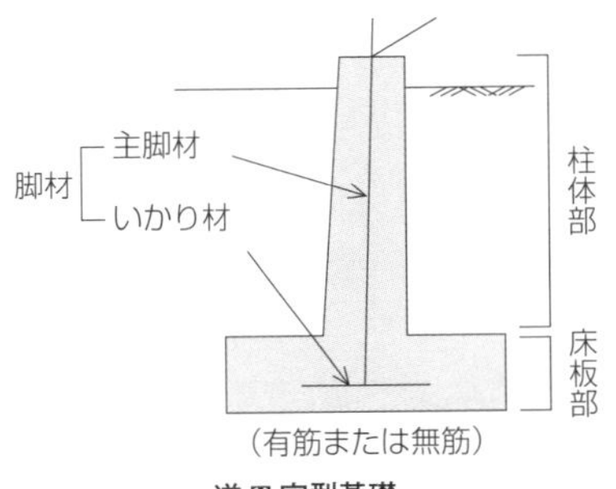

逆T字型基礎

問題 01 図に示す送電用鉄塔基礎のうち深礎基礎として，適当なものはどれか．

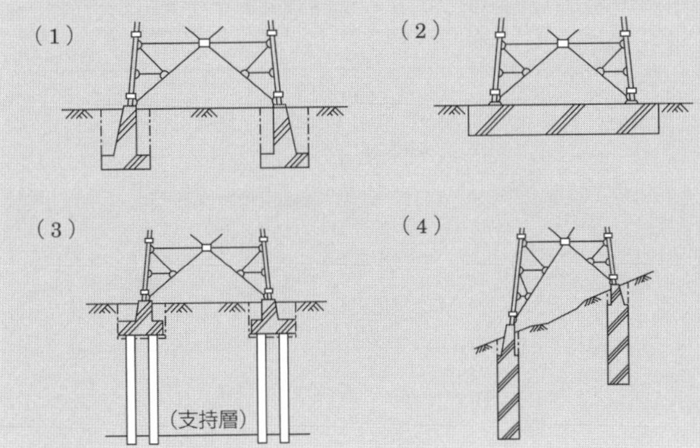

解答 (4) が適当．(1) 逆T字型基礎は，最も一般的に用いられます．(2) は**マット基礎（べた基礎）**，(3) は**くい基礎**，(4) は**深礎基礎**です．このうち，深礎基礎は山岳部や比較的良質な地盤に適用されます．

問題 02　図に示す送電用鉄塔基礎の名称として，適当なものはどれか．

(1)　深礎基礎
(2)　逆T字型基礎
(3)　ロックアンカー基礎
(4)　既製コンクリートぐい基礎

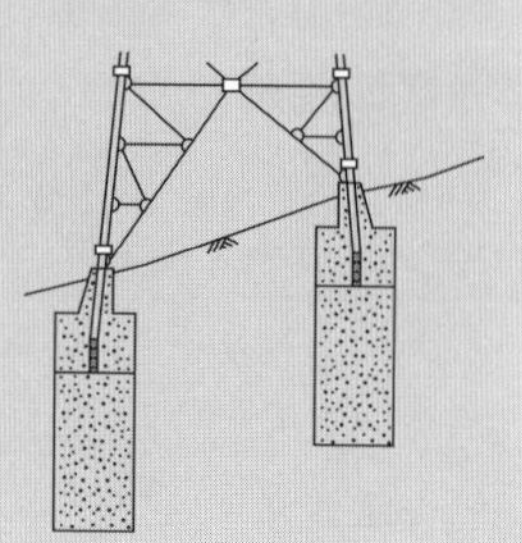

解答　(1) 深礎基礎で，山岳部や比較的良質な地盤に適用されます．

問題 03　架空送電線の鉄塔の組立工法として，不適当なものはどれか．

(1)　台棒工法　　(2)　搬送工法
(3)　移動式クレーン工法　　(4)　クライミングクレーン工法

解答　(2) 搬送工法や送込み工法は，電線の延線にまつわる工法です．

(参考) 代表的な鉄塔の組立工法

組立工法	説　明
台棒工法	車両の進入できない山中で，台棒を設置して鉄塔の組立てを行うもので，組み上げながら台棒をせり上げ組立てします．
移動式クレーン工法	鉄塔の位置まで車両が入れる道路や仮設道路を確保できる場所で使用されます．
クライミングクレーン工法	鉄塔の内部に設置して，鉄塔が下から上に組み上がっていくにつれ，鉄柱を継ぎ足すことでクレーン部分を高くしていく方法です．移動式クレーンの使用できない場所での大型鉄塔の組立工事に使用されます．

03 コンクリートの性質と施工

コンクリートの組成

コンクリートは，セメントに水と砂利などの骨材を加え練り合わせたものです．

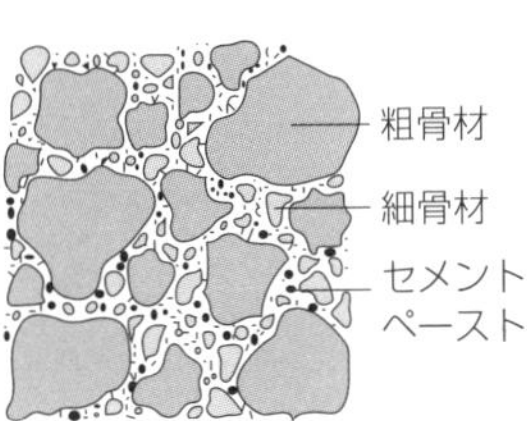

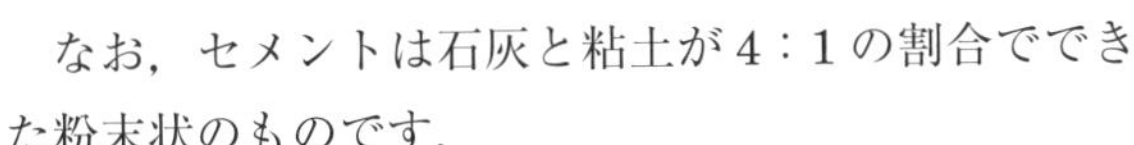

コンクリート ＝ セメント ＋ 水 ＋ 骨材
(セメント＋水)＝セメントペースト

なお，セメントは石灰と粘土が 4：1 の割合でできた粉末状のものです．

コンクリートの性質

コンクリートには，次の性質があります．

① **圧縮強度は強いが，引張強度が弱い**（引張強度は圧縮強度の約 1/10 で，この弱点の克服のため鉄筋に引張荷重を負担させたのが鉄筋コンクリートです）．

② コンクリートの強さは水・セメント（W/C）比で決まり，値が小さいほうが強度が大きいです．

③ 常温の鉄筋コンクリートは，**コンクリートと鉄筋の熱膨張率がほぼ同じ**です．

④ コンクリートの打設では，**ひび割れの防止のため**，**湿潤養生**により表面を湿潤状態に保たねばなりません（**初期の乾燥は避ける**）．

⑤ 鉄筋コンクリートは，**コンクリートがアルカリ性のため鉄筋は錆びにくい**です．

コンクリートに関する用語

① **スランプ**：コンクリートの柔らかさの程度を表すもので，スランプコーンにコンクリートを詰め，**引き上げたときの落ち込み高さ（cm）**のことをスランプといいます．スランプは，**値が小さいほど強度が大きく**，値が大きいほど流動性がよいので作業性はよくなります．

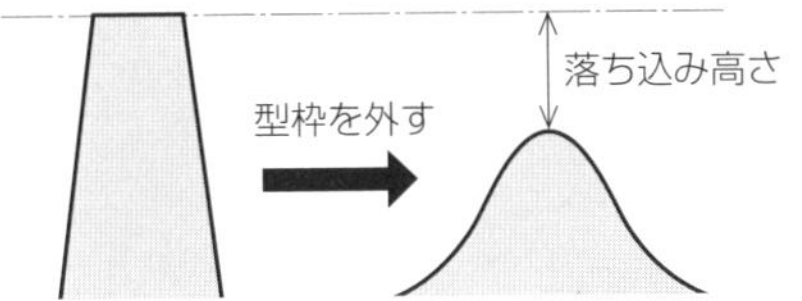

型枠（スランプコーン）を引上げ
→コンクリートが崩れる
→落ち込み高さ（cm）を測定する

② **ワーカビリティ**：コンクリートの打ち込みや締固めなどの作業のしやすさ（**作業性**）のことをいいます．

③ **ブリーディング**：コンクリートの打設後，**水が分離してコンクリートの上面に上昇する現象**です．

④ **コールドジョイント**：先に打設したコンクリートが固まって，後から打設したコンクリートと十分に一体化されず，できた**継ぎ目**のことです．

問題 01 コンクリートに関する記述として，不適当なものはどれか．

(1)　コンクリートは，セメントと水の化学反応により凝結・硬化する．
(2)　コンクリートは，圧縮強度が引張強度に比べて大きい．
(3)　コンクリートは，不燃材料であり耐久性がある．
(4)　コンクリートは，含水量によって普通コンクリートと軽量コンクリートに分類される．

解答 (4) 軽量コンクリートは，普通コンクリートより比重の小さいコンクリートの総称で，骨材に火山砂利を使用したもの，コンクリート内部に多量の気泡を含ませたものなどがあります．

問題 02 コンクリートに関する記述として，不適当なものはどれか．

(1)　コンクリートは，水・セメント・細骨材・粗骨材・混和剤から作られる．
(2)　コンクリートの圧縮強度と引張強度は，ほぼ等しい．
(3)　使用骨材によって普通コンクリートと軽量コンクリートなどに分けられる．
(4)　空気中の二酸化炭素によりコンクリートのアルカリ性は表面から失われて中性化していく．

解答 (2) コンクリートの圧縮強度は引張強度の**約 10 倍**の大きさです．

問題 03 コンクリートに関する記述として，最も不適当なものはどれか．

(1)　生コンクリートのスランプは，その数値が大きいほど流動性は大きい．
(2)　コンクリートの強度は，圧縮強度を基準として表す．
(3)　コンクリートのアルカリ性により，鉄筋の錆を防止する．
(4)　コンクリートの耐久性は，水セメント比が大きいほど向上する．

解答 (4) **水セメント比**とは，**水(Water)**と**セメント(Cement)**の**重量の比率**の**W/C** のことをいいます．**水セメント比**は小さいほど「強度は大きく」，「**耐久性**が高く」，「隙間が少なくなる」という傾向があります．

問題 04 コンクリート打設時に発生する施工の不具合として，関係のないものはどれか．

(1) 豆板（ジャンカ）　(2) ブローホール
(3) 空洞　(4) コールドジョイント

解答 (2) ブローホールは，溶接部における溶接欠陥の一種で，溶着金属の中に発生する球状の空洞（気孔）です．

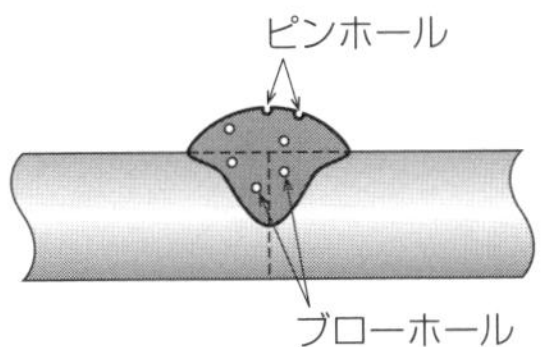

問題 05 コンクリートの硬化初期における養生に関する記述として，不適当なものはどれか．

(1) 適当な温度(10 〜 25 ℃)に保つ．
(2) 表面を十分に乾燥した状態に保つ．
(3) 直射日光や風雨などに対して露出面を保護する．
(4) 振動および荷重を加えないようにする．

解答 (2) コンクリートの硬化初期における養生は，ひび割れの防止のために，湿潤養生により表面を湿潤状態に保たねばなりません．
(参考) コンクリートの硬化初期には，風から露出面を保護することも必要です．

問題 06 コンクリートの試験として，関係のないものはどれか．

(1) 空気量試験　(2) 圧縮強度試験
(3) ブリーディング試験　(4) サウンディング試験

解答 (4) サウンディング試験は，土の硬さや締まり具合を調べるための試験です．

04 道路舗装

アスファルト舗装

舗装は，**道路の耐久力を増すためのもの**で，コンクリート舗装やアスファルト舗装があります．

このうち，アスファルト舗装は，路床上に，路盤・基層・表層を構成したものです．

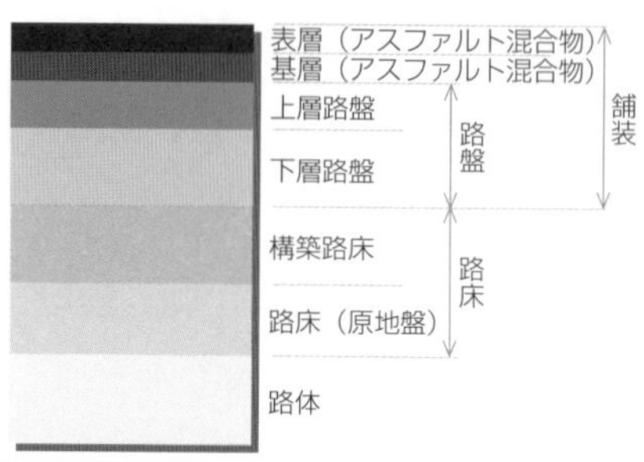

表　層	交通荷重を分散して，交通の安全性，快適性などを確保します．
基　層	路盤の不陸を整正し，表層に加わる荷重を均一に路盤に伝達させます．
路　盤	均一な支持基盤とし，上層からの交通荷重を分散して路床に伝えます．
路　床	舗装の下面から約 1 m の部分です．

問題 01 アスファルト舗装に関する記述として，最も不適当なものはどれか．

(1) 着色舗装は，街並との調和，美観，景観や交通安全対策などを考慮して用いられる．

(2) 透水性舗装には，空げきが小さく細粒分が多いアスファルト混合物を使用する．

(3) 路盤は，一般に下層路盤と上層路盤の二層で構成される．

(4) 路盤は，表層および基層から伝達される交通荷重を支え，均等に分散して路床に伝える役割をもっている．

解答 (2) **透水性舗装**は，舗装の表層に空隙の大きいアスファルト混合物を用い，さらに基盤にも透水層を設けることで，雨水を地中まで浸透させるといった構造の舗装です．

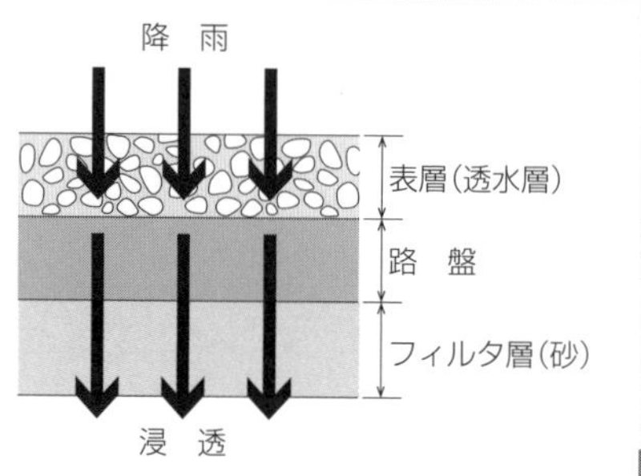

問題 02　アスファルト舗装と比較したコンクリート舗装に関する記述として，最も不適当なものはどれか．

(1)　施工後の養生期間が長い．
(2)　部分的な補修が困難である．
(3)　膨張や収縮によるひび割れを防ぐため，目地が必要である．
(4)　せん断力に強いが曲げ応力に弱いので，沈下しやすい．

解答 (4) アスファルト舗装は，コンクリート舗装よりせん断力に強いが曲げ応力に弱いので，沈下しやすいです．

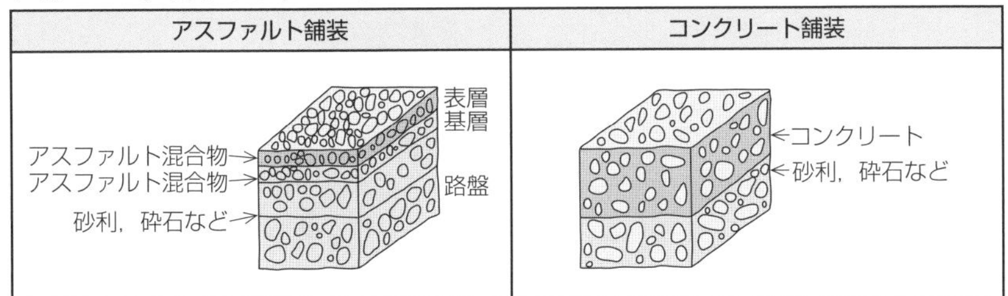

(参考) コンクリート舗装は，アスファルト舗装に比べて荷重によるたわみが小さく，耐久性に富みます．

05 建設機械

締め固め機械の分類

締め固め機械は，土やアスファルト舗装などの材料に力を作用させ，材料の密度を高め（締め固め）るために用いられる建設機械です．

締め固め機械	土質との関係
ロードローラ	・マカダム形とタンデム形の 2 種があります． ・**表面が滑らかな鉄輪によって締め固め**を行います．
タイヤローラ	・空気タイヤの接地圧とタイヤ質量配分を変化させ，**土やアスファルト混合物などの締め固め**を行います．
振動ローラ	・自重のほかにドラムまたは車体に取り付けた起振体により鉄輪を振動させ，**砂質土の締め固め**を行います．
タンピングローラ	・**ローラの表面に突起をつけたもの**で，突起を利用して**土塊や岩塊の破砕や締め固め**を行います．
振動コンパクタ	・**平板に振動機を取り付け**て，その振動によって締め固めを行います．

問題 01 建設作業とその作業に使用する建設機械の組合せとして，不適当なものはどれか.

	建設作業	建設機械
(1)	整地	ブルドーザ
(2)	運搬	ベルトコンベア
(3)	削岩	ブレーカ
(4)	締固め	モータグレーダ

解答 (4) 締固めに使うのはロードローラで，図に示すモータグレーダは敷ならし（土砂を平らにならす）に用います.

問題 02 建設作業に使用する移動式クレーンの転倒事故を防止するための装置として，最も適当なものはどれか.

(1)　バケット　　(2)　逸走防止装置　　(3)　アウトリガ　　(4)　ブーム

解答 (3) アウトリガを張り出すことで，安定性が増し，転倒事故を防止できます.

問題 03 土木作業において，締固め作業で使用する建設機械として，最も不適当なものはどれか.

(1)　ロードローラ　　(2)　スクレーパ
(3)　ランマ　　(4)　振動コンパクタ

解答 (2) スクレーパは，掘削，積込み，運搬，捨土を行うのに用います.

06 測量

代表的な測量方法

① **平板測量**：製図用の平板に三脚を取り付けて，磁石・アリダード・巻尺などを用い，直接現地で作図しながら行う簡単な測量です．

② **水準測量**：地上の各点の高さを求める測量です．

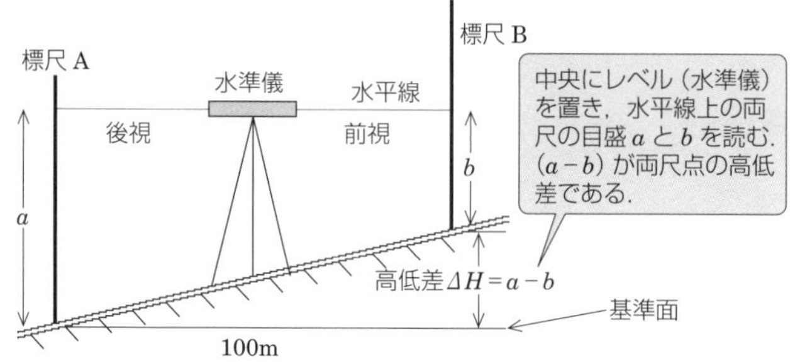

③ **スタジア測量**：スタジア（視距儀）を用いて行う間接的な距離測量で，トランシットまたはレベルの望遠鏡に視準線があり，視準線の上下にある2本の視距線（スタジア線）で，測点の箱尺の目盛りを読むことにより距離を求めます．

④ **トラバース測量**：多角測量とも呼ばれ，位置のわかっている点と未知の点を一続きの折れ線で連ね，既知点から出発し，一つの折線ごとに距離と方向角を測定し，次々と位置を決定して未知の点を測定する方法です．

問題 01 測量における水平角と鉛直角を測定する測角器械として，適当なものはどれか．

(1) 標尺（スタッフ）　(2) レベル
(3) アリダード　(4) セオドライト（トランシット）

解答 (4) セオドライトは，目標物をレンズで視準し，水平方向と垂直方向への回転させることにより，基準からの水平角度と鉛直角度を測定することができます．

問題 02 水準測量に関する用語として，関係のないものはどれか．

(1) 標高　(2) ベンチマーク　(3) 基準面　(4) トラバース点

解答 (4) トラバース点は，トラバース測量に関する用語です．

問題 03 測量に関する次の文章に該当する測量方法として，適当なものはどれか．
「アリダードなどの簡便な道具を用いて距離・角度・高低差を測定し，現場で直ちに作図する．」

(1) 三角測量　(2) 平板測量
(3) スタジア測量　(4) トラバース測量

解答 (2)「アリダードなどの簡便な道具を用いて距離・角度・高低差を測定し，現場で直ちに作図する．」のは，平板測量です．

問題 04 水準測量に関する記述として，誤っているものはどれか．

(1) 水準原点とは，日本の陸地の高さの基準となる点である．
(2) 基準面とは，ある点の高さを表す基準となる水準面である．
(3) 前視とは，既知点に立てた標尺の読みである．
(4) 中間点とは，必要な点の標高を求めるため，前視だけを読み取る点である．

解答 (3) 望遠鏡で，同一地点から前を視ることを前視，後を視ることを後視といいます．

問題 05 水準測量の誤差に関する記述として，不適当なものはどれか．

(1) 往復の測定を行い，その往復差が許容範囲を超えた場合は再度測定する．
(2) 標尺が鉛直に立てられない場合は，標尺の読みは正しい値より小さくなる．
(3) レベルの視準線誤差は，後視と前視の視準距離を等しくすれば小さくなる．
(4) 標尺の零点目盛誤差は，レベルの据付け回数を偶数回にすれば小さくなる．

解答 (2) 標尺が鉛直に立てられない場合は，標尺の読みは正しい値より大きくなります．

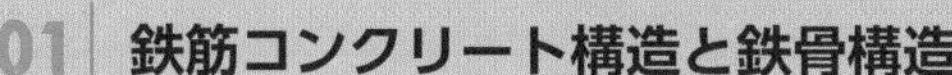

01 鉄筋コンクリート構造と鉄骨構造

鉄筋コンクリート構造（RC 造）

鉄筋コンクリート構造（RC 造：Reinforced Concrete Construction）は，**引張力に強い鉄筋**と，**圧縮力に強いコンクリート**の長所を生かしています．鉄筋は耐火性に乏しく，錆びやすい欠点がありますが，コンクリートで鉄筋を覆うことでこれをカバーしています．

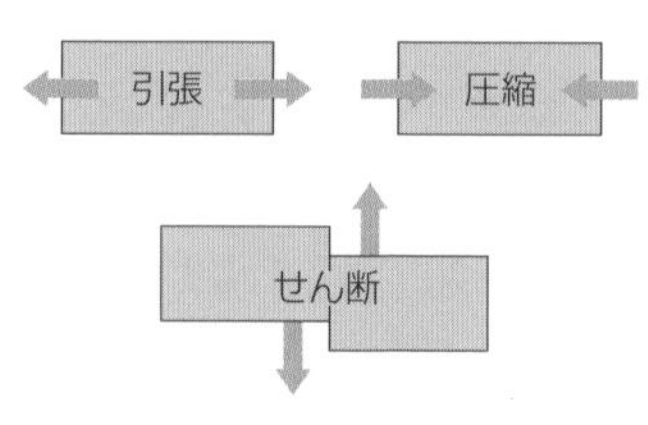

帯筋（おびきん）とあばら筋

鉄筋コンクリート構造の鉄筋のうち，**主筋**は引張力に耐え，柱の**帯筋**や梁（はり）の**あばら筋**（スターラップ）は，**せん断力に対する補強**のために使用されています．

○**柱に入っている鉄筋**＝主筋＋帯筋

○**梁に入っている鉄筋**＝主筋＋あばら筋

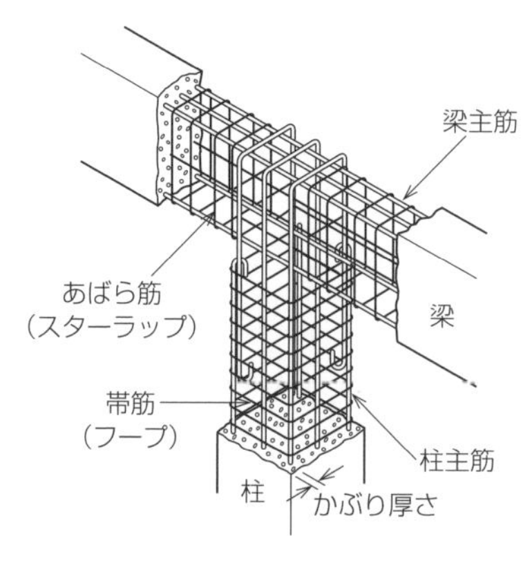

ラーメン構造とトラス構造

鉄骨構造（S 造：Steel）のうちラーメン構造とトラス構造は，下表のとおりです．

区　分	ラーメン構造	トラス構造
構造図	梁 柱	
説　明	全体を柱と梁を組み合わせて構成した**門形の軸組**で，剛接合の構造です．	部材の節点をピン接合とし，構造強度上有利な**三角形の鋼材を並べたかたちで構成した構造**で，体育館や鉄橋など比較的大きな空間をつくることができます．

問題 01　鉄筋コンクリート構造に関する記述として，最も不適当なものはどれか．

(1)　鉄筋に対するコンクリートかぶり厚さとは，鉄筋表面からコンクリート表面までの最短距離をいう．
(2)　鉄筋とコンクリートの付着強度は，丸鋼より異形鉄筋が大きい．
(3)　コンクリートの中性化が鉄筋の位置まで達すると，鉄筋は錆びやすくなる．
(4)　圧縮力に強い鉄筋と引張力に強いコンクリートの特性を，組み合わせたものである．

解答 (4) 鉄筋コンクリート構造は，**圧縮力に強いコンクリート**と**引張力に強い鉄筋**の特性を，組み合わせたものです．

問題 02　鉄筋コンクリート構造に関する記述として，最も不適当なものはどれか．

(1)　生コンクリートのスランプが小さいほど，粗骨材の分離やブリーディングが生じやすい．
(2)　常温時における温度変化によるコンクリートと鉄筋の線膨張係数は，ほぼ等しい．
(2)　空気中の二酸化炭素などにより，コンクリートのアルカリ性は表面から失われて，中性化していく．
(4)　鉄筋のかぶり厚さは，耐久性および耐火性に大きく影響する．

解答 (1) 生コンクリートの**スランプが大きいほど**，粗骨材の分離やブリーディングが生じやすいです．

問題 03 鉄筋コンクリート構造に関する記述として，最も不適当なものはどれか．

(1)　鉄筋の種類の記号は，丸鋼をR，異形鉄筋をSDで表す．
(2)　鉄筋端部にフックを設ける目的は，コンクリートとの付着強度を増加させるためである．
(3)　水セメント比を小さくすると，コンクリートの圧縮強度は大きくなる．
(4)　コンクリート打設後の養生期間は，強度を増加させるため長いほうが良い．

解答 (2) 鉄筋端部にフックを設ける目的は，定着長さを確保して，鉄筋がコンクリートから抜け出すことを防止するためです．
（参考）鉄筋の種類の記号で，丸鋼の**R**は（**Round bar**）**の略**，異形鉄筋の**SD**は（**Steel Deformed bar**）**の略**です．

問題 04 図に示す鉄筋コンクリート造の梁断面図において，アとイの名称の組合せとして，適当なものはどれか．

	ア	イ
(1)	あばら筋	腹筋
(2)	あばら筋	主筋
(3)	帯筋	腹筋
(4)	帯筋	主筋

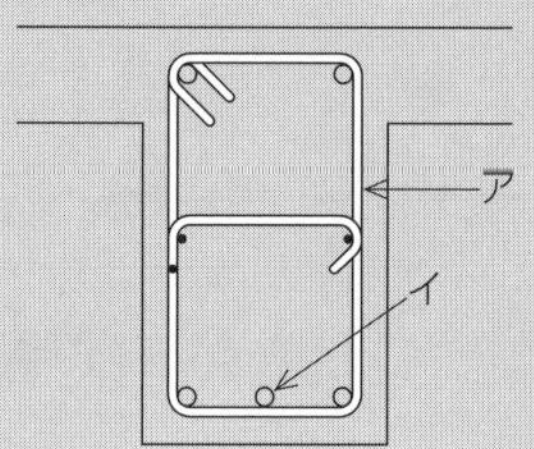

解答 (2) アはあばら筋，イは主筋（梁主筋）です．

問題 05 次の用語のうち，鉄骨構造の溶接欠陥に，関係のないものはどれか．

(1)　オーバラップ　　(2)　アンダーカット
(3)　ブローホール　　(4)　コールドジョイント

解答 (4) コールドジョイントは，コンクリート工事において，先に打設したコンクリートが固まって，後から打設したコンクリートと十分に一体化されず，できた**継ぎ目**のことです．

02 鉄骨鉄筋コンクリート構造

鉄骨鉄筋コンクリート構造（SRC造）

鉄骨鉄筋コンクリート構造（SRC造：Steel Reinforced Concrete）は，柱や梁などの骨組みを鉄骨で組み，その周囲に鉄筋を配置して，コンクリートを打ち込んで一体構造にしたものです．

鉄筋コンクリート造（RC造）と比べて，強度的に優れているため柱を細くでき，耐震性にも優れているため，**超高層や高層建築**に用いられます．

また，鉄骨造（S造）と比べて，耐火性に優れています．

問題 01 図に示す墨出しにおいて，イとロの名称の組合せとして，適当なものはどれか．

	イ	ロ
(1)	返り墨（逃げ墨）	陸墨（ろくずみ）
(2)	返り墨（逃げ墨）	にじり印
(3)	心墨	陸墨（ろくずみ）
(4)	心墨	にじり印

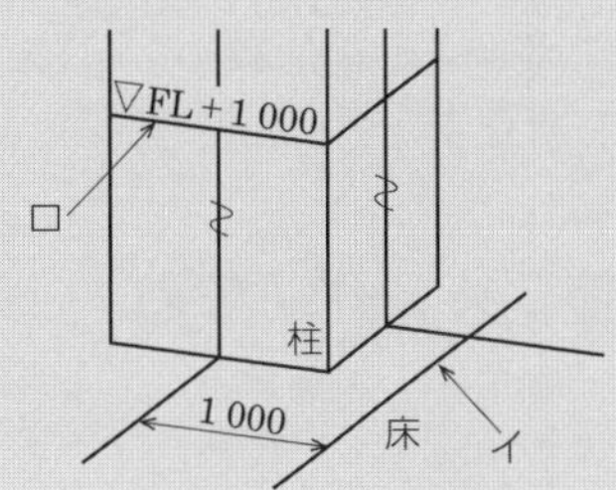

解答 (1) 墨出しとは，工事中に必要な線や位置などを床や壁などに表示する作業のことをいいます．

イは返り墨（逃げ墨）で，構造心や仕上げ面などから一定の距離を離したところに出されるものです．

ロは陸墨で，水平を出すために壁面に出されるものです．

なお，柱や壁の心の位置を示すのは心墨です．

15章 建築

16章 設計・契約関係

01 公共工事標準請負契約約款

第１条：総則

① **発注者及び受注者**は，この約款に基づき，設計図書に従い，日本国の法令を遵守し，この**契約**を**履行**しなければならない．

★設計図書＝別冊の図面＋仕様書＋現場説明書＋現場説明に対する質問回答書

② **受注者**は，契約書記載の工事を契約書記載の**工期内に完成**し，工事目的物を発注者に引き渡すものとし，**発注者**は，その**請負代金を支払う**ものとする．

③ **仮設**，**施工方法**その他工事目的物を完成するために必要な一切の手段については，この**約款及び設計図書に特別の定めがある場合を除き**，**受注者がその責任において定める**．

④ 受注者は，この契約の履行に関して知り得た秘密を漏らしてはならない．

⑤ この約款に定める請求，通知，報告，申出，承諾及び解除は，**書面**により行わなければならない．

第５条：権利義務の譲渡等

受注者は，この契約により生ずる**権利又は義務を第三者に譲渡**し，又は**承継させてはならない**．ただし，あらかじめ，発注者の承諾を得た場合は，この限りでない．

第６条：一括委任又は一括下請負の禁止

受注者は，工事の全部若しくはその主たる部分又は他の部分から独立してその機能を発揮する工作物の工事を一括して第三者に委任し，又は請け負わせてはならない．

第７条：下請負人の通知

発注者は，受注者に対して，**下請負人の商号又は名称その他必要な事項の通知を請求**することができる．

第９条：監督員

発注者は，監督員を置いたときは，その**氏名を受注者に通知**しなければならない．監督員を変更したときも同様とする．

第１０条：現場代理人及び主任技術者等

① 受注者は，現場代理人，主任技術者，監理技術者，専門技術者を定め，その**氏名などを発注者に通知**しなければならない．これらの者を変更したときも同様とする．

★現場代理人と主任技術者（監理技術者）及び専任技術者は兼任が可能

② **現場代理人**は，この契約の履行に関し，工事現場に常駐し，その運営，取締りを行うなどの**一切の権限を行使することができる.**

★現場代理人は金銭にまつわる事項の権限はない.

第 12 条：工事関係者に関する措置請求

① **発注者**は，**現場代理人，主任技術者，監理技術者，下請負人が不適当**と認められるときは，**受注者**に対して，その理由を明示した**書面**により，必要な措置をとるべきことを**請求**することができる.

② **受注者**は，**監督員がその職務の執行につき著しく不適当**と認められるときは，**発注者**に対して，その理由を明示した書面により，必要な措置をとるべきことを請求することができる.

★発注者，受注者とも書面での請求ができる．監督員は発注者側に置く人.

第 13 条：工事材料の品質及び検査等

① 工事材料の品質については，設計図書に定めるところによる．**設計図書にその品質が明示されていない場合**は，**中等の品質**を有するものとする.

② 受注者は，設計図書において監督員の検査を受けて使用すべきものと指定された工事材料については，検査に合格したものを使用しなければならない.

この場合において，**当該検査に直接要する費用は，受注者の負担**とする.

★受注者の準備すべき工事材料の検査費用は受注者が負担する.

③ 工事現場内に搬入した工事材料を**監督員の承諾を受けないで工事現場外に搬出してはならない.**

④ 検査の結果不合格の工事材料は，工事現場外に搬出しなければならない.

第 15 条：支給材料及び貸与品

① 支給材料及び貸与品の品名・数量等は，設計図書に定めるところによる.

② 監督員は，支給材料・貸与品の引渡しに当たっては，受注者の立会いの上，**発注者の負担において検査**しなければならない.

★発注者の支給材料・貸与品の検査費用は発注者が負担する.

第 18 条：条件変更等

① 受注者が工事の施工に当たり，次の事実を発見したときは，その旨を直ちに監督員に通知し，その確認を請求しなければならない.

＊図面，仕様書，現場説明書，現場説明に対する質問回答書が一致しないこと.

＊設計図書に誤謬又は脱漏があること．

＊設計図書の表示が明確でないこと．

＊工事現場の状況が，設計図書に示されたものと一致しないこと．

＊予期することのできない特別な状態が生じたこと．

② 監督員は，確認を請求されたときは，受注者立会いの上，直ちに調査を行わなければならない．調査の結果，必要があると認められるときは，設計図書の訂正又は変更を行わなければならない．

第 21 条：工期の延長

受注者は，天候の不良など受注者の責任のないことで，工期内に工事を完成することができないときは，理由を明示した書面により，発注者に工期の延長変更を請求することができる．

第 22 条：工期の短縮

発注者は，特別の理由により工期を短縮する必要があるときは，工期の短縮変更を受注者に請求することができる．

第 24 条：請負代金額の変更方法等

請負代金額の変更は，**発注者と受注者が協議**して定める．協議が整わない場合には，発注者が定め，受注者に通知する．

第 26 条：臨機の措置

受注者は，災害防止等のため必要があると認めるときは，臨機の措置をとらなければならない．この場合，必要があるときは，あらかじめ監督員の意見を聴かなければならない．ただし，緊急時や，やむを得ない事情があるときは，この限りでない．

第 28 条：第三者に及ぼした損害

① 工事の施工について**第三者に損害を及ぼしたときは，受注者が損害を賠償**しなければならない．

② 工事の施工に伴い**通常避けることができない**騒音，振動，地盤沈下，地下水の断絶等の**理由により第三者に損害を及ぼしたときは，発注者がその損害を負担**しなければならない．ただし，受注者が善良な管理者の注意義務を怠ったことにより生じたものについては，受注者が負担する．

★不可抗力による損害は，受注者に通知義務があり，発注者が負担する．

第 31 条：検査および引渡し

① 受注者は，工事を完成したときは，発注者に通知しなければならない．

② 発注者は，通知を受けたときは，**通知を受けた日から 14 日以内**に受注者

の立会いの上，設計図書に定めるところにより，工事の完成を確認するための**検査を完了**し，検査の結果を受注者に通知しなければならない.

③ 検査によって工事の完成を確認した後，受注者が工事目的物の引渡しを申し出たときは，**直ちに引渡し**を受けなければならない.

第 32 条：請負代金の支払

① 受注者は，工事完成検査に合格したときは，請負代金の支払を請求することができる.

② 発注者は，この請求があったときは，**請求を受けた日から 40 日以内に請負代金を支払**わなければならない.

第 34 条：前金払

① 受注者は，保証契約を締結し，その保証証書を発注者に寄託して，前払金の支払を発注者に請求することができる.

② 発注者は，この請求があったときは，**請求を受けた日から 14 日以内に前払金を支払**わなければならない.

第 36 条：前金払の使用等

受注者は，前払金をこの工事の材料費，労務費，機械器具の賃借料，機械購入費，動力費，支払運賃，修繕費，仮設費，労働者災害補償保険料，保証料に相当する額として必要な経費以外の支払に充当してはならない.

第 37 条：部分払

発注者は，出来形部分並びに工事現場に搬入済みの工事材料を確認し，部分払の請求があったときは，**請求を受けた日から 14 日以内に支払**わなければならない.

第 44 条：かし担保

① 発注者は，工事目的物にかしがあるときは，受注者に対して相当の期間を定めてそのかしの修補，修補に代わる損害賠償又はその両方を請求できる.

② この請求は，引渡しを受けた日から **1 年以内**に行わなければならない.

第 47 条：発注者の解除権

発注者は，受注者が次の場合に該当するときは，契約を解除できる.

* 正当な理由なく，**工事に着手すべき期日を過ぎても工事に着手しない**とき
* **工期内に完成しない**とき
* **主任技術者・監理技術者を設置しなかった**とき
* その他，**契約に違反し契約の目的を達することができない**と認められるとき

問題01　「公共工事標準請負契約約款」上，設計図書に含まれないものはどれか．

（1）図面　（2）仕様書　（3）現場説明書　（4）請負代金内訳書

解答 （4）設計図書は，次のものが該当し，請負代金内訳書は該当しません．

★設計図書＝別冊の図面＋仕様書＋現場説明書＋現場説明に対する質問回答書

問題02　公共建築工事の設計図書間に相違がある場合に，一般的に優先順位の最も高いものとして，適当なものはどれか．

（1）質問回答書　（2）特記仕様書
（3）標準仕様書　（4）図面（設計図）

解答 （1）設計図書間に相違がある場合には，優先順位に注意しなければなりません．優先順位の高いものから順に並べると，次のようになります．

❶質問回答書，❷現場説明書，❸特記仕様書，❹図面（設計図），❺標準仕様書

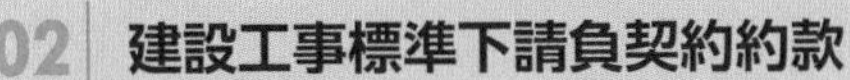

02 建設工事標準下請負契約約款

関係事項の通知

下請負人は，元請負人に対して，この工事に関し，次に掲げる事項を**契約締結後遅滞なく書面をもって通知**しなければならない．

元請 → 第一次下請 → 第二次下請

① 現場代理人および主任技術者の氏名
② 雇用管理責任者の氏名
③ 安全管理者の氏名
④ 工事現場において使用する一日当たりの平均作業員数
⑤ 工事現場において使用する作業員に対する賃金支払の方法
⑥ その他元請負人が工事の適正な施工を確保するために必要と認めて指示する事項

問題 01 下請負人が元請負人に対して書面をもって通知する事項として，「建設工事標準下請負契約約款」上，誤っているものはどれか．

(1) 安全衛生責任者の氏名
(2) 雇用管理責任者の氏名
(3) 工事現場において使用する１日当たりの平均作業員数
(4) 工事現場において使用する作業員に対する賃金支払いの方法

解答 (1) 安全衛生責任者の氏名ではなく，**安全管理者の氏名**です．

問題 02 下請負人が元請負人に対して契約締結後遅滞なく書面をもって通知する事項として，「建設工事標準下請契約約款」上，定められていないものはどれか．

(1) 現場代理人及び主任技術者の氏名
(2) 雇用管理責任者の氏名
(3) 安全管理者の氏名
(4) 主任電気工事士の氏名

解答 (4) 主任電気工事士の氏名は定められていません．

01 施工計画

施工計画とは？

施工計画とは，契約条件に基づいて，設計書に示された**品質**の工事を**工期内**に完成させるために，種々の制約の中で，**経済的**かつ**安全**かつ的確に施工する条件と方法を策定することです．

施工計画 ＝より良いものを，より安く，より早く，より安全にがモットーです！

（品質 Q：Quality）（コスト C：Cost）（工期 D：Delivery）（安全 S：Safety）

これらの実現には施工管理が必須！

↓

施工管理

施工管理は，安全の確保，環境保全への配慮といった社会的要件の制約の中で施工計画に基づき工事の円滑な実施を図ることで，品質管理，工程管理，原価管理の三つの柱によって支えられています．

施工管理＝品質管理＋工程管理＋原価管理＋安全管理

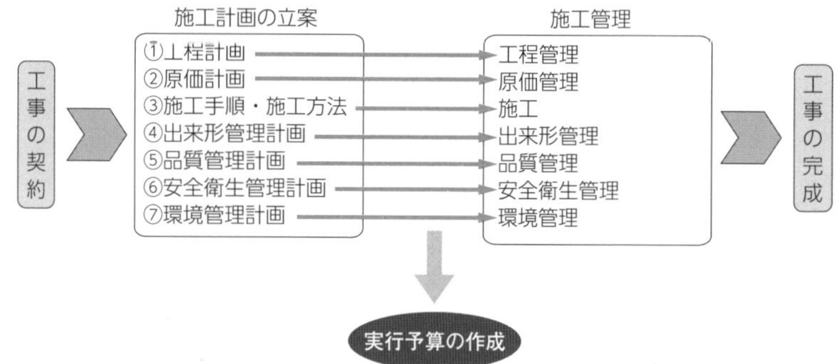

施工計画の作成手順

① 発注者との契約条件を理解し，現場条件を確認するため，**現地調査**を行います．

② 技術的検討および経済性などを考慮して施工方法の**基本方針**を定めます．

③ **工程計画**を立て，**工程表を作成**します．

④ 労務，材料などの調達および使用計画を立てます．

施工計画の方針決定に際しての留意事項

施工計画の方針決定に当たっては，次の事項に留意しなければなりません．

① 全体工期や工費に及ぼす影響の大きいものを優先して検討するようにします．
② **新しい工法の採用や改良**を試みます．
③ 理論や新工法に気をとられ過ぎ，過大な計画にならないように注意します．
④ 重要事項に対しては，全社的な取り組みをするようにします．
⑤ 労務・工事機械の円滑な回転を図り，コストの低減に努めます．
⑥ 経済的な工程に走ることなく，**安全，品質にも十分配慮する**ようにします．
⑦ 繰返し作業による作業効率の向上を図ります．
⑧ **複数案から最適案を導く**ようにします．
⑨ 発注者との協議を密に行い，発注者のニーズを的確に把握するようにします．

施工計画立案時の留意事項

施工計画立案時の留意事項は，次のとおりです．

① 設計図書の内容の詳細な検討，新工法や新材料などの検討
② 建築および他設備との工程の調整
③ 現場状況，電力・電話などの引込みなどの事前調査
④ 仮設設備*について，建築業者との打合せ
⑤ 適用法規の検討と必要な申請・届などの時期
⑥ 工期および原価に応じた資材・労務の手配
⑦ 安全管理体制を含めた現場組織

* **仮設設備**：工事施工に必要な仮設備で，資材機器置場，作業員詰所，仮宿舎，仮設水道，電力，照明，足場，安全保安装置などが該当します．

施工計画書の内容

施工計画書の内容は，次表のとおりで，**監督員に提出**し確認を受けなければなりません．

① 建築および電気設備の概要	⑥ **主要下請工事業者リスト**
② 仮設計画	⑦ **施工図作成予定表**
③ **現場組織表**	⑧ **官公庁申請・届提出予定表**
④ **総合工程表**	⑨ 搬入・揚重計画
⑤ **主要メーカーリスト**	⑩ 安全衛生管理計画

（注意 1）**網掛け部**の③～⑧は施工実施計画としてまとめられる場合もあります.

（注意 2）施工計画作成時に工事実施予算書も作成します.

★**施工計画書**は，工事全般について記載し，**請負者の責任において作成**するもので，**設計図書に特記された事項については監督員の承諾**を受けなければなりません.

問題 01 施工計画書の作成目的として，最も関係のないものはどれか.

(1) 施工能率を高めるため
(2) コスト目標を達成するため
(3) 施工技術を習得するため
(4) 工事を安全に行うため

解答 (3) 施工要領書は，施工技術を習得するのに利用できます.

問題 02 施工計画に関する記述として，最も不適当なものはどれか.

(1) 労務工程表は，必要な労務費を予測し工事を円滑に進めるために作成する.
(2) 安全衛生管理体制表は，安全および施工の管理体制の確立のために作成する.
(3) 総合工程表は，週間工程表を基に施工すべき作業内容を具体的に示して作成する.
(4) 搬入計画書は，建築業者や関連業者と打合せを行い，工期に支障のないように作成する.

解答 (3) 週間工程表は，総合工程表を基に施工すべき作業内容を具体的に示して作成します.

問題 **03** 施工計画に関する記述として，最も不適当なものはどれか．

(1)　労務工程表で作業種別ごとに稼働人員を積み上げてピークを把握し，稼働人員を平準化させ無理・無駄のない計画をする．
(2)　総合工程表により，作業種別ごとの作業間の工程調整や詳細な進捗管理をする．
(3)　主要機器の搬入工程表は，製作図作成，承認から現場搬入時の受入検査までの工程を書き表したものである．
(4)　進度曲線（曲線式工程表）は，工期と出来高の関係を示したものである．

解答▶ (2) 管理区分で，工事全体を示したのが**総合工程表**，対象期間を月単位にしたのが**月間工程表**，週単位にしたのが**週間工程表**です．したがって，総合工程表では，微細な内容はわかりません．

問題 **04** 総合工程表の作成に関する記述として，最も不適当なものはどれか．

(1)　工程的に動かせない作業がある場合は，それを中心に他の作業との関連性をふまえ計画する．
(2)　受変電設備，幹線などの工事期間は，受電の自主検査日より逆算して計画する．
(3)　受電日は，電気室の建築工事の仕上げ完了日をもとに計画する．
(4)　主要機器の工事工程は，製作期間，現場搬入時期，据付調整期間などを考慮して計画する．

解答▶ (3) 受電日は，電気室の電気工事の完了日を基に計画しなければなりません．

問題 **05** 新築事務所ビルの電気工事における総合工程表の作成に関する記述として，最も不適当なものはどれか．

(1)　諸官庁への書類の作成を計画的に進めるため，提出予定時期を記入する．
(2)　工程的に動かせない作業がある場合は，それを中心に他の作業との関連性をふまえ計画する．
(3)　関連する建築工程を記入して，電気工事との関連性をわかるようにする
(4)　仕上げ工事など各種の工事が集中する時期は，各作業を詳細に記入する．

解答　(4) 総合工程表は，各作業を詳細に記入するものではありません．

問題 06　新築工事の着手に先立ち作成する施工計画書の記載事項として，最も関係のないものはどれか．

(1)　現場施工体制表　　(2)　仮設計画
(3)　施工要領書　　(4)　官公庁届出書類一覧表

解答　(3) 施工要領書は，施工計画書を受けて専門業者が実際にどのように作業するのかを記入したものです．
(参考) 使用資材メーカの一覧表は施工計画書の記載項目で，機器承諾図は施工計画書の記載事項ではありません．

問題 07　施工計画書の作成に関する記述として，最も不適当なものはどれか．

(1)　施工要領書を作成し，それに基づき総合施工計画書を作成する．
(2)　施工要領書は，一工程の施工の確認手順および施工の具体的な計画を含めて作成する．
(3)　総合施工計画書は，施工体制，仮設計画および安全衛生管理計画を含めて作成する．
(4)　施工計画書は，工期内で完了できる工法を検討して作成する．

解答　(1) 総合施工計画書を作成し，それに基づき施工要領書を作成します．

問題 08　施工要領書に関する記述として，最も不適当なものはどれか．

(1)　施工前に工事監理者に提出し確認を受ける．
(2)　部分詳細や図表などを用いてわかりやすいものとする．
(3)　製造者が作成した資料を含んだものであってはならない．
(4)　原則として設計図書と相違があってはならない．

解答　(3) 施工要領書は，施工計画書を受けて専門業者が実際にどのように作業するのかを記入したもので，製造者が作成した資料を含んでもよい．

問題09 ★施工要領書に関する記述として，最も不適当なものはどれか．

(1) 施工図を補完する資料として活用できる．
(2) 原則として，工事の種別ごとに作成する．
(3) 施工品質の均一化および向上を図ることができる．
(4) 他の現場においても共通に利用できるようにする．
(5) 図面には，寸法，材料名称などを記載する．

解答 (4) 建設工事は受注生産で，個々の現場ごとにそれぞれ異なった特徴があり，それぞれの現場に見合った施工要領書を作成しなければならない．

問題10 ★施工要領書に関する記述として，最も不適当なものはどれか．

(1) 内容を作業員に周知徹底しなければならない．
(2) 部分詳細や図表などを用いてわかりやすいものとする．
(3) 施工図を補完する資料なので，設計者，工事監督員の承諾を必要としない．
(4) 一工程の施工の着手前に，総合施工計画書に基づいて作成する．
(5) 初心者の技術・技能の習得に利用できる．

解答 (3) 施工要領書は，設計者，工事監督員の承諾を必要とします．

問題11 大型機器の屋上への搬入計画を立案する場合の確認事項として，最も関係のないものはどれか．

(1) 搬入時期および搬入順序
(2) 搬入経路と作業区画場所
(3) 揚重機の選定と作業に必要な資格
(4) 搬入業者の作業員名簿

解答 (4) 搬入業者の作業員名簿は，搬入計画を立案する場合の確認事項とは関係ありません．

★：五肢択一問題もあります．

02 仮設計画

仮設計画とは？

仮設計画は，工事を施工するために必要な「**現場事務所，倉庫，作業所，水道，電力，電話，揚重施設，予想される災害や公害の対策，出入り口の管理，緊急時の連絡，火災・盗難予防対策など**」について，どのように設定し，工事期間中にどのように管理していくかを計画することです．

仮設計画の留意点

仮設計画に当たっては，次のことに留意しなければなりません．

① 仮設計画の良否は，工程その他の計画にも大きな影響を及ぼし工事の工程品質に影響します．このため，工事規模に合った適正な計画としなければなりません．

② 仮設計画は，安全の基本となるので，労働災害の発生の防止に努め，労働安全衛生法，電気事業法，消防法，その他関係法令を遵守して立案するようにします．

問題 01 仮設計画に関する記述として，最も不適当なものはどれか．

(1) 仮設計画は，安全の基本となるもので，関係法令を遵守して立案しなければならない．

(2) 仮設計画の良否は，工程やその他の計画に影響を及ぼし，工事の品質に影響を与える．

(3) 仮設計画は，すべて発注者が計画し設計図書に定めなければならない．

(4) 仮設計画には，火災予防や盗難防止に関する計画が含まれる．

解答 (3) **仮設計画**は，設計図書に示された指定仮設を除いて，**請負者がその責任において計画**しなければなりません．

問題 02　市街地における新築工事現場の仮設計画立案のための現地調査の確認事項として，最も重要度が低いものはどれか．

(1)　近隣の道路と交通状況および隣地の状況
(2)　仮囲い，現場事務所，守衛所などの予定位置
(3)　所轄の警察署，消防署および労災指定病院の位置
(4)　配電線，通信線，給排水管等の状況および計画引込予定位置

解答　(3) 所轄の警察署，消防署および労災指定病院の位置は，最も重要度が低いです．

03 届出・申請・報告書類と申請先

届出・申請・報告

工事の着手に先立ち，法令に定められた届出・申請をしておかねばなりません．また，工事中に発生したトラブルなどに対しても報告義務のあるものがあります．

区　分	届出・申請・報告名称	届出・申請・報告先
道　路	**道路占用許可申請**	**道路管理者**
	道路使用許可申請	**警察署長**
建　築	**建築確認申請**	**建築主事または指定確認検査機関**
	高層建築物等予定工事届	総務大臣
消　防	**消防用設備等設置届**	**消防長または消防署長**
電　気	**電気工作物の保安規程の届出**	**経済産業大臣または産業保安監督部長**
公　害	ばい煙発生施設の設置届出	都道府県知事または市長
	騒音・振動特定施設の設置届出	市町村長
航　空	航空障害灯及び昼間障害標識設置届	地方航空局長
労　働	適用事業報告	所轄労働基準監督署長
	労働者死傷病報告	**所轄労働基準監督署長**

問題01 法令に基づく申請書等と提出先等の組合せとして，誤っているものはどれか．

	申請書等	提出先等
(1)	建築基準法に基づく「確認申請書（建築物）」	建築主事または指定確認検査機関
(2)	労働安全衛生法に基づく「労働者死傷病報告」	所轄労働基準監督署長
(3)	道路交通法に基づく「道路使用許可申請書」	所轄警察署長
(4)	電波法に基づく「高層建築物等予定工事届」	国土交通大臣

解答 (4) 電波法に基づく「高層建築物等予定工事届」の提出先は，総務大臣です．

01 工程管理と工程計画

工程管理の意義

工程管理は，単に**工事の時間的な管理**だけではありません．検討段階では，施工方法，資材の発注や搬入，労務手配，安全の確保など，**施工全般についての判断と経済性の面も考慮した管理**としなければなりません．

工程計画立案時の手順

工程計画の立案の手順は，次のとおりです．

① 工事を**単位作業に分割**します．

② **施工順序を組み立て**ます．

③ 単位作業の**所要時間を見積もり**ます．

④ 工期内に納まるように修正して**工程表を作成**します．

工程計画立案時の留意事項

工程計画の立案時には，次の事項に留意しなければなりません．

① 建築工程や他設備工程との調整

② 受電日など節目となる日の決定

③ 外注する主要機器の納期

④ 1日平均作業量の算定と作業可能日数の把握

⑤ 毎日の作業員の人数の平均化

⑥ 品質やコストの考慮

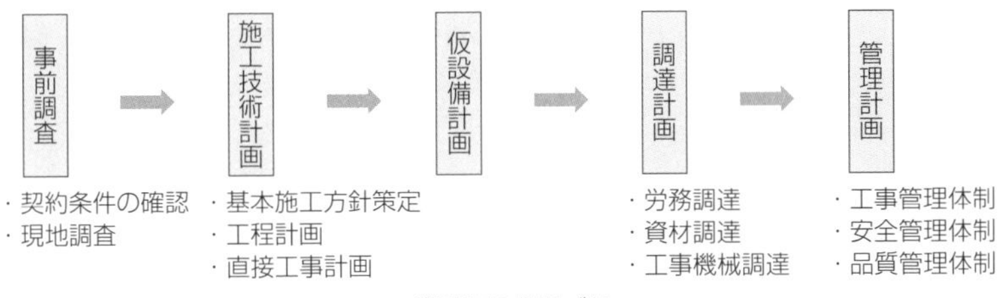

工程計画の位置づけ

問題 01　工程管理の一般的な手順として，適当なものはどれか．ただし，ア～エは手順の内容を示す．

ア：計画した工程と進捗との比較
イ：作業の実施
ウ：月間・週間工程の計画
エ：工程計画の是正処置

(1)　ア→ウ→エ→イ　　(2)　ア→ウ→イ→エ
(3)　ウ→イ→ア→エ　　(4)　ウ→イ→エ→ア

解答 (3) 工程管理の一般的な手順はＰＤＣＡ（計画→実施→検討→処置）の順で，次のとおりです．
ウ：月間・週間工程の計画→イ：作業の実施→ア：計画した工程と進捗との比較→エ：工程計画の是正処置

問題 02　工程管理に関する記述として，最も不適当なものはどれか．

(1)　常にクリティカルな工程を把握し，重点的に管理する．
(2)　屋外工事の工程は，天候不順などを考慮して余裕をもたせる．
(3)　工程が変更になった場合には，速やかに作業員や関係者に周知徹底を行う．
(4)　作業改善による工程短縮の効果を予測するには，ツールボックスミーティングが有効である．

解答 (4) ツールボックスミーティング（TBM）や危険予知訓練（KYK）は安全管理に関する活動です．

02 工程・原価・品質の相互関係

工程・原価・品質の相互関係

工程・原価・品質の相互関係は，図のようになります．

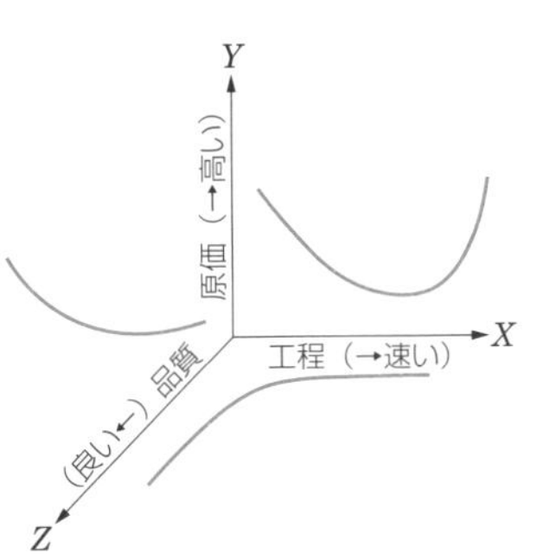

① 原価と工程は凹形の曲線関係となり，工事の施工の速さ（施工速度）を上手く選ぶと原価は最小になります．

経済速度 ＝ 原価が最小になる施工速度

② 品質を良くするには，時間をかけることになり，逆に原価は高くなります．

03 予定進度曲線（Sカーブ）

予定進度曲線とバナナ曲線

一般的な新築建物の電気工事などにおいて，工期と出来高の関係を表す曲線として，予定進度曲線があります．**予定進度曲線**は，横軸に工期（時間），縦軸に工程（出来高）をとっています．

この曲線は，労力などの平均施工速度を基礎として作成されるもので，直線とはならずにアルファベットのSに似たS字形の曲線となるので**Sカーブ**とも呼びます．これは，**最初と最後は準備と後始末で，出来高が上がらない**からです．**出来高は，工程の中間期で直線的に上がります．**

実際の工程管理では，この曲線に管理幅をもたせ，上方許容限界曲線と下方許容限界曲線を描いた**バナナ曲線**（形がバナナに似ている）を用います．

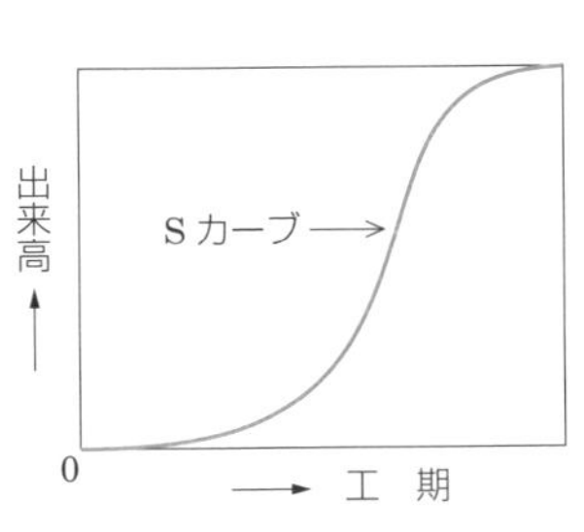

予定進度曲線

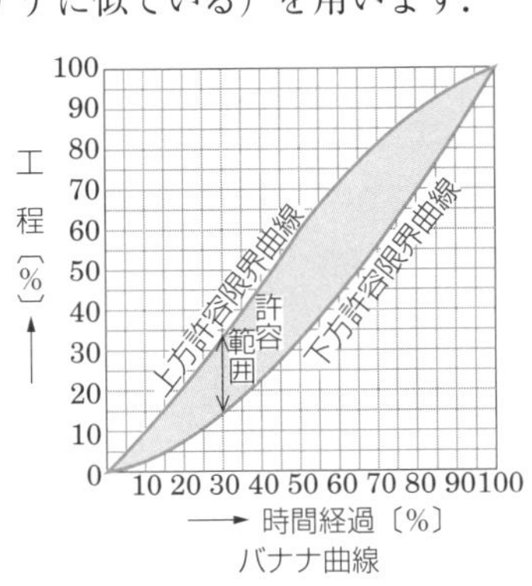

バナナ曲線

問題 01　工程管理に関する記述として，最も不適当なものはどれか．

(1)　施工速度を上げるほど，一般に品質は低下しやすい．
(2)　進捗度曲線は，工期と出来高の関係を示したものである．
(3)　月間工程表で工事の進捗を管理し，週間工程表で詳細に検討および調整を行う．
(4)　総合工程表は，仮設工事を除く工事全体を大局的に把握するために作成する．

解答 (4) 総合工程表は，仮設工事を含め工事全体を大局的に把握するために作成します．

問題 02　工程管理に関する記述として，最も不適当なものはどれか．

(1)　施工完了予定日から所要時間を逆算して，各工事の開始日を設定する．
(2)　総合工程表は，検査を除く工事全体を大局的に把握するために作成する．
(3)　人工(にんく)山積表を用いた工程管理は，稼働人数を平準化して効率的な労務管理ができる．
(4)　施工速度を上げるほど，一般に品質は低下しやすい．

解答 (2) 総合工程表は，検査を含め工事全体を大局的に把握するために作成します．

04 工程表の種類と比較

工程表の種類

工程を表すのに用いる表が工程表で，代表的なものに，ガントチャート，バーチャート，ネットワーク工程表があります．

① ガントチャート

横線式工程表で，縦軸に作業名，横軸に達成度〔%〕を示したものです．
個別作業の進捗度は判明しますが，工期や作業日数，作業の相互関係は不明です．

達成度 / 作業名	10	20	30	40	50	60	70	80	90	100 %
準備作業										
配管工事										
接地工事										
入線工事										
中間接続工事										
端末処理結線										
塗装工事										
後片づけ										

② バーチャート

横線式工程表で，縦軸に作業名，横軸に暦日（年月日）を示したものです．
作表が容易で，作業日数は明確ですが，作業の相互関係や進度は漠然としかわかりません．**Sカーブを付加したタイプのものは，これらがある程度改善**されます．

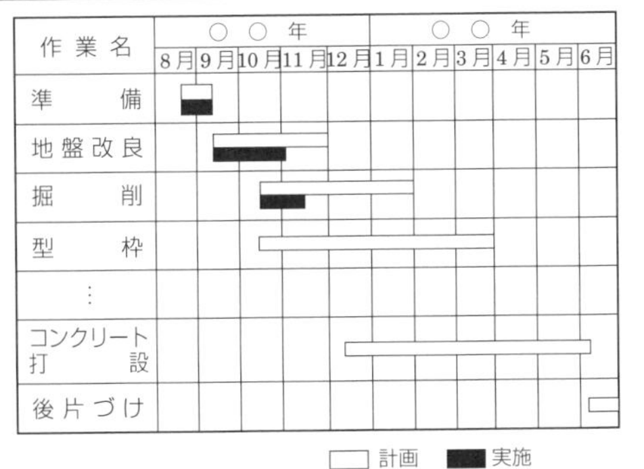

③ ネットワーク工程表

作業名（A～G）や日数（作業名の下の数字）を記入し，作業順序に組み立てたものです．
作業の相互関係がシッカリとわかり，進度管理も確実に行えます．

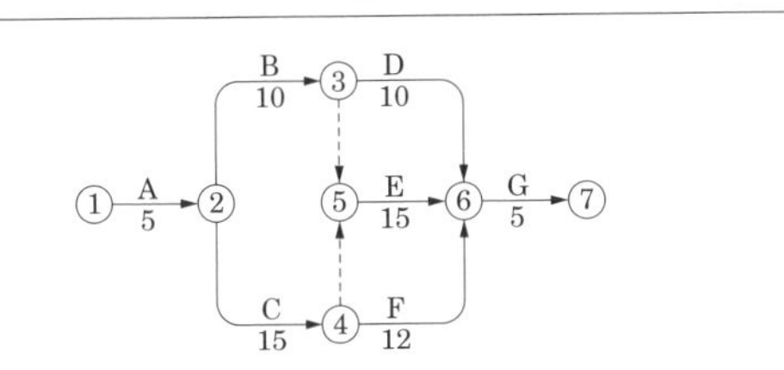

工程表の比較

工程表を比較すると，次表のようになります．ネットワーク工程表は，作成に知識と熟練を要するものの，進度管理の優秀さから大規模工事や工程の輻輳した管理に使用されます．

比較項目	ガントチャート	バーチャート	ネットワーク工程表
① 作成の難易度	○	○	×
② 作業の手順	×	△	○
③ 作業の所要日数	×	○	○
④ 作業の進行状況	○	○	○
⑤ 工程に影響する作業	×	×	○

〔注〕○：判明（容易），△：少し判明（少し困難），×：不明（困難）

問題 01 図に示すタクト工程表の特徴に関する記述として，最も不適当なものはどれか．

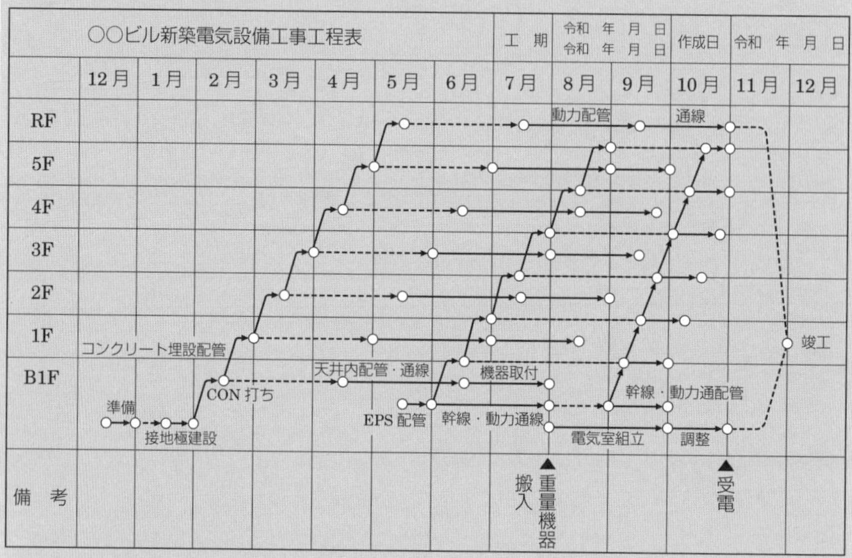

(1)　全体工程表の作成に多く用いられる．

(2)　出来高の管理が容易である．

(3)　繰返し工程の工程管理に適している．

(4)　工期の遅れなど状況の把握が容易である．

解答 (2) タクト工程表は，縦軸を階層，横軸を暦日とし，同種の作業を複数の工区や階で繰返し実施する場合の工程管理に適しており，システム化されたフローチャートを階段状に積み上げた工程表です．タクト工程表には出来高の情報がないので，出来高の管理はできません．

問題 02 図に示す工程管理に用いる図表の名称として，適当なものはどれか.

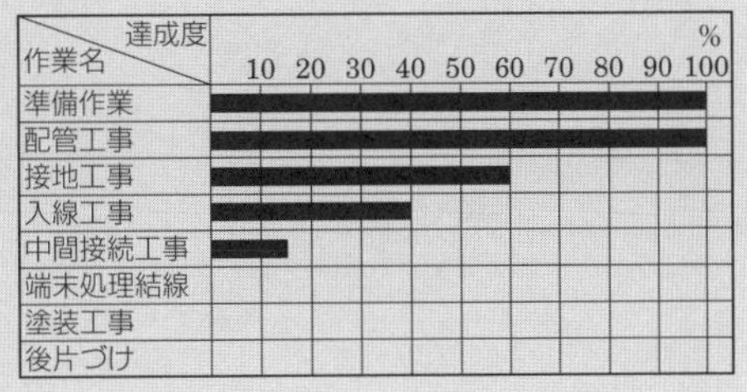

(1) ガントチャート工程表
(2) バーチャート工程表
(3) QC 工程表
(4) タクト工程表

解答 (1) **縦軸に作業名，横軸に達成度〔%〕**を示しているので，ガントチャートです.

問題 03 バーチャート工程表と比較した，アロー形ネットワーク工程表の特徴に関する記述として，最も不適当なものはどれか.

(1) 計画と実績の比較が容易である.
(2) 各作業の余裕時間が容易にわかる.
(3) 各作業との関連性が明確で理解しやすい.
(4) クリティカルパスにより，重点的工程管理ができる.

解答 (1) バーチャート工程表は，計画（□）と実績（■）がバーで表されているので，視覚的に容易に計画と実績が比較できます.

問題 04 図に示す工程管理に用いる工程表の名称として，適当なものはどれか.

月日 / 作業内容	4月			5月			6月			7月			8月			9月			備考
	10	20	30	10	20	30	10	20	30	10	20	30	10	20	30	10	20	30	
準備作業																			
配管工事																			
配線工事																			
機器据付工事																			
盤類取付工事																			
照明器具取付工事																			
弱電機器取付工事																			
受電設備工事																			
試運転・調整																			
検査																			

(1) タクト工程表　(2) バーチャート工程表
(3) ガントチャート工程表　(4) QC 工程表

解答 (2) 縦軸に作業内容，横軸に暦日（年月日）が示されているので，バーチャート工程表です．

問題 05 ★建設工事の工程管理で採用する工程表に関する記述として，最も不適当なものはどれか．

(1) ある時点における各作業ごとの進捗状況が把握しやすい，ガントチャートを採用した．
(2) 各作業の完了時点を横軸で100%としている，ガントチャート工程表を採用した．
(3) 各作業の手順が把握しやすい，バーチャート工程表を採用した．
(4) 各作業の所要日数が把握しやすい，バーチャート工程表を採用した．
(5) 工事全体のクリティカルパスが把握しやすい，バーチャート工程表を採用した．

解答 (5) バーチャート工程表では，クリティカルパス（最長経路）の把握はできません．工事全体のクリティカルパスが把握できるのは，ネットワーク工程表です．

問題 06 ★建設工事において工程管理を行う場合，バーチャート工程表と比較した，ネットワーク工程表の特徴に関する記述として，最も不適当なものはどれか．

(1) 各作業の関連性を明確にするため，ネットワーク工程表を用いた．
(2) 計画出来高と実績出来高の比較を容易にするため，ネットワーク工程表を用いた．
(3) 各作業の余裕日数が容易にわかる，ネットワーク工程表を用いた．
(4) 重点的工程管理をすべき作業が容易に分かる，ネットワーク工程表を用いた．
(5) どの時点からもその後の工程が計算しやすい，ネットワーク工程表を用いた．

解答 (2) 計画出来高と実績出来高の比較を容易にするのは，計画出来高と実績出来高の比較を容易にするためSカーブを記入したタイプのバーチャート工程表です．

問題07 アロー形ネットワーク工程表に関する記述として，不適当なものはどれか．

(1) アクティビティは，作業活動，材料入手など時間を必要とする諸活動を示す．

(2) イベントに入ってくる先行作業がすべて完了していなくても，後続作業は開始できる．

(3) アクティビティが最も早く開始できる時刻を，最早開始時刻という．

(4) デュレーションは，作業や工事に要する時間のことであり矢線の下に書く．

解答 (2) イベントに入ってくる先行作業がすべて完了していなければ，後続作業は開始できません．

問題08 ★図に示すネットワーク工程表の各作業に関する記述として，不適当なものはどれか．

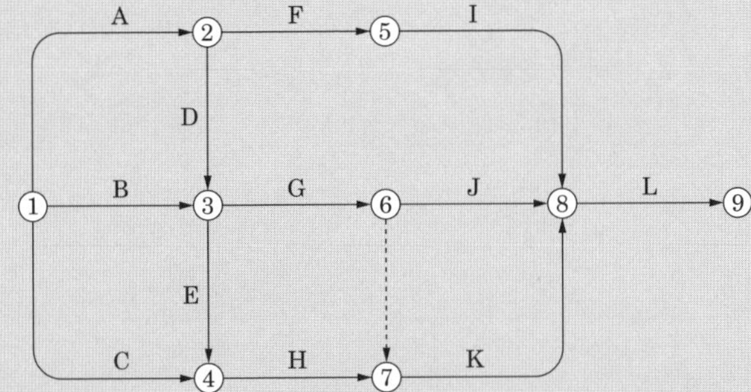

(1) 作業Bが終了していなくても，作業Aが終了すると，作業Fが開始できる．

(2) 作業Cと作業Eが終了すると，作業Hが開始できる．

(3) 作業Gが終了すると，作業Jが開始できる．

(4) 作業Gが終了していなくても，作業Hが終了すると，作業Kが開始できる．

(5) 作業Iと作業Jと作業Kが終了すると，作業Lが開始できる．

解答 (4) ダミー（┈┈┈►）に注意する必要があり，「**作業Gと作業Hが終了すると，作業Kが開始できる．**」が正しい記述となります．

問題 09　★図に示すネットワーク工程表の所要工期（クリティカルパス）として，正しいものはどれか．

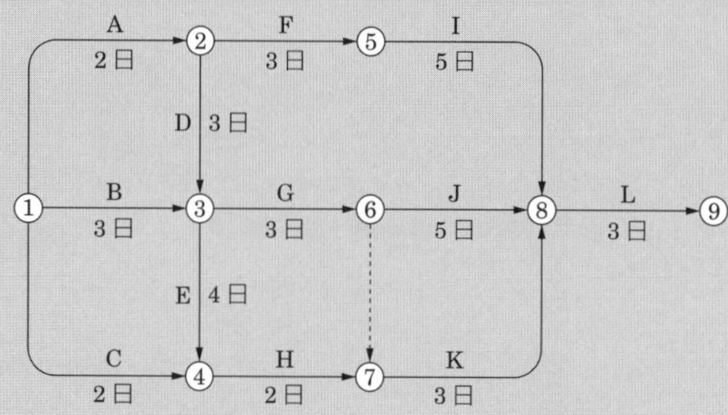

（1）　10日　　（2）　12日　　（3）　14日　　（4）　17日　　（5）　19日

解答 （4）最早開始時刻の計算は，たし算でよく，ぶつかる場合には大きい数値を採択します．結果は，下図の各イベントの右上の青丸内の数値になります．イベント⑨の部分の最早開始時刻を読み取ると17日です．

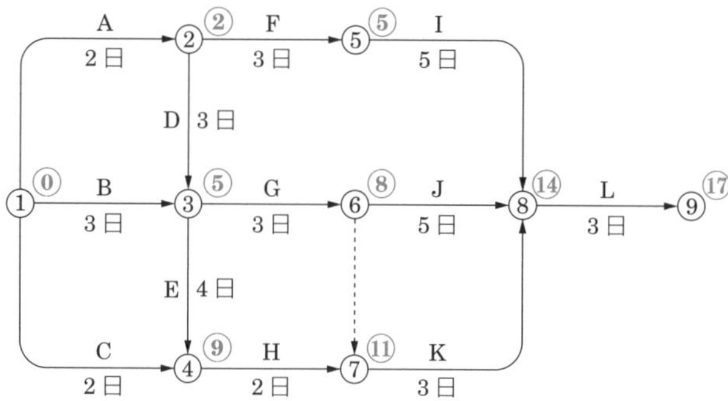

01 品質管理とデミングサイクル

品質管理とは？

品質管理とは,「**買い手の要求に合った品質の品物またはサービスを経済的につくり出すための手段の体系**」をいい, 略して QC (Quality Control) といいます.

品質管理の効果的な実施

品質管理を効果的に実施するには, **市場調査→研究・開発→製品の企画→設計→生産準備→購買・外注→製造→検査→販売→アフターサービス**といった全段階にわたって企業全員の参加と協力が必要です.

なお, 企業全体で品質管理に取り組むことを全社的品質管理 (CWQC) または総合的品質管理 (TQC) といいます.

デミングサイクル

アメリカの品質管理学者のデミングが提唱した「品質を重視する意識」に基づいた品質管理活動です. 具体的には, 次の PDCA の四つの段階を経て, さらに新たな計画に至るプロセスにつなげる繰返しサークルです.

計画 (Plan) →実施 (Do) →検討 (Check) →処置 (Action)

このサークルをデミングサイクルといいます.

デミング

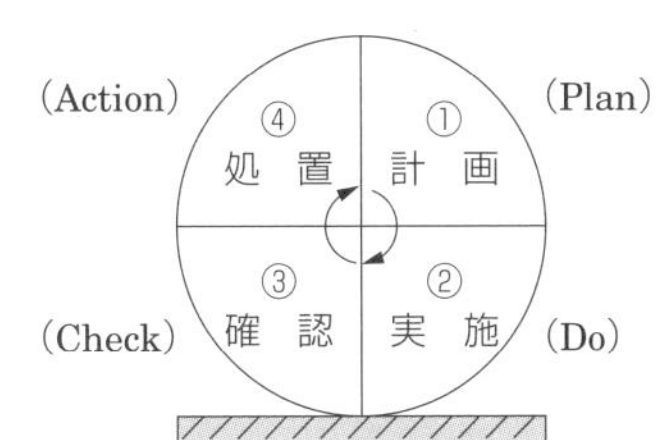

デミングサイクル

品質管理の効果

品質管理を工事の全段階に取り入れると, 設計図書で示された品質を満足するよう, 問題点や改善方法を見出しながら経済的につくるため, 次の効果があります.

① 品質が向上することによって, 不良品の発生やクレームが減少します.

② 品質が均一化されるので, 信頼性が向上します.

③ 無駄な作業や手直しがなくなる結果, コストが下がります.

④ 新しい問題点や改善方法が発見できます.

⑤ 検査の手数を大幅に減少させられます.

02 QC 七つ道具

QC 七つ道具

品質管理（Quality Control）において，主に統計データを元に分析するために利用される代表的な手法を，QC 七つ道具といいます．

名　称	表現方法	特徴など
グラフ・管理図	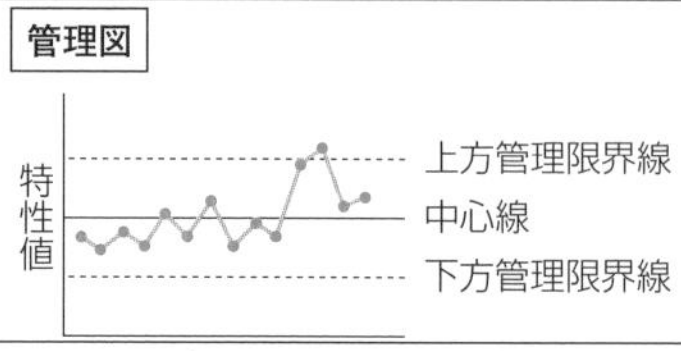 管理図 特性値 / 上方管理限界線 / 中心線 / 下方管理限界線	グラフ：棒グラフや円グラフなど，データを視覚表現するので比較や変化を容易に把握できる． 管理図：連続した観測値や群の統計量を時間順やサンプル番号順に打点したもので，**工程の異常発生を未然に防ぐ**ことができる．
パレート図	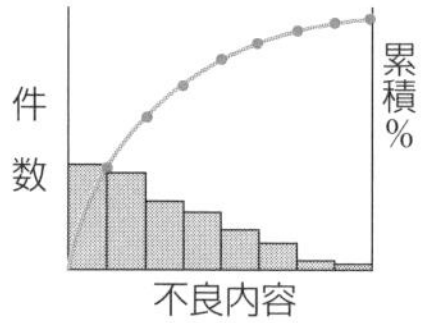 件数 / 累積% / 不良内容	不良件数の多いものから順に並べると同時に累積%を表示することで，**品質不良の重点対策方針を設定**できる．
特性要因図	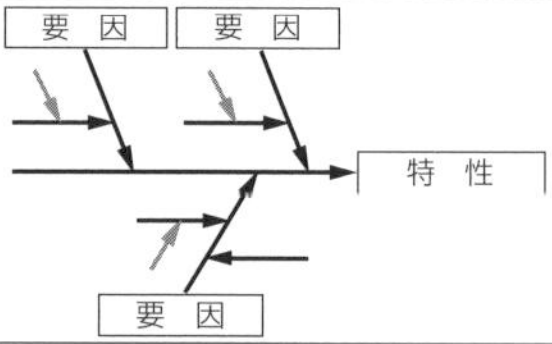 要因 / 要因 / 特性 / 要因	・形から**魚の骨**とも呼ばれ，特性（結果）と要因（原因）の関係を系統的に図解することで，**原因追及が容易**になる． ・多数の関係者の経験や知識を集め，ブレインストーミングをもとに作成する．
ヒストグラム	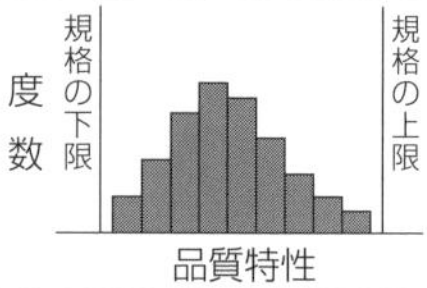 度数 / 規格の下限 / 規格の上限 / 品質特性	**柱状図**とも呼ばれ，**データのバラツキの分布**状態から**工程の問題点を推察**できる．
散布図	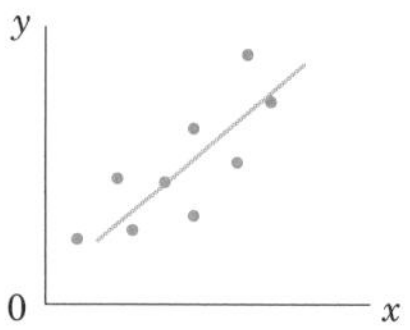 y / 0 / x	二つの要素の観測値をプロットすることで，これらの間に**相関があるかどうか**がわかる．
チェックシート	品名 / 検査日 品番 / 検査員 検査項目 / 計 キズ ●●● 3 汚れ ●● 2 表示不良 ●●●●● 5 計 10 検査数 1 000 / 不良率 1.0%	チェックするだけの作業で，必要なデータが集められ，**重大なミスを防止**できる．
層　別	漠然としているデータ群が，層別することで**特徴を現してくる**．	

問題 01 図に示す品質管理に用いる図表の名称として，適当なものはどれか.

(1) ヒストグラム
(2) ダイヤグラム
(3) パレート図
(4) 管理図

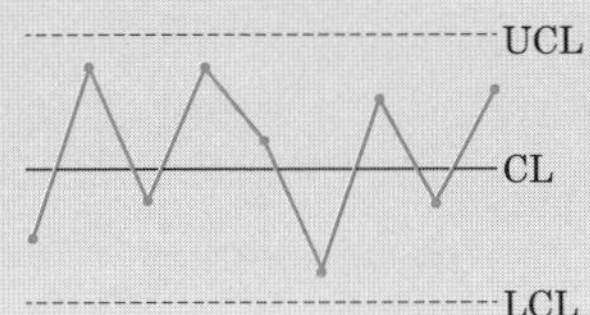

解答 (4) 連続した観測値や群の統計量を時間順やサンプル番号順に打点したものは，**管理図**です.

なお，図中の UCL は上方管理限界線，CL は中心線，LCL は下方管理限界線です.

問題 02 図に示す品質管理に用いる図表の名称として，適当なものはどれか.

(1) パレート図
(2) 特性要因図
(3) 管理図
(4) ヒストグラム

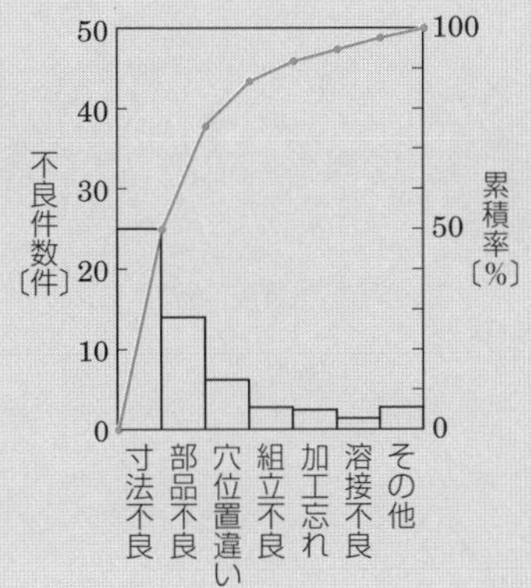

解答 (1) 不良項目の要因を**棒グラフ**でまとめて大きい順に並べ，それと**累積度数分布線**を描いたものは，**パレート図**です．パレート図から，大きな不良項目や不良項目の全体に占める割合がわかります.

パレート図 = **累積度数分布図**

19章 品質管理

問題 03　図に示す品質管理に用いる図表の名称として，適当なものはどれか．

(1)　レーダーチャート

(2)　管理図

(3)　特性要因図

(4)　パレート図

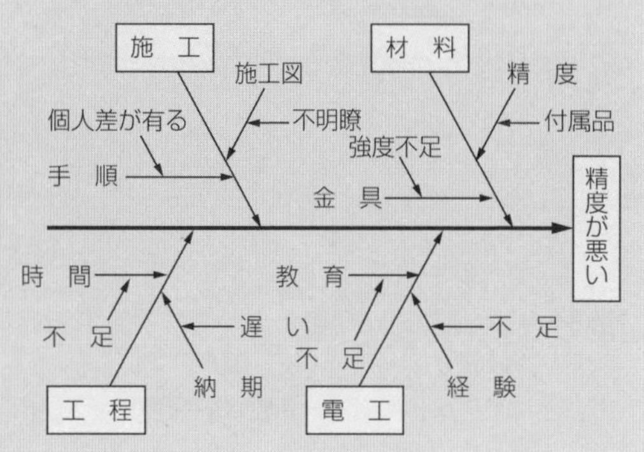

解答　(3) **特性要因図**で，その形から**魚の骨**とも呼ばれ，特性（結果）と要因（原因）の関係を系統的に図解することで，**原因追及が容易**になります．

問題 04　★図に示す電気工事の特性要因図において，ア，イ，ウに記載されるべき主な要因の組合せとして，適当なものはどれか．

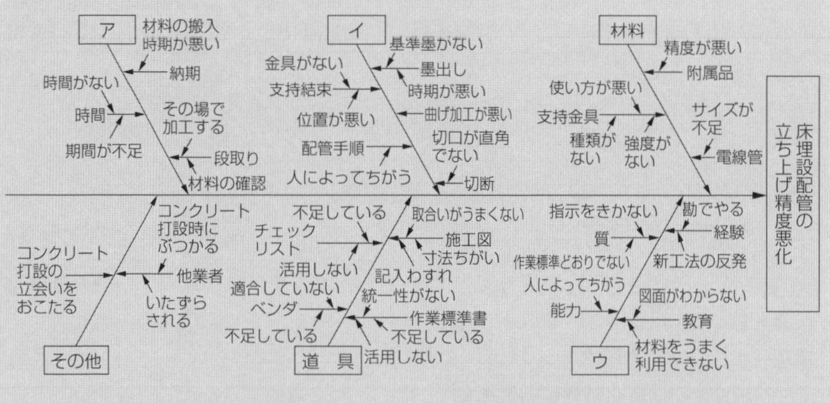

	ア	イ	ウ
(1)	工程	施工	作業者
(2)	工程	搬入	検査
(3)	設計	施工	検査
(4)	設計	搬入	作業者
(5)	設計	施工	作業者

解答 (1) 主な要因を知る問題で，ア，イ，ウのそれぞれの小枝や孫枝にヒントがあります．

ア　工程→納期，時間，段どりなど

イ　施工→切断，曲げ加工，配管手順など

ウ　作業者→経験，教育，能力など

問題 05 品質管理に関する次の記述に該当する用語として，適当なものはどれか．

「2つの特性を横軸と縦軸にとり，測定値を打点して作る図で，相関の有無を知ることができる.」

(1)　管理図　　(2)　散布図　　(3)　パレート図　　(4)　ヒストグラム

解答 (2) 散布図は，「二つの特性を横軸と縦軸とし，観測点を打点して作るグラフ表示」で，分布の状態により，品質特性とこれに影響を与える原因などの**2変数の相関関係**がわかります．

図のように，右上がりの関係があるものは，**正の相関**があるといい，右下がりのものは**負の相関**があるといいます．相関がなければ**無相関**であるといいます．

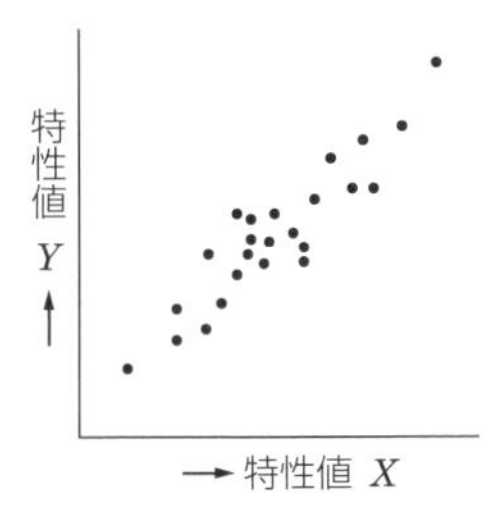

問題 06 図に示す品質管理に用いる図表の名称として，適当なものはどれか．

(1)　管理図

(2)　特性要因図

(3)　パレート図

(4)　ヒストグラム

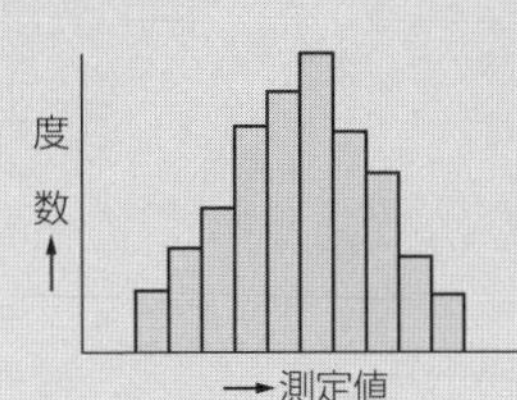

解答 (4) 測定値をいくつかの区間に分け，測定値の度数に比例する面積の長方形を並べた図（柱状図）はヒストグラムです．ヒストグラムから，規格や標準値からのズレがわかります．

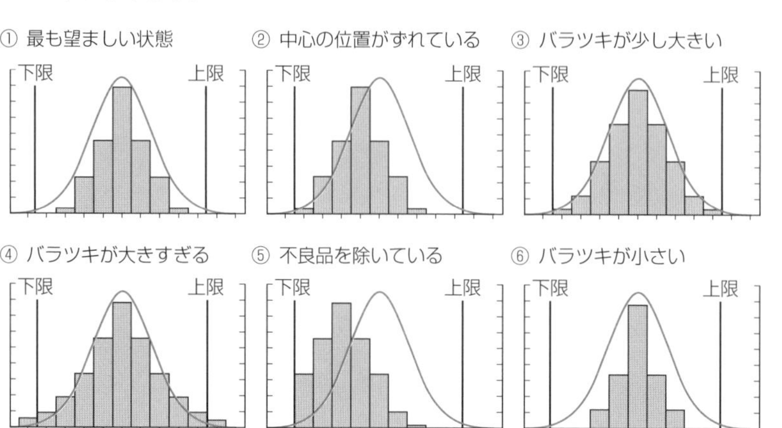

問題 07 ★図に示す電気工事におけるパレート図において，品質管理に関する記述として，最も不適当なものはどれか．

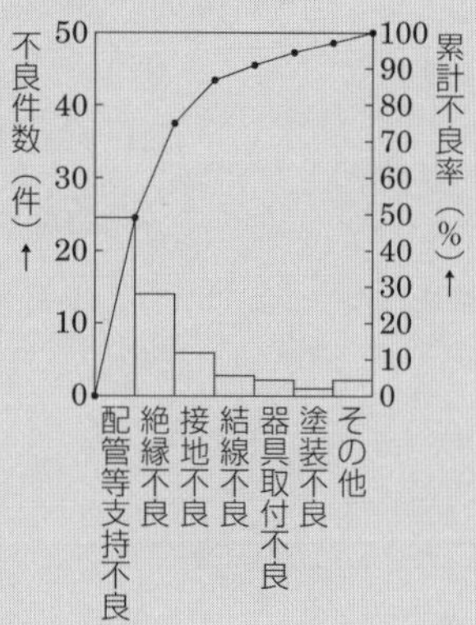

(1)　不良件数の多さの順位がわかりやすい．

(2)　工事全体の不良件数は，約 50 件である．

(3)　配管等支持不良の件数が，工事全体の不良件数の約半数を占めている．

(4)　工事全体の損失金額を効果的に低減するためには，配管等支持不良の項目を改善すればよい．

(5)　配管等支持不良，絶縁不良，接地不良および結線不良の各項目を改善すると，工事全体の約 90% の不良件数が改善できる．

解答 (4) パレート図には，損失金額に関する情報は一切ないので，損失金額について論ずることはできません．

01 建設業法の目的と許可

建設業法の目的

この法律は，「建設業を営む者の**資質の向上**，建設工事の**請負契約の適正化**等を図ることによって，建設工事の**適正な施工を確保**し，**発注者を保護**するとともに，建設業の健全な発達を促進し，もって**公共の福祉の増進に寄与**することを目的とする.」としています.

建設業の用語の定義

① **発注者**：建設工事（ほかの者から請け負ったものを除く）の**注文者**

② **元請負人**：**下請契約における注文者**で建設業者であるもの

③ **下請負人**：**下請契約における請負人**

建設業の許可の種類

建設工事の種類は **29 業種**あり，この業種・一般建設業と特定建設業の区分ごとに許可を受けなければならない．また，**5 年ごとに許可の更新**が必要です.

① **一般建設業**：**特定建設業以外**のものをいう.

② **特定建設業**：発注者から**直接請負工事（元請工事）の下請代金の総額が，4 000 万円以上**（建築一式工事は 6 000 万円以上）となる工事を施工するもの.

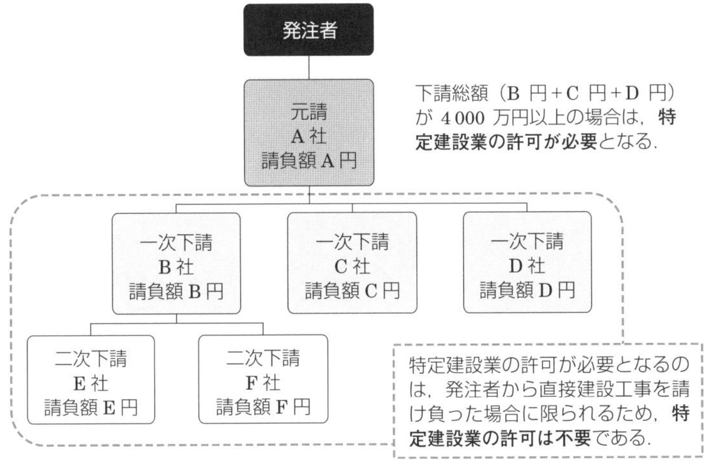

（注意 1）建築一式工事以外（電気工事など）で，**500 万円未満の工事しか行わないものは，建設業の許可は不要**です.

（注意 2）一般建設業の許可を受けた者が，**同じ業種の特定建設業の許可**を受けたときは，**一般建設業の許可は，その効力を失います．**

建設業の許可を与える者

建設業を営もうとする者は，次の区分に応じて許可を受けなければならない．

① **二以上の都道府県の区域内に営業所**を設ける場合⇒ **国土交通大臣の許可**

② **一の都道府県の区域内にのみ営業所**を設ける場合⇒ **都道府県知事の許可**

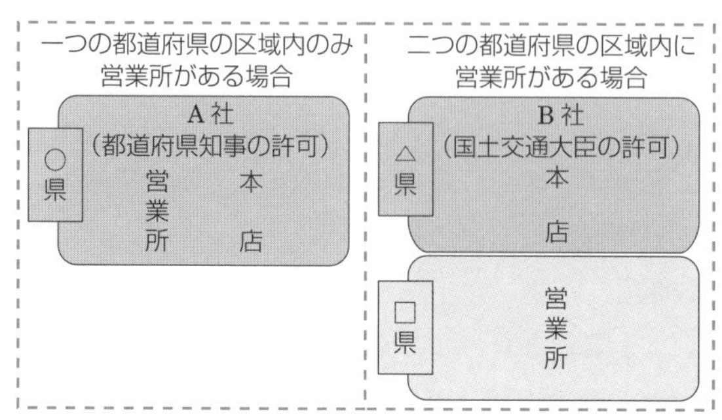

建設業の許可の基準

建設業の許可の基準は，次のとおりです．

① 法人である場合は，常勤役員または個人の一人が，許可を受けようとする建設業に関し**5年以上**経営業務の管理責任者としての経験を有する者であること．

② 営業所ごとに，一定資格または実務経験を有する**専任の技術者**を置く．

（専任の技術者の要件）

・高校卒業後5年，大学・高専卒業後3年以上の実務経験のある者

・10年以上の実務経験のある者

・上記の者と同等以上の能力を有する者

・**電気工事施工管理技士**の場合，**特定建設業は1級**，**一般建設業は1級または2級**が対象

③ 法人，役員，個人などが請負契約に関して不正または不誠実な行為をするおそれがない．

④ 請負契約（特定建設業の場合**8 000万円以上**）を履行するに足りる財産的基礎があり，金銭的信用のある者であること．

建設業の変更・廃業時の届出

許可を受けた建設業者は，建設業の変更や廃業時には，**30 日以内**に，国土交通大臣または都道府県知事にその旨を届け出なければならない．

附帯工事

建設業者は，**許可を受けた建設業に係る建設工事を請け負う場合**においては，当該建設工事に附帯する**ほかの建設業に係る建設工事を請け負うことができる．**

問題 01 建設業に関する用語の記述として，「建設業法」上，誤っているものはどれか．

(1) 発注者とは，建設工事（他の者から請け負ったものを除く．）の注文者をいう．
(2) 建設業者とは，建設業の許可を受けて建設業を営む者をいう．
(3) 元請負人とは，下請契約における注文者で建設業者であるものをいう．
(4) 建設工事とは，解体工事を除く土木建築に関する工事で，建築一式工事，電気工事などをいう．

解答 (4) 建設工事とは，土木建築に関する工事で，29 業種の工事が該当し，解体工事も含まれています．

問題 02 建設業に関する記述として，「建設業法」上，誤っているものはどれか．

(1) 建設業とは，元請，下請その他いかなる名義をもってするかを問わず，建設工事の完成を請け負う営業をいう．
(2) 元請負人とは，下請契約における注文者で建設業者であるものをいう．
(3) 一般建設業の許可を受けた者が，当該許可に係る建設業について，特定建設業の許可を受けたときは，当該建設業に係る一般建設業の許可は，その効力を失う．
(4) 特定建設業を営もうとする者が，一の都道府県の区域内にのみ営業所を設けて営業しようとする場合は，国土交通大臣の許可を受けなければならない．

解答 (4) 特定建設業を営もうとする者が，一の都道府県の区域内にのみ営業所を設けて営業しようとする場合は，**都道府県知事の許可**を受けなければなりません．

問題 03 建設業の許可に関する記述として，「建設業法」上，誤っているものはどれか．

(1)　建設業の許可は，一般建設業と特定建設業の別に区分して与えられる．

(2)　電気工事業と建築工事業の許可を受けた建設業者は，一の営業所において両方の営業を行うことができる．

(3)　建設業を営もうとする者は，一の都道府県の区域内のみに営業所を設けて営業をしようとする場合は，国土交通大臣の許可を受けなければならない．

(4)　建設業を営もうとする者は，政令で定める軽微な建設工事のみを請け負う者を除き，建設業法に基づく許可を受けなければならない．

解答 (3) 建設業を営もうとする者は，次の区分に応じて許可を受けなければなりません．

❶**二以上の都道府県の区域内に営業所**を設ける場合→ **国土交通大臣の許可**

❷**一都道府県の区域内にのみ営業所**を設ける場合→ **都道府県知事の許可**

問題 04 建設業の許可に関する記述として，「建設業法」上，誤っているものはどれか．

(1)　建設業を営もうとする者は，政令で定める軽微な建設工事のみを請け負う者を除き，定められた建設工事の種類ごとに建設業の許可を受けなければならない．

(2)　建設業の許可は，発注者から直接請け負う一件の請負代金の額により，特定建設業と一般建設業に分けられる．

(3)　営業所の所在地を管轄する都道府県知事の許可を受けた建設業者は，他の都道府県においても営業することができる．

(4)　建設業の許可は，5年ごとに更新を受けなければ，その期間の経過によって，その効力を失う．

解答 (2) 特定建設業となるか一般建設業となるかは，元請で行う場合の代金の額で区分されています．発注者から直接請負工事（元請工事）の下請代金の総額が，4 000万円以上となる工事を施工するものが特定建設業です．

問題 05　建設業の許可に関する記述として，「建設業法」上，誤っているものはどれか．

(1)　建設業を営もうとする者は，政令で定める軽微な建設工事のみを請け負う者を除き，建設業の許可を受けなければならない．

(2)　国または地方公共団体が発注者である建設工事を請け負う者は，特定建設業の許可を受けていなければならない．

(3)　建設業の許可は，5 年ごとにその更新を受けなければ，その期間の経過によって，その効力を失う．

(4)　許可を受けようとする建設業に係る建設工事に関し 10 年以上の実務経験を有する者は，その一般建設業の営業所ごとに置かなければならない専任の技術者になることができる．

解答　(2) 特定建設業の許可か一般建設業の許可かは，元請で行う場合の下請代金の総額で区分されています．

問題 06　建設業の許可に関する記述として，「建設業法」上，誤っているものはどれか．

(1)　一般建設業の許可を受けた電気工事業者は，発注者から直接請け負った 1 件の電気工事の下請代金の総額が 4 000 万円以上となる工事を施工することができる．

(2)　工事 1 件の請負代金の額が 500 万円に満たない電気工事のみを請け負うことを営業とする者は，建設業の許可を必要としない．

(3)　一般建設業の許可を受けた電気工事業者は，当該電気工事に附帯する他の建設業に係る建設工事を請け負うことができる．

(4)　一般建設業の許可を受けた電気工事業者は，電気工事業に係る特定建設業の許可を受けたときは，その一般建設業の許可は効力を失う．

解答　(1) 発注者から直接請け負った 1 件の電気工事の下請代金の総額が 4 000 万円以上となる工事を施工することができるのは，特定建設業の許可を受けた電気工事業者です．

問題07　建設業の許可に関する記述として，「建設業法」上，誤っているものはどれか．

(1)　建設業の許可を受けようとする者は，営業所ごとに所定の要件を満たした専任の技術者を置かなければならない．
(2)　一般建設業の許可を受けた者が，下請負人として次の段階の下請負人と下請契約をする場合，金額の制限はない．
(3)　建設業を営もうとする者は，政令で定める軽微な建設工事のみを請け負う者を除き，建設業法に基づく許可を受けなければならない．
(4)　国土交通大臣の許可を受けた電気工事業者でなければ，国が発注する電気工事を請け負うことはできない．

解答▶ (4) 国土交通大臣の許可を受けた電気工事業者，都道府県知事の許可を受けた電気工事業者とも国が発注する電気工事を請け負えます．

問題08　「建設業法」上，指定建設業として定められていないものはどれか．

(1)　造園工事業　　(2)　管工事業
(3)　機械器具設置工事業　　(4)　電気工事業

解答▶ (3) 次の工事業が，指定建設業に該当します．
❶土木工事業，❷建築工事業，❸電気工事業，❹管工事業，❺鋼構造物工事業，❻舗装工事業，❼造園工事業

02 施工技術の確保

主任技術者および監理技術者の設置

① **主任技術者の設置**：建設業者は，その請け負った建設工事を施工するときは，主任技術者を置かなければならない．

② **監理技術者の設置**：発注者から直接建設工事を請け負った特定建設業者は，**下請契約の請負代金の額（下請契約が2以上あるときは，それらの請負代金の額の総額）が4 000万円以上**（建築工事業は6 000万円以上）の場合には，**監理技術者**を置かなければならない．

（注意）**監理技術者**：当該工事現場における建設工事の施工の技術上の管理を司るものをいう．**1級電気工事施工管理技士**を取得した者は，電気工事の監理技術者になることができる．**監理技術者**は，**5年以内ごとに更新講習**を受講しなければならない．

③ **専任の主任技術者または監理技術者の設置**

・**公共性のある工作物（国や地方公共団体**の発注する工作物や鉄道，学校など）に関する重要な建設工事で**3 500万円以上**（建築工事一式では7 000万円以上）については，**主任技術者または監理技術者は，工事現場ごとに，専任の者**でなければならない．

・この監理技術者は，**監理技術者資格者証の交付を受けている者であって，国土交通大臣の登録を受けた講習を受講したもの**のうちから，選任しなければならない．

・この監理技術者は，発注者から請求があったときは，**監理技術者資格者証を提示**しなければならない．

（注意）**専任の主任技術者または監理技術者**は，**建設工事を請け負った企業と直接的かつ恒常的な雇用関係にある者**でなければならない．

主任技術者および監理技術者の職務など

① 主任技術者および監理技術者は，工事現場における建設工事を適正に実施するため，建設工事の**施工計画の作成，工程管理，品質管理その他の技術上の管理**および建設工事の**施工に従事する者の技術上の指導監督の職務を誠実**に行わなければならない．

② 工事現場における建設工事の施工に従事する者は，主任技術者または監理技術者がその職務として行う指導に従わなければならない．

問題01 建設工事の現場に置く主任技術者または監理技術者に関する記述として，「建設業法」上，誤っているものはどれか．

(1) 発注者から直接電気工事を請け負った特定建設業者は，請け負った工事について，下請契約を行わず自ら施工した場合でも，監理技術者を置かなければならない．
(2) 2級電気工事施工管理技士の資格を有する者は，電気工事の主任技術者になることができる．
(3) 公共性のある施設に関する重要な建設工事で政令で定めるものを請け負った場合，その現場に置く主任技術者は，専任の者でなければならない．
(4) 主任技術者および監理技術者は，当該建設工事の施工計画の作成，工程管理，品質管理その他の技術上の管理を行わなければならない．

解答 (1) 監理技術者を置かなければならない条件は，元請で下請総額4 000万円以上の場合です．したがって，下請契約を行わず自ら施工した場合には，監理技術者を置く必要はなく，主任技術者を置かなければなりません．

問題02 営業所に置く主任技術者に関する次の記述のうち，［　　］に当てはまる語句の組合せとして，「建設業法」上，正しいものはどれか．

「［ア］，電気工事に関し［イ］以上の実務経験を有する第三種電気主任技術者は，一般建設業を営む電気工事業の営業所に置く主任技術者になることができる．」

	ア	イ
(1)	試験合格後	3年
(2)	試験合格後	5年
(3)	免状交付後	3年
(4)	免状交付後	5年

解答 (4) 文章を完成させると次のようになります．

「**免状交付後**，電気工事に関し **5年** 以上の実務経験を有する第三種電気主任技術者は，一般建設業を営む電気工事業の営業所に置く主任技術者になることができる．」

問題 03 主任技術者および監理技術者に関する次の記述のうち，□に当てはまる金額の組合せとして，「建設業法」上，正しいものはどれか．

「公共性のある施設もしくは工作物または多数の者が利用する施設もしくは工作物に関する重要な建設工事で，工事１件の請負代金の額が ア （当該建設工事が建築一式工事である場合にあっては， イ ）以上のものに置かなければならない主任技術者または監理技術者は，工事現場ごとに専任のものでなければならない.」

	ア	イ
(1)	3 000 万円	5 000 万円
(2)	3 000 万円	7 000 万円
(3)	3 500 万円	5 000 万円
(4)	3 500 万円	7 000 万円

解答 (4) 文章を完成させると，次のようになります．

「公共性のある施設もしくは工作物または多数の者が利用する施設もしくは工作物に関する重要な建設工事で，工事1件の請負代金の額が **3 500 万円**（当該建設工事が建築一式工事である場合にあっては，**7 000 万円**）以上のものに置かなければならない主任技術者または監理技術者は，工事現場ごとに専任のものでなければならない.」

問題 04 一般建設業の許可を受けた電気工事業者に関する記述として，「建設業法」上，誤っているものはどれか．

(1) 営業所の所在地を管轄する都道府県知事の許可を受けた電気工事業者は，他の都道府県においても電気工事を施工することができない．

(2) 発注者から直接請け負った電気工事を施工する場合は，総額が政令で定める金額以上の下請契約を締結することができない．

(3) 2 級電気工事施工管理技士の資格を有する者は，営業所ごとに置く専任の技術者になることができる．

(4) 営業所ごとに置く専任の技術者を変更した場合は，変更の届出を行わなければならない．

解答 (1) 営業所の所在地を管轄する都道府県知事の許可を受けた電気工事業者は，他の都道府県においても電気工事を施工できます．

03　建設工事の請負契約

請負契約の原則

建設工事の請負契約の当事者（注文者および請負人）は，おのおのの**対等な立場**における合意に基づいて**公正な契約**を締結し，信義に従って**誠実に履行**しなければなりません．

請負契約の内容

請負契約の当事者は，契約の締結に際して，次の事項を書面に記載して，署名，捺印，または記名押印をして相互に交付しなければならない．

① **工事内容**
② **請負代金の額**
③ **工事着手の時期および工事完成の時期**
④ **請負代金の支払の時期および方法**（全部または一部の前金払など）
⑤ 当事者の一方から設計変更，工事着手の延期，工事の全部・一部の中止の申出があった場合における工期の変更，請負代金の額の変更または損害の負担およびそれらの額の算定方法に関する定め
⑥ 天災その他不可抗力による工期の変更または損害の負担およびその額の算定方法に関する定め
⑦ 価格などの変動もしくは変更に基づく請負代金の額または工事内容の変更
⑧ 工事の施工により第三者が損害を受けた場合の賠償金の負担に関する定め
⑨ 注文者が工事に使用する資材を提供し，または建設機械その他の機械を貸与するときは，その内容および方法に関する定め
⑩ 注文者が工事の全部または一部の完成を確認するための検査の時期および方法，引渡しの時期
⑪ 工事完成後における請負代金の支払の時期および方法
⑫ 工事の目的物の瑕疵を担保すべき責任または責任の履行に関する定め
⑬ 遅延利息，違約金その他の損害金
⑭ 契約に関する紛争の解決方法

現場代理人の選任等に関する通知

① **請負人**は，請負契約の履行に関し工事現場に**現場代理人**を置く場合は，現場代理人の権限に関する事項および現場代理人の行為についての注文者の請負人に対する意見の申出の方法を，**書面により注文者に通知**しなければならない．

② **注文者**は，請負契約の履行に関し工事現場に**監督員**を置く場合は，監督員の権限に関する事項および監督員の行為についての請負人の注文者に対する意見の申出の方法を，**書面により請負人に通知**しなければならない．

不当に低い請負代金の禁止

注文者は，自己の取引上の地位を不当に利用して，その注文した建設工事を施工するために通常必要と認められる**原価に満たない金額**を請負代金の額とする請負契約を締結してはならない．

不当な使用資材等の購入強制の禁止

注文者は，請負契約の締結後，自己の取引上の地位を不当に利用して，その注文した建設工事に使用する資材もしくは機械器具またはこれらの購入先を指定し，これらを請負人に購入させて，その利益を害してはならない．

一括下請負の禁止

① 建設業者は，その請け負った建設工事を，いかなる方法をもってするかを問わず，一括して他人に請け負わせてはならない．

② 建設業を営む者は，建設業者から当該建設業者の請け負った建設工事を一括して請け負ってはならない．

③ 建設工事が**公共工事以外**である場合，**元請負人があらかじめ発注者の書面による承諾を得たときは**，これらの**規定は適用しない．**

下請負人の変更請求

注文者は，請負人に対して，建設工事の施工につき著しく不適当と認められる下請負人があるときは，その変更を請求することができる．ただし，あらかじめ注文者の書面による承諾を得て選定した下請負人については，この限りでない．

建設業者は，建設工事の注文者から請求があったときは，請負契約が成立するまでの間に，建設工事の見積書を提出しなければならない．

問題01 建設工事の請負契約に関する記述として，「建設業法」上，誤っているものはどれか．

(1)　建設業者は，下請負人の承諾を得た場合は，その請け負った建設工事を一括して下請負人に請け負わせることができる．
(2)　建設工事の請負契約の当事者は，契約の締結に際して，工事内容等の事項を書面に記載し，相互に交付しなければならない．
(3)　建設業者は，建設工事の注文者から請求があったときは，請負契約が成立するまでの間に，建設工事の見積書を交付しなければならない．
(4)　建設工事の請負契約の当事者は，各々の対等な立場における合意に基づいて公正な契約を締結し，これを履行しなければならない．

解答 (1) 建設工事が**公共工事以外**である場合，**元請負人があらかじめ発注者の書面による承諾を得たとき**は，その請け負った建設工事を一括して下請負人に請け負わせることができる．

問題02 建設工事の請負契約書に記載しなければならない事項として，「建設業法」上，定められていないものはどれか．

(1)　当事者の債務の不履行の場合における遅延利息，違約金その他の損害金
(2)　契約に関する紛争の解決方法
(3)　工事完成後における請負代金の支払の時期および方法
(4)　現場代理人の氏名および経歴

解答 (4)「現場代理人の氏名および経歴」は，請負契約書に記載しなければならない事項として定められていません．
(参考) 正しい選択肢として「工事の着手時期および工事完成の時期」も出題されています．

04 元請負人の義務

下請負人の意見の聴取

元請負人は，その請け負った建設工事を施工するために必要な工程の細目，作業方法その他元請負人において定めるべき事項を定めようとするときは，あらかじめ，**下請負人の意見**をきかなければならない．

下請代金の支払

① 元請負人は，**請負代金の出来形部分または工事完成後における支払を受けたときは，支払を受けた日から 1 月以内** で，かつ，できる限り短い期間内に下請代金を支払わなければならない．

② 元請負人は，前払金の支払を受けたときは，**下請負人に対して**，資材の購入，労働者の募集その他建設工事の着手に必要な費用を**前払金として支払う**よう適切な配慮をしなければならない．

検査および引渡し

① 元請負人は，下請負人からその請け負った建設工事が完成した旨の通知を受けたときは，**通知を受けた日から 20 日以内** で，かつ，できる限り短い期間内に，その完成を確認するための**検査を完了**しなければならない．

② 元請負人は，検査によって建設工事の完成を確認した後，下請負人が申し出たときは，直ちに，建設工事の目的物の**引渡し**を受けなければならない．

特定建設業者の下請代金の支払期日等

特定建設業者が注文者となった下請契約については，**完成物の引き渡しの申し出があった日から起算して 50 日以内** に，できる限り短い期間内において定められなければならない．

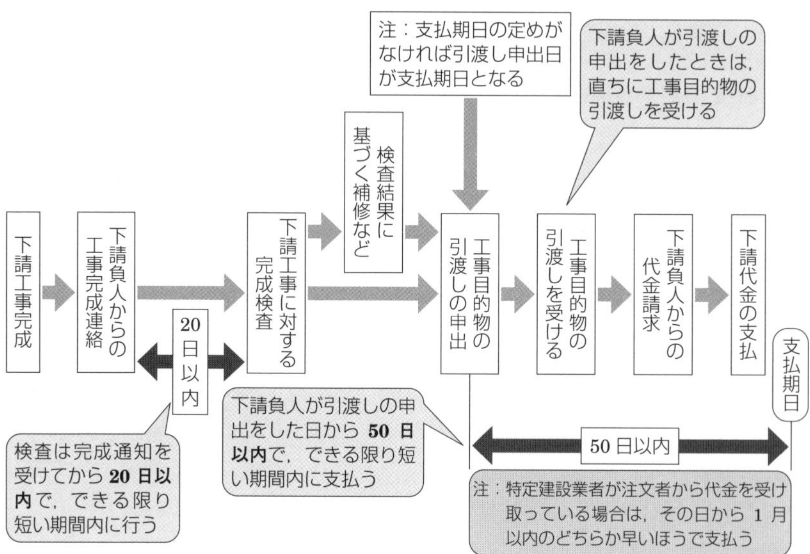
注：支払期日の定めがなければ引渡し申出日が支払期日となる
下請負人が引渡しの申出をしたときは，直ちに工事目的物の引渡しを受ける
検査結果に基づく補修など
下請工事完成
下請負人からの工事完成連絡
下請工事に対する完成検査
工事目的物の引渡しの申出
工事目的物の引渡しを受ける
下請負人からの代金請求
下請代金の支払
20日以内
支払期日
検査は完成通知を受けてから20日以内で，できる限り短い期間内に行う
下請負人が引渡しの申出をした日から50日以内で，できる限り短い期間内に支払う
50日以内
注：特定建設業者が注文者から代金を受け取っている場合は，その日から1月以内のどちらか早いほうで支払う

05 施工体制台帳と施工体系図

施工体制台帳および施工体系図の作成

① **特定建設業者**は，発注者から直接建設工事を請け負った建設工事の**下請代金の額（下請契約が 2 以上あるときは，総額）が 4 000 万円以上**になるときは，建設工事の適正な施工を確保するため，**施工体制台帳を作成**し，**工事現場ごと**に備え置かなければならない．

（注意）公共工事では，金額に関係なく施工体制台帳の作成が必要である！

施工体制台帳に記載すべき事項

・下請負人の商号，または名称

・下請負人にかかわる建設工事の内容および工期

・その他の国土交通省令で定める事項

（注意）**公共工事**の場合は，**施工体制台帳の写しを発注者に提出**しなければならない．

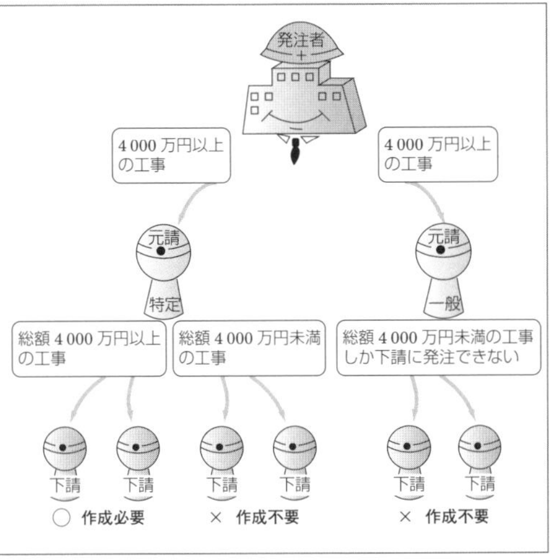

② **下請負人**は，その請け負った建設工事をほかの建設業を営む者に請け負わせたときは，**特定建設業者に対し**，ほかの建設業を営む者の商号または名称，請け負った建設工事の内容および工期その他の国土交通省令で定める事項を**通知**しなければならない．

③　特定建設業者は，**発注者から請求があったときは**，備え置かれた**施工体制台帳**を，その**発注者の閲覧**に供しなければならない．

④　①の**特定建設業者**は，建設工事における各下請負人の施工の分担関係を表示した**施工体系図**を作成し，これを**工事現場の見やすい場所に掲げ**なければならない．

（注意）**公共工事**の場合は，**工事関係者が見やすい場所および公衆が見やすい箇所**に掲げなければならない．

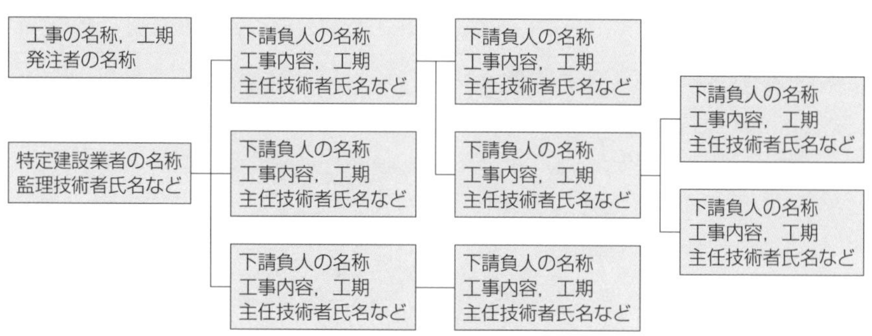

施工体系図

標識の表示

建設業者は，**店舗および建設工事の現場ごとに**，見やすい場所に，**標識**を掲げなければならない．

標識の表示項目

標識の表示項目は，次のとおりです．

①　**一般建設業または特定建設業の別**
②　**許可年月日，許可番号および許可を受けた建設業**
③　**商号または名称**
④　**代表者の氏名**
⑤　**主任技術者または監理技術者の氏名（表示は現場のみ）**

01 安全衛生管理体制

労働安全衛生法の目的

「労働基準法と相まって，労働災害の防止のための危害防止基準の確立，責任体制の明確化及び自主的活動の促進の措置を講ずる等その防止に関する総合的計画的な対策を推進することにより職場における労働者の安全と健康を確保するとともに，快適な職場環境の形成を促進すること」を目的とします．

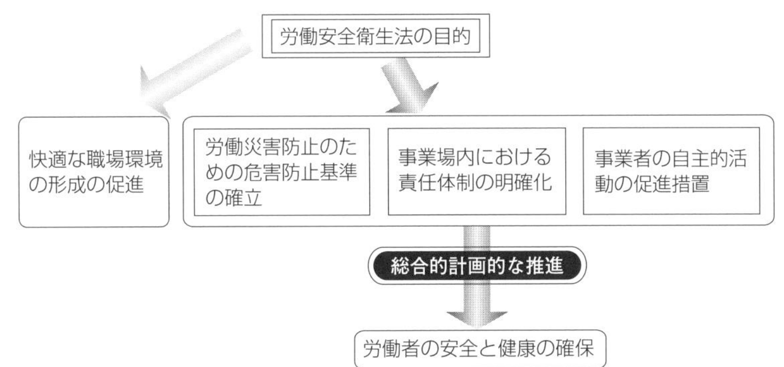

労働安全衛生の管理体制（1 社のみで施工する場合）

事業者は，安全衛生に対する体制を整え，選任すべき事由が生じた日から **14 日以内に選任**し，遅滞なく**労働基準監督署長に報告**しなければなりません．

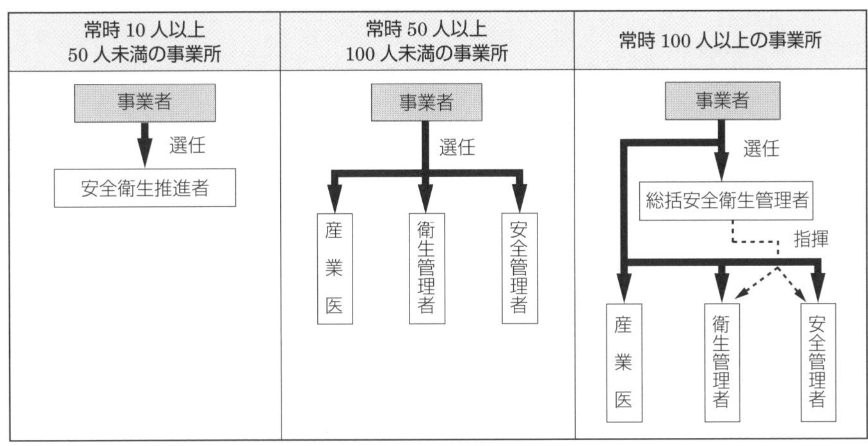

労働安全衛生の管理体制（2社以上で施工する場合）

事業者は，安全衛生に対する体制を整え，選任すべき事由が生じた日から**14日以内に選任**し，遅滞なく**労働基準監督署長に報告**しなければなりません．

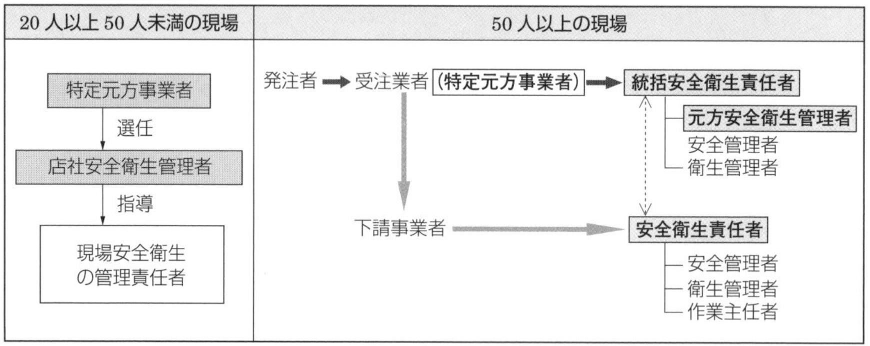

管理者・推進者等の職務

それぞれの職務は，下表のとおりです．

名　称	職　務
安全衛生推進者	労働条件，労働環境の衛生的改善と疾病の予防処置などを担当し，事業場の安全衛生の業務を行う．
安全管理者	**安全に関する技術的事項を管理**する．
衛生管理者	**衛生に関する技術的事項を管理**する．
産業医	事業場において労働者が健康で快適な作業環境のもとで仕事が行えるよう，専門的立場から指導・助言を行う．
総括安全衛生管理者	安全管理者，衛生管理者または救護に関する措置のうちの**技術的事項を管理する者の指導および安全衛生に関する事項の総括管理**を行う．
店社安全衛生管理者	作業現場の巡視（毎月1回以上）などを行う．
統括安全衛生責任者	元請の業務となる各事項を**統括管理**するとともに，下請事業者の**安全衛生責任者との連絡**などを行う．
元方安全衛生管理者	統括安全衛生責任者の行う職務のうち，**技術的事項の職務**を行う．
安全衛生責任者	統括安全衛生責任者との**連絡**などを行う．

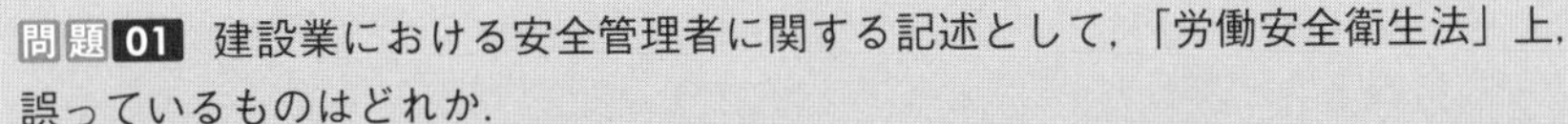

問題 01 建設業における安全管理者に関する記述として，「労働安全衛生法」上，誤っているものはどれか．

(1) 事業者は，安全管理者を選任すべき事由が発生した日から 14 日以内に選任しなければならない．
(2) 事業者は，常時使用する労働者が 50 人以上となる事業場には，安全管理者を選任しなければならない．
(3) 事業者は，安全管理者を選任したときは，当該事業所の所在地の都道府県知事に報告書を提出しなければならない．
(4) 事業者は，安全管理者に，労働災害の再発防止対策のうち安全に係る技術的事項を管理させなければならない．

解答 (3) 事業者は，安全管理者を選任したときは，**所轄労働基準監督署長**に報告書を提出しなければならない．

問題 02 建設業における安全衛生推進者の選任に関する記述として，「労働安全衛生法」上，誤っているものはどれか．

(1) 事業者は，常時 10 人以上 50 人未満の労働者を使用する事業場において安全衛生推進者を選任しなければならない．
(2) 事業者は，選任すべき事由が発生した日から 20 日以内に安全衛生推進者を選任しなければならない．
(3) 事業者は，都道府県労働局長の登録を受けた者が行う講習を修了した者のうちから安全衛生推進者を選任することができる．
(4) 事業者は，選任した安全衛生推進者の氏名を作業場の見やすい箇所に掲示するなどにより，関係労働者に周知させなければならない．

解答 (2) 事業者は，選任すべき事由が発生した日から **14 日以内**に選任しなければなりません．

(参考 1) 選択肢（1）の常時 10 人以上 50 人未満を常時 50 人以上と誤りを作った問題も出題されています．

◎ **安全衛生推進者 → 常時 10 人以上 50 人未満の労働者を使用する事業場**

(参考 2) 次の選択肢も出題されています．

○：事業者は，選任すべき事由が発生した日から 14 日以内に安全衛生推進者を選任しなければならない．

×：事業者は，労働基準監督署長の登録を受けた者が行う講習を修了した者から安全衛生推進者を選任しなければならない．→事業者は，都道府県労働局長の登録を受けた者が行う講習を修了した者のうちから安全衛生推進者を選任することができます．

問題 03　特定元方事業者が選任した統括安全衛生責任者が統括管理すべき事項のうち技術的事項を管理させる者として，「労働安全衛生法」上，定められているものはどれか．

(1)　安全衛生推進者　　　(2)　店社安全衛生管理者
(3)　総括安全衛生管理者　　(4)　元方安全衛生管理者

解答　(4) 特定元方事業者が選任した統括安全衛生責任者が統括管理すべき事項のうち技術的事項を管理させる者は，**元方安全衛生管理者**です．
(参考) 選択肢を（安全管理者，店社安全衛生管理者，総括安全衛生管理者，元方安全衛生管理者）とした問題も出題されています．

02 安全委員会と衛生委員会

建設業での安全委員会と衛生委員会

常時 50 人以上の労働者を使用する事業場での設置が義務づけられています.

安全委員会

次の事項を調査審議させ，事業者に対し意見を述べさせます.

① 労働者の危険を防止するための基本となるべき対策に関すること

② 労働災害の原因および再発防止対策で，安全に係るものに関すること

③ 上記のほか，労働者の危険の防止に関する重要事項

衛生委員会

次の事項を調査審議させ，事業者に対し意見を述べさせます.

① 労働者の健康障害を防止するための基本となるべき対策に関すること

② 労働者の健康の保持増進を図るための基本となるべき対策に関すること

③ 労働災害の原因および再発防止対策で，衛生に係るものに関すること

④ 上記のほか，労働者の健康障害の防止および健康の保持増進に関する重要事項

安全衛生委員会

安全委員会，衛生委員会設置に代え，「**安全衛生委員会**」を設置できます.

運営方法

開催回数は毎月 1 回以上で，重要な議事内容は**記録**し，**3 年間保存**しなければならないとされています.

問題 01 労働者の健康管理等に関する記述として，「労働安全衛生法」上，定められていないものはどれか．

(1)　事業者は，健康診断の結果に基づき，健康診断個人票を作成して，これを5年間保存しなければならない．
(2)　事業者は，労働者に対し，厚生労働省令で定めるところにより，医師による健康診断を行わなければならない．
(3)　事業者は，常時10人以上50人未満の労働者を使用する事業場には，産業医を選任し，その者に労働者の健康管理等を行わせなければならない．
(4)　事業者は，中高年齢者については，心身の条件に応じて適正な配置を行うように努めなければならない．

解答　(3) 事業者は，**常時50人以上**の労働者を使用する事業場には，**産業医を選任**し，その者に労働者の健康管理等を行わせなければなりません．

03 安全衛生教育等

雇入れ時等の教育

事業者は，次の場合，当該労働者に対し，遅滞なく，従事する業務に関する安全または衛生のための必要な事項について，教育を行わなければなりません．

①　労働者を**雇い入れたとき**

②　労働者の**作業内容を変更したとき**

③　**危険または有害な業務につかせようとするとき**（**特別教育**の実施が必要）

職長教育

事業者は，その事業場の業種が政令で定めるものに該当するときは，**新たに職務につくことになった職長**その他の労働者を直接指導または監督する者（作業主任者を除く）に対し，安全または衛生のための教育を行わなければなりません．

特別教育の種類

危険または有害な業務につかせようとするときに必要な特別教育には，次のような種類の業務があります（抜粋）．

①　研削と石の取替（取替時の試運転）

②　アーク溶接

③　**電気取扱い［高圧（特別高圧）の活線］**

④　最大荷重1t未満のフォークリフトの運転業務

⑤　**作業床の高さ10m未満の高所作業車の運転**

⑥　小型ボイラーの取扱い

⑦　**つり上げ荷重5t未満のクレーンの運転**

⑧　**つり上げ荷重1t未満の移動式クレーンの運転**

⑨　建設用リフトの運転

⑩　**つり上げ荷重1t未満の玉掛け**

⑪　ゴンドラの操作

⑫　高圧作業への送気の調節

⑬　高圧室内作業への加圧・減圧の調節

⑭　潜水作業者への送気の調節

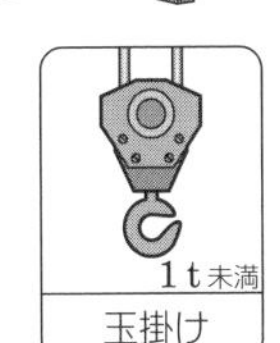

⑮　再圧室の操作
⑯　高圧室内作業
⑰　**酸素欠乏・硫化水素危険作業**

問題 01 事業者が労働者に安全衛生教育を行わなければならない場合として,「労働安全衛生法」上,定められていないものはどれか.

(1)　労働者を雇い入れたとき
(2)　労働災害が発生したとき
(3)　労働者の作業内容を変更したとき
(4)　労働者を高圧充電電路の点検の業務につかせるとき

解答 (2) 安全衛生教育の主旨は,労働災害が発生しないようにすることであることを考慮すると,容易に解答を見つけることができます.
(参考) 次の選択肢も出題されています.
○:労働者を研削といしの取替えの業務につかせるとき.

問題 02 建設現場において,特別教育を修了した者が就業できる業務として,「労働安全衛生法」上,誤っているものはどれか.
ただし,道路上を走行する運転を除くものとする.

(1)　建設用リフトの運転
(2)　アーク溶接機を用いて行う金属の溶接
(3)　最大荷重 0.5t のフォークリフトの運転
(4)　つり上げ荷重 1t の移動式クレーンの運転

解答 (4) つり上げ荷重 1t の移動式クレーンの運転ができるのは技能講習修了者で，特別教育を修了した者が就業できるのはつり上げ荷重 1t 未満です．

(参考 1) 次の選択肢も出題されています．

○：研削といしの取替えまたは取替え時の試運転

×：作業床の高さが 15m の高所作業車の運転→高所作業車の運転は，高さ 10m 未満は特別教育修了者，高さ 10m 以上は技能講習の修了者が行えます．

○：つり上げ荷重が 0.5t の移動式クレーンの運転→つり上げ荷重 1t 未満は特別教育の修了者が運転できます．

(参考 2) 高所作業車の運転は，作用床の高さによって就業できる区分が異なっています．

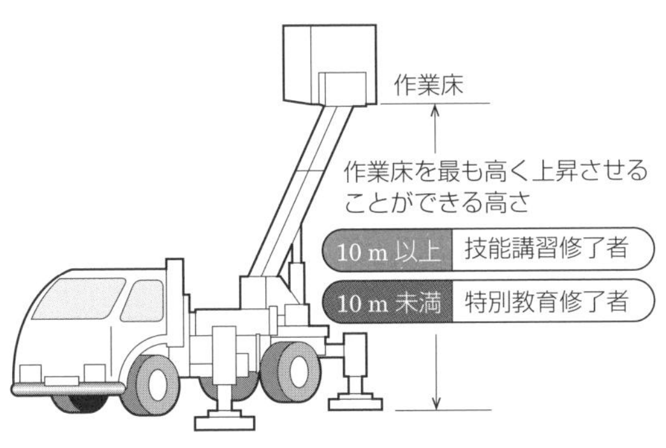

問題 03 事業者が遅滞なく，報告書を所轄労働基準監督署長に提出しなければならない場合として，「労働安全衛生法」上，定められていないものはどれか．

(1) 事業場で火災または爆発の事故が発生したとき
(2) ゴンドラのワイヤロープの切断の事故が発生したとき
(3) つり上げ荷重 5t の移動式クレーンの倒壊の事故が発生したとき
(4) 休業の日数が 4 日に満たない労働災害が発生したとき

解答 (4) 休業の日数が 4 日に満たないときは，事業者は，1 月から 3 月まで，4 月から 6 月まで，7 月から 9 月までおよび 10 月から 12 月までの期間における当該事実について，報告書をそれぞれの期間における最後の月の翌月末日までに，所轄労働基準監督署長に提出しなければならないとされています．したがって，「遅滞なく提出」には該当しません．

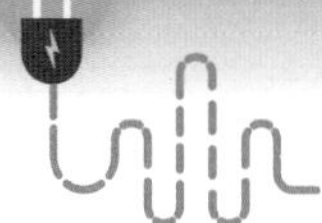

04 作業主任者の選任

作業主任者の選任

作業主任者制度は，職場における安全衛生管理組織の一環として，**危険または有害な設備**，**作業**について，その**危害防止**のために必要な事項を担当させるためのものと位置づけられています．作業主任者は，技能講習修了者や免許所有者の中から選任されます．

作業主任者を選任すべき作業

作業主任者を選任しなければならない作業は，次のような作業です（抜粋）．

	作業主任者の管理を必要とする業務内容	作業主任者名
①	高圧室内作業	高圧室内（免許）
②	アセチレン溶接装置・ガス集合溶接装置を用いて行う金属の溶接，溶断，加熱	ガス溶接（免許）
③	掘削面の高さが **2 m 以上**となる地山の掘削	**地山の掘削（技能講習）**
④	土留め支保工の切梁または腹おこしの取付け・取外し	**土留め支保工（技能講習）**
⑤	ずい道等の掘削等	ずい道等の掘削等（技能講習）
⑥	型枠支保工の組立て・解体	型枠支保工組立て等（技能講習）
⑦	つり足場，張出し足場または高さ **5 m 以上** の構造の足場の組立て，解体・変更	**足場の組立て等（技能講習）**
⑧	建築物の骨組みなど（高さが **5 m 以上** のものに限る）の組立て，解体・変更	**鉄骨の組立て等作業主任者（技能講習）**
⑨	**酸素欠乏危険場所等における作業**	**酸素欠乏・硫化水素危険作業主任者（技能講習）**
⑩	屋内作業場，タンク，船倉・坑の内部その他の場所で有機溶剤を製造・取扱い	有機溶剤作業主任者（技能講習）

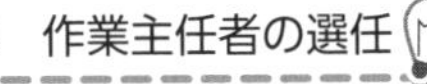

問題 01　作業主任者を選任すべき作業として，「労働安全衛生法」上，定められていないものはどれか．

(1)　高圧活線近接作業
(2)　張出し足場の組立ての作業
(3)　酸素欠乏危険場所における作業
(4)　土止め支保工の切梁の取付けの作業

解答　(1) 高圧活線近接作業は，作業主任者を選任すべき作業ではありません．

問題 02　作業主任者を選任すべき作業として，「労働安全衛生法」上，定められていないものはどれか．

(1)　酸素欠乏危険場所における作業
(2)　土止め支保工の切梁の取付けの作業
(3)　仮設電源の電線相互を接続する作業
(4)　張出し足場の組立ての作業

解答　(3) 仮設電源に用いる電線相互を接続する作業は，電気工事士の資格を有する者が実施しなければなりません．

問題 03　明り掘削の作業における，労働者の危険を防止するための措置に関する記述として，「労働安全衛生法」上，不適当なものはどれか．

(1)　地中電線路を損壊するおそれがあったので，掘削機械を使用せず手掘りで掘削した．
(2)　要求性能墜落制止用器具等および保護帽の使用について，地山の掘削作業主任技術者が監視した．
(3)　土止め支保工を設けたので，設置後 7 日ごとに点検した．
(4)　掘削面の高さが 5 m以上の砂からなる地山を手掘りで掘削するので，掘削面のこう配を 60° とした．

解答　(4) 砂からなる地山を手掘りで掘削する場合には，5 m未満とするか掘削面のこう配を 35° 以下とするかのいずれかによらねばなりません．

05 墜落・飛来・落下災害の防止

高所作業

① **高さ 2 m 以上**の場所の作業は高所作業で，**作業床**を設ける．

② **作業床の端**，**開口部**には，墜落防止の**囲い**，**手すり**，**覆い**などを設ける．

③ 作業床の設置が困難な場合には，**防網を張り**，労働者に**要求性能墜落制止用器具**を使用させる．

④ 強風，大雨，大雪などの**悪天候**のときは，作業に従事させない．

照度の保持

高さが 2 m 以上の箇所で作業を行うときは，安全のために必要な照度を保持する．

スレートなどの屋根の危険の防止

スレートなどでふかれた屋根の上で作業を行うときは，踏み抜きによる危険防止のため，**幅 30 cm 以上の歩み板**を設け，防網を張るなどの措置を講じる．

昇降設備

高さや深さが 1.5 m を超える箇所で作業を行うときは，作業に従事する労働者が安全に昇降できる設備を設ける．

移動はしご	脚立
① **幅が 30 cm 以上**あること． ② **滑り止め装置**があること．	① 脚と水平面の角度は **75° 以下**のこと． ② 折りたたみ式のものは角度を確実に保つ金具を備えたものであること． ③ 踏面は必要な面積があること．
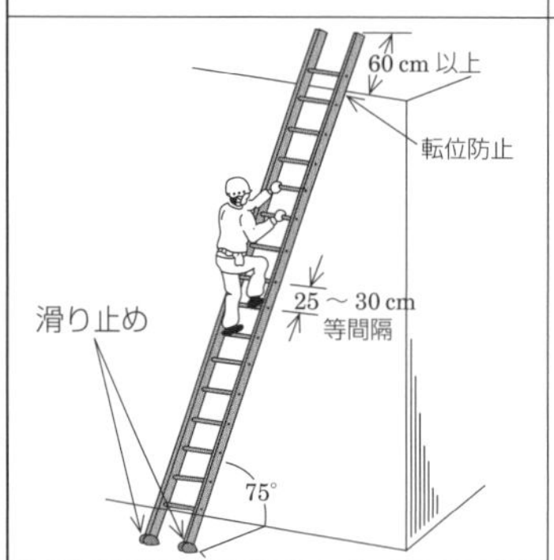	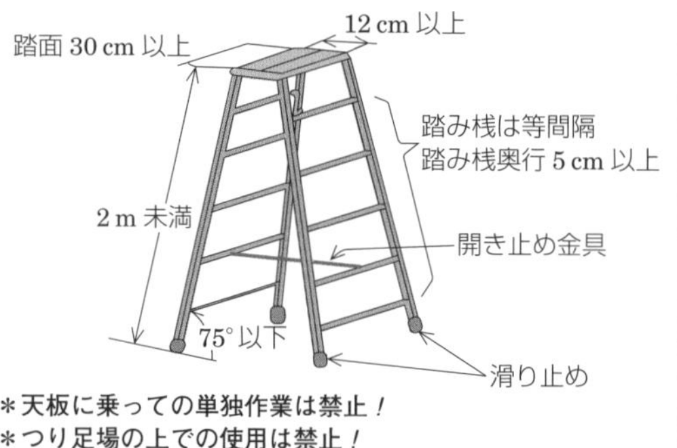

＊**天板に乗っての単独作業は禁止！**
＊**つり足場の上での使用は禁止！**

仮設通路

① **勾配は 30° 以下**とすること．

② **勾配が 15° を超えるものは踏み桟**その他の**滑り止め**を設けること．

③ 墜落危険箇所には，**高さ 85 cm 以上の手すり**を設けること．

④ 高さ 8 m 以上の上り桟橋には，**7 m 以内ごとに踊り場**を設けること．

作業床・移動足場

① 作業床の**床の幅 40 cm 以上**，床材間の**すき間は 3 cm 以下**であること．

② 危険箇所には，**高さ 85 cm 以上の手すり**および中桟などを設けること．

③ 移動足場の床材は，幅 20 cm 以上，厚さ 3.5 cm 以上，長さ 3.6 m 以上であること．

④ 足場板は **3 点以上で支持**すること．

⑤ 支持点からの突出は 10 cm 以上で，足場板の長さの 1/18 以下であること．

⑥ 長手方向に重ねるときは，支点の上で 20 cm 以上重ねること．

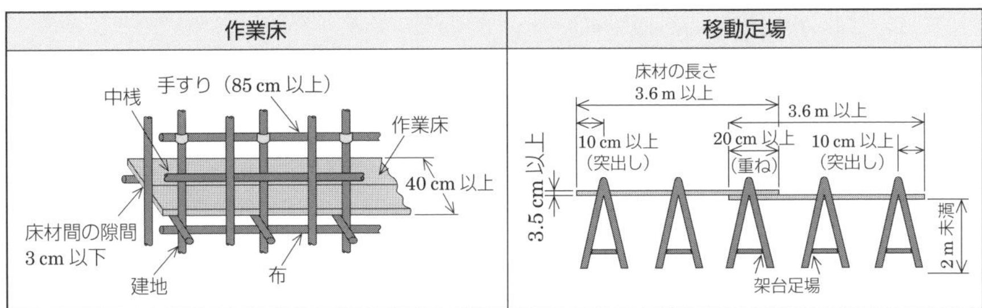

高所からの物体投下

① **3 m 以上の高所から物体を投下**するときは，適当な**投下設備**を設け，**監視人を置く**など労働者の危険を防止するための措置を講じること．

② 投下設備がないときは，投下をしてはならない．

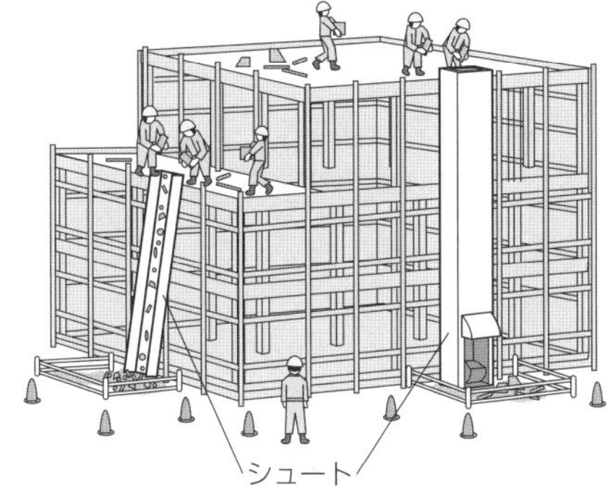

問題 01 要求性能墜落制止用器具等の取付設備等に関する次の文章中，［　　］に当てはまる語句として，「労働安全衛生法」上，定められているものはどれか．

「事業者は，高さが［　　］の箇所で作業を行う場合において，労働者に要求性能墜落制止用器具等を使用させるときは，要求性能墜落制止用器具等を安全に取り付けるための設備等を設けなければならない．」

(1)　1.5 m 以上　　(2)　1.8 m 以上　　(3)　2 m 以上　　(4)　3 m 以上

解答 (3) 文章を完成させると，次のようになります．

「事業者は，高さが **2 m 以上** の箇所で作業を行う場合において，労働者に要求性能墜落制止用器具等を使用させるときは，要求性能墜落制止用器具等を安全に取り付けるための設備等を設けなければならない．」

問題 02 移動式足場に関する記述として，不適当なものはどれか．

(1)　作業床の高さが 1.5m を超えたので，昇降するための設備を設けた．
(2)　作業床の周囲には，床面より 80cm の高さに手すりを設け，中桟と副木を取り付けた．
(3)　作業床の床材は，すき間が 3cm 以下となるように敷き並べて固定した．
(4)　作業員が足場から降りたことを確認して，足場を移動させた．

解答 (2) 危険箇所には，**高さ 85cm 以上の手すりおよび中桟**などを設けることとされています．

問題 03 墜落などによる危険の防止に関する記述として，「労働安全衛生法」上，誤っているものはどれか．

(1)　作業床の高さが 1.8m なので，床の端の手すりを省略した．
(2)　屋根上での作業の踏み抜き防止のため，幅が 30cm の歩み板を設けた．
(3)　作業床の高さが 1.8m なので，昇降設備を省略した．
(4)　狭い場所なので，幅が 30cm の移動はしごを設けた．

解答 (3) 高さが **1.5m を超える箇所**で作業を行うときは，作業に従事する労働者が安全に昇降設備を設けなければなりません．

問題 04 高さが 2m 以上の箇所で作業を行う場合の措置として,「労働安全衛生法」上, 誤っているものはどれか.

(1) 墜落防止のために, 作業床の開口部の周囲に囲いを設けた.
(2) 大雨のため危険が予想されたので, 作業員に要求性能墜落制止用器具(安全帯)を着用させて作業に従事させた.
(3) 作業を安全に行うために仮設照明を設け, 作業に必要な照度を確保した.
(4) 作業員が安全に昇降するための設備を設けて作業に従事させた.

解答 (2) 強風, 大雨, 大雪などの悪天候のときは, 高さ 2m 以上の箇所での作業に従事させてはなりません.

問題 05 物体を投下するときに投下設備を設け, 監視人を置く等, 労働者の危険を防止するための措置を講じなければならない高さとして,「労働安全衛生法」上, 定められているものはどれか.

(1) 2m 以上　(2) 3m 以上　(3) 4m 以上　(4) 5m 以上

解答 (2) **3m 以上の高所から物体を投下**するときは, 適当な**投下設備**を設け, **監視人を置く**などの措置を講じなければなりません.

問題 06 作業床に関する次の記述のうち, [　　] に当てはまる語句の組合せとして,「労働安全衛生法」上, 正しいものはどれか.

ただし, 一側足場およびつり足場を除くものとする.

「高さ 2 m以上の足場に使用する作業床の幅は [ア] 以上とし, 床材間のすき間は [イ] 以下とする.」

	ア	イ
(1)	30cm	3cm
(2)	30cm	5cm
(3)	40cm	3cm
(4)	40cm	5cm

解答 (3) 文章を完成させると, 次のようになります.

「高さ 2m 以上の足場に使用する作業床の幅は **40cm** 以上とし, 床材間のすき間は **3cm** 以下とする.」

06　建設機械による災害の防止

クレーンによる作業・玉掛け

① **5t以上**のクレーンの運転操作をする者は，**クレーン運転免許**が必要で，**5t未満**の場合は**特別教育を受けた者**でなければならない．

② **5t以上**の移動式クレーンの運転操作をする者は，**移動式クレーン運転免許**が必要で，**1t以上5t未満**の場合は**技能講習修了者**，**1t未満**の場合は**特別教育を受けた者**でなければならない．

③ **移動式クレーン**の作業では，運転についての**合図**を定め，**合図を行う者を指名**しなければならない．

④ 移動式クレーンにより労働者を運搬したり，労働者をつり上げて作業させてはならない．

⑤ 移動式クレーンの運転者は，荷をつったままで運転位置を離れてはならない．

⑥ 定期自主検査は，**1年以内ごとに1回**検査する項目と，**1月以内ごとに1回**検査する項目とがあり，自主検査の結果の**記録は3年間保存**しなければならない．

⑦ その日の**作業開始前**に，巻過防止装置などの**点検**を行わなければならない．

⑧ つり上げ荷重**1t以上**のクレーン等を使用する玉掛け作業は，**技能講習修了者**，**1t未満**の場合は**特別教育を受けた者**でなければならない．

⑨ 移動式クレーンに**定格荷重を超える荷重**をかけて使用してはならない．

⑩ 移動式クレーン明細書に記載されている**ジブの傾斜角**の範囲を超えて使用してはならない．

⑪ 移動式クレーンの運転者および玉掛けをする者が移動式クレーンの**定格荷重を知ることができるよう**，**表示**その他の措置を講じなければならない．

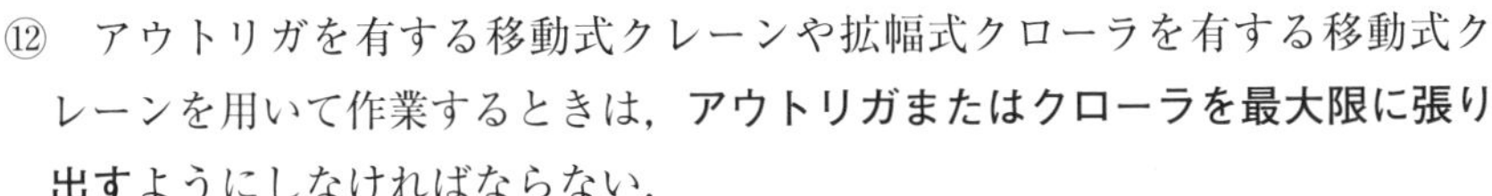

⑫　アウトリガを有する移動式クレーンや拡幅式クローラを有する移動式クレーンを用いて作業するときは，**アウトリガまたはクローラを最大限に張り出す**ようにしなければならない．

⑬　移動式クレーンの上部旋回体と接触するおそれのある箇所に労働者を立ち入らせてはならない．

⑭　**強風**のため，移動式クレーンの作業の実施に危険が予想されるときは，**作業を中止**しなければならない．

⑮　移動式クレーンの作業を行うときは，**移動式クレーンに移動式クレーン検査証を備え付け**ておかなければならない．

問題 01　クレーンを使用して機材を揚重する場合の玉掛け作業に関する記述として，「クレーン等安全規則」上，不適当なものはどれか．

(1)　つり角度によりワイヤロープの安全荷重が変わるので，ワイヤロープのサイズを変更した．
(2)　玉掛け用ワイヤロープは，異常の有無についての点検を前日に行ったものを使用した．
(3)　玉掛け用ワイヤロープは，両端にアイを備えているものを使用した．
(4)　玉掛け用ワイヤロープは，安全係数が 6 のものを使用した．

解答　(2) 玉掛け用ワイヤロープは，使用する日の作業開始前に異常の有無について点検しなければならない．

(参考) クレーンのフック部で，玉掛け用ワイヤロープが重ならないようにするとともに，図のようにキンクしている玉掛け用ワイヤロープは使用してはならない．

問題 02 事故報告に関する次の記述の［　　］に当てはまる語句の組合せとして，「労働安全衛生法」上，適当なものはどれか．

「事業者は，ゴンドラのワイヤロープが切断した事故が発生したときは，［ア］，報告書を［イ］に提出しなければならない.」

	ア	イ
(1)	遅滞なく	市町村長
(2)	遅滞なく	所轄労働基準監督署長
(3)	48時間以内に	市町村長
(4)	48時間以内に	所轄労働基準監督署長

解答▶ (2) 文章を完成させると，次のようになります．

「事業者は，ゴンドラのワイヤロープが切断した事故が発生したときは，**遅滞なく**，報告書を**所轄労働基準監督署長**に提出しなければならない.」

(参考)「ゴンドラのワイヤロープが切断した事故が発生した」を「研削といしの破裂の事故が発生した」に置き換えただけの問題も出題されています．

問題 03 事業者が，遅滞なく，報告書を労働基準監督署長に提出しなければならない場合として，「労働安全衛生法」上，定められていないものはどれか．

(1) 事業場で火災または爆発の事故が発生したとき
(2) ゴンドラのワイヤロープの切断事故が発生したとき
(3) つり上げ荷重が1tの移動式クレーンの転倒の事故が発生したとき
(4) 休業の日数が4日に満たない労働災害が発生したとき

解答▶ (4) **休業日数が4日以上**の場合は，その事実が発生してから**遅滞なく**報告書を提出しなければなりません．

07 酸素欠乏などによる災害の防止

酸素欠乏危険作業

① **酸素欠乏**とは，空気中の**酸素濃度が18%未満**である状態をいう．

② 酸素欠乏等とは，①の状態または空気中の硫化水素濃度が10 ppmを超える状態をいう．

酸素（O_2）約21%
アルゴン（A_r）など約1%
窒素（N_2）約78%

空気の成分

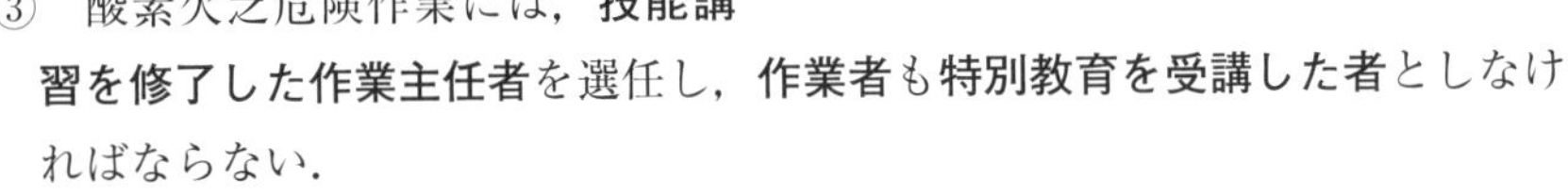

③ 酸素欠乏危険作業には，**技能講習を修了した作業主任者**を選任し，**作業者**も**特別教育を受講した者**としなければならない．

④ **暗きょやマンホール**などの酸素欠乏危険場所で作業するときの実施事項

・その日の**作業を開始する前**に空気中の**酸素濃度を測定，記録し，3年間保存**しなければならない．

・**酸素濃度**を**18%以上**に保つよう**換気**しなければならない．

・従事させる労働者の**入場・退場時に，人員の点検**をしなければならない．

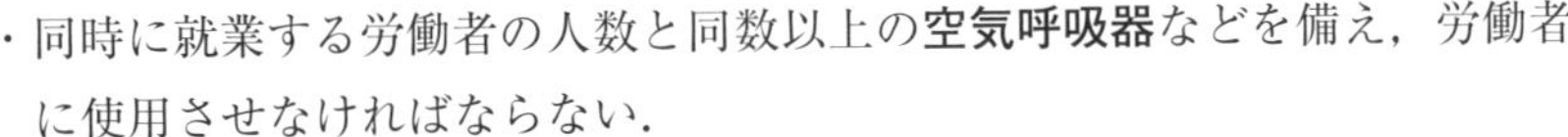

・同時に就業する労働者の人数と同数以上の**空気呼吸器**などを備え，労働者に使用させなければならない．

・労働者が酸素欠乏症などにかかって転落するおそれのあるときは，労働者に**要求性能墜落制止用器具**その他の**命綱**を使用させなければならない．

・**指名した者以外の者が立ち入ることを禁止し，その旨を見やすい箇所に表示する．**

問題 01　ガス溶接等の業務に使用する溶解アセチレンの容器の取扱いに関する記述として，「労働安全衛生法」上，不適当なものはどれか．

(1)　気密性のある場所に貯蔵すること．
(2)　使用前または使用中の容器とこれら以外の容器との区分を明らかにしておくこと．
(3)　容器の温度を 40℃以下に保つこと．
(4)　運搬するときは，キャップを施すこと．

解答 (1) 溶解アセチレン容器は，通風または換気の不十分な場所には貯蔵しないこととされています．

問題 02　ガス溶接等の業務に使用する溶解アセチレンの容器の取扱いに関する記述として，「労働安全衛生法」上，誤っているものはどれか．

(1)　容器の温度を 40 ℃以下に保つこと．
(2)　運搬するときは，キャップを施すこと．
(3)　保管するときは，転倒を防止するために横にして置くこと．
(4)　使用前または使用中の容器とこれら以外の容器との区別を明らかにしておくこと．

解答 (3) 溶解アセチレン容器は，立てておかなければなりません．

08 感電災害の防止

漏電による感電の防止

① 対地電圧が**150 V を超える移動式・可搬式の電気機械器具**等は，漏電による感電防止のため，電路に**感電防止用漏電遮断装置**を接続しなければならない．

② 感電防止用漏電遮断装置の施設が困難なときは，電動機械器具の金属製外わく，電動機の金属製外被等の**金属部分を接地**して使用しなければならない．

③ 充電部や付属コードの**絶縁被覆の損傷，接続端子のゆるみなどを点検**する．

④ **二重絶縁構造のものを使用**するか，**機器を絶縁台上で使用**する．

電気機械器具の操作部分の照度

電気機械器具の操作の際に，感電の危険・誤操作による危険を防止するため，操作部分は必要な照度を保持しなければならない．

配線および移動電線

① 労働者が作業中や通行の際に接触または接触するおそれのある配線で，絶縁被覆を有するものや移動電線は，**絶縁被覆が損傷・老化**していることにより，感電の危険が生ずることを防止する措置を講じなければならない．

② 水など湿潤している場所で使用する移動電線やこれに附属する接続器具で，労働者が作業中や通行の際に接触するおそれのあるものは，移動電線・接続器具の被覆・外装が導電性の高い液体に対して**絶縁効力のあるもの**でなければならない．

③ **仮設配線や移動電線を通路面で使用してはならない．**

高圧活線作業

高圧の充電電路の点検，修理などの作業で，作業に従事する労働者の感電の危険のおそれのあるときは，次のいずれかの措置を講じなければならない．

① **労働者に絶縁用保護具を着用させる**とともに，**充電電路**への接触・接近により感電の危険のおそれのあるものに**絶縁用防具を装着**すること．

② 労働者に**活線作業用器具**を使用させること．

③ 労働者に**活線作業用装置**を使用させること．

高圧活線近接作業

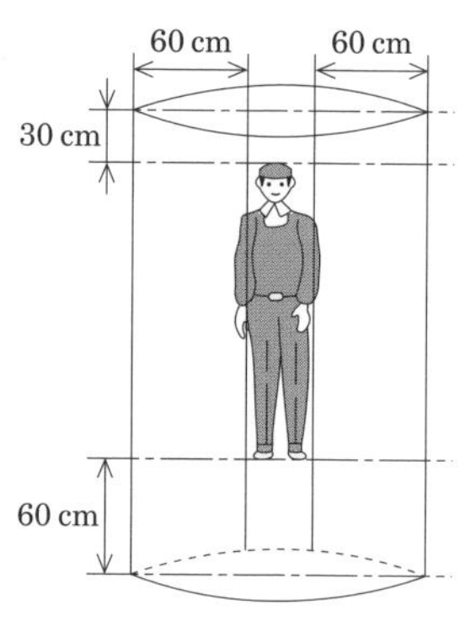

① **活線近接作業**とは，充電電路に対して**頭上30 cm**，**躯側および足下 60 cm 以内に接近**して作業を行う状態をいう．

② 活線近接作業では，**充電電路に絶縁用防具を装着**するか，**作業者に絶縁用保護具を着用**させなければならない．

停電作業を行う場合の措置

電路を開路して，電路や支持物の敷設，点検，修理，塗装などの**電気工事の作業を行うときは，電路を開路した後，次の措置**を講じなければならない．

① **開閉器**に，作業中，**施錠**か**通電禁止の表示**をし，または**監視人を置く**こと．

② **電力ケーブル**，**電力コンデンサ**などを有する電路で，残留電荷による危険を生ずるおそれのあるものは，安全な方法により**残留電荷を放電させる**こと．

③ 高圧・特別高圧電路は，**検電器具により停電を確認**し，かつ，**誤通電**，ほかの電路との**混触**や**誘導**による感電の危険を防止するため，**短絡接地器具**を用いて確実に**短絡接地**すること．

④ 作業中や作業終了した場合，**開路した電路に通電**しようとするときは，あらかじめ，作業者に**感電の危険が生ずるおそれのないこと**，**短絡接地器具を取り外したことを確認**した後でなければ，行ってはならない．

断路器などの開路

高圧・特別高圧の電路の断路器，線路開閉器などの開閉器で，負荷電流を遮断するためのものでないものを開路するときは，**誤操作を防止**するため，電路が無負荷であることを示すための**パイロットランプ**，電路の系統を判別するための**タブレット**などにより，操作者に電路が**無負荷であることを確認**させなければならない．

工作物の建設等の作業を行う場合の感電の防止

架空電線・電気機械器具の充電電路に近接する場所で，工作物の建設，解体，点検，修理，塗装などの作業や附帯する作業，くい打機，くい抜機，移動式クレーンなどを使用する作業を行う場合，作業者が作業中や通行の際に，充電電路に身体などが接触・接近することにより感電の危険が生ずるおそれのあるときは，次のいずれかによる措置を講じなければならない．

① **充電電路を移設**すること．

② 感電の危険を防止するための**囲いを設けること**．

③ 充電電路に**絶縁用防護具を装着**すること．

④ これらの措置が著しく困難なときは，**監視人を置き作業を監視**させること．

絶縁用保護具等の定期自主検査

絶縁用保護具等は，**6月以内ごとに1回**，定期に，その絶縁性能について自主検査を行い，**記録は3年間保存**しなければならない．

問題 01 漏電による感電の防止に関する次の記述のうち，［　　］に当てはまる語句の組合せとして，「労働安全衛生法」上，正しいものはどれか．

「電動機械器具で［ア］が［イ］を超える移動式のものが接続される電路には，確実に作動する感電防止用漏電遮断器を接続しなければならない．」

	ア	イ
(1)	使用電圧	100V
(2)	使用電圧	200V
(3)	対地電圧	150V
(4)	対地電圧	300V

解答 (3) 問題の文章を完成させると次のようになります．

「電動機械器具で**対地電圧**が**150V**を超える移動式のものが接続される電路には，確実に作動する感電防止用漏電遮断器を接続しなければならない．」

（参考）次の文章も出題されています．

「移動式または可搬式の電動機械器具で**対地電圧**が**150V**を超えるものが接続される電路には，当該電路の定格に適合し，感度が良好であり，かつ，確実に作動する感電防止用漏電遮断装置を接続しなければならない．」

問題 02 停電作業を行う場合の措置として，「労働安全衛生法」上，不適当なものはどれか．

(1) 高圧の電路が無負荷であることを確認したのち，当該電路の断路器を開路した．
(2) 開路した電路に電力用コンデンサが接続されていたので，残留電荷を放電した．
(3) 開路した高圧電路の停電を確認したので，短絡接地器具を用いることを省略した．
(4) 開路に用いた開閉器に通電禁止に関する所要事項を表示したので，監視人を置くことを省略した．

解答 (3) 検電器具で停電を確認しても，開路した高圧の電路への**短絡接地の取付け**は省略できません．

検電と短絡接地が必要	
検電器	短絡接地器具

問題 03 労働者の感電の危険を防止するための措置に関する記述として，「労働安全衛生法」上，誤っているものはどれか．

(1) 架空電線に近接する場所でクレーンを使用する作業を行うので，架空電線に絶縁用防護具を装着した．
(2) 区画された電気室において，電気取扱者以外の者の立ち入りを禁止したので，充電部分の感電を防止するための囲いおよび絶縁覆いを省略した．
(3) 仮設の配線を通路面で使用するので，配線の上を車両などが通過することによる絶縁被覆の損傷のおそれのないよう防護した．
(4) 低圧活線作業において，感電のおそれのある充電電路に感電注意の表示をしたので，絶縁保護具の着用および絶縁防具の装着を省略した．

解答 (4) 低圧活線作業において，感電のおそれのある充電電路に感電注意の表示をしても，絶縁保護具の着用および絶縁防具の装着は省略できません．

22章 労働基準法

01 労働契約の締結・労働時間等

労働条件の明示

使用者は，労働契約の締結に際し，労働者に対して賃金，労働時間その他の労働条件を明示しなければなりません．

明示しなければならない労働条件

① 労働契約の期間に関する事項
② 就業の場所および従事すべき業務に関する事項
③ 始業および終業の時刻，所定労働時間を超える労働の有無，休憩時間，休日，休暇などに関する事項
④ 賃金の決定，計算および支払の方法等に関する事項
⑤ 退職に関する事項
⑥ 退職手当などに関する事項
⑦ 臨時に支払われる賃金，賞与など
⑧ 労働者に負担させるべき食費，作業用品その他に関する事項
⑨ 安全および衛生に関する事項
⑩ 職業訓練に関する事項
⑪ 災害補償および業務外の傷病扶助に関する事項
⑫ 表彰および制裁に関する事項
⑬ 休職に関する事項

記録の保存

使用者は，労働者名簿，賃金台帳など労働関係に関する重要な書類を**3年間保存**しなければならない．

労働時間

① 使用者は，労働者に，休憩時間を除き**1週間について40時間**を超えて，労働させてはならない．
② 使用者は，1週間の各日については，労働者に，休憩時間を除き**1日について8時間**を超えて，労働させてはならない．

休　憩

使用者は，**労働時間が6時間を超える場合においては少**

なくとも45分，8時間を超える場合においては少なくとも1時間の休憩時間を労働時間の途中に与えなければならない．

問題 01 労働契約等に関する記述として，「労働基準法」上，誤っているものはどれか．

(1) 使用者は，満18歳に満たない者を坑内で労働させてはならない．
(2) 使用者は，労働契約の不履行について違約金を定め，または損害賠償額を予定する契約をしてはならない．
(3) 使用者は，賃金台帳および雇入，解雇その他労働関係に関する重要な書類を1年間保存しなければならない．
(4) 労働契約で明示された労働条件が事実と相違する場合においては，労働者は，即時に労働契約を解除することができる．

解答 (3) 使用者は，賃金台帳および雇入，解雇その他労働関係に関する重要な書類を**5年間保存**しなければならない．
(参考) (3) の選択肢の記述を「労働者名簿，賃金台帳および雇入，解雇その他労働関係に関する重要な書類を1年間保存しなければならない．」と変えただけの問題も出題されています．

問題 02 使用者が，労働者名簿に記入しなければならない事項として，「労働基準法」上，定められていないものはどれか．

(1) 労働者の労働日数
(2) 従事する業務の種類
(3) 退職の年月日およびその事由
(4) 死亡の年月日およびその原因

解答 (1) 労働者名簿の記載事項は次の①～⑨で，労働者の労働日数は定められていません．
①労働者の氏名，②生年月日，③履歴，④性別，⑤住所，⑥従事する業務の種類，⑦雇入の年月日，⑧退職年月日およびその事由（解雇の場合はその理由），⑨死亡の年月日およびその原因

(参考) 次の選択肢も出題されています．
○：労働者の履歴
×：労働者の労働時間数

問題 03 労働契約等に関する記述として，「労働基準法」上，誤っているものはどれか．

(1)　使用者は，労働契約の不履行について違約金を定めてはならない．
(2)　労働者は，労働契約で明示された労働条件が事実と相違する場合においては，労働者は，即時に労働契約を解除することができる．
(3)　使用者は，満 18 歳に満たない者を高さ 5 m以上の場所で，墜落により危害を受けるおそれのあるところにおける業務に就かせてはならない．
(4)　使用者は，労働者が業務上負傷し，療養のために休業する期間が 5 年を経過した場合は，無条件で解雇することができる．

解答 (4) 使用者は，療養補償を受ける労働者が 3 年を経過しても負傷または疾病がなおらない場合においては平均賃金の 1 200日分の打ち切り補償を行わなければならない．

02 年少者の使用

年少者の使用

年少者については，次の内容が規定されています．

最低年齢	使用者は，児童が満15歳に達した日以後の最初の3月31日が終了するまで，これを使用してはならない．
年少者の証明書	使用者は，**満18歳に満たない者**について，その年齢を証明する**戸籍証明書**を**事業場に備え付け**なければならない．
未成年者の労働契約	①　親権者または後見人は，未成年者に代わって労働契約を締結してはならない． ②　親権者もしくは後見人または行政官庁は，労働契約が未成年者に不利であると認める場合においては，将来に向かってこれを解除することができる． ③　未成年者は，独立して賃金を請求することができる． ④　親権者または後見人は，未成年者の賃金を代わって受け取ってはならない．
深夜業	使用者は，**満18歳に満たない者**を**午後10時から午前5時までの間において使用してはならない**．ただし，**交替制**によって使用する**満16歳以上の男性**については，この限りでない．
危険有害業務の就業制限	使用者は，**満18歳に満たない者**に，下表の業務に就かせてはならない． ①　ボイラーの取扱い ②　運転中の原動機の掃除・修理等 ③　起重機（**クレーン**）の**運転** ④　起重機の**玉掛け（補助作業は可能）** ⑤　建設機械等の運転 ⑥　火薬類・危険物の製造および取扱い ⑦　さく岩機等を使用する振動業務 ⑧　**足場組立て解体（地上での補助作業は可能）** ⑨　直流750V，**交流300Vを超える充電電路**の点検・修理・操作

問題 01　建設業における年少者の就業制限に関する次の記述のうち，［　　］に当てはまる語句の組合せとして，「労働基準法」上，定められているものはどれか．

「使用者は，児童が満 15 歳に達した日以後の最初の［ ア ］が終了するまで，これを使用してはならない．また，満［ イ ］に満たない者に労働基準法に定める危険有害業務に就かせてはならない．」

	ア	イ
(1)	3 月 31 日	18 歳
(2)	3 月 31 日	20 歳
(3)	12 月 31 日	18 歳
(4)	12 月 31 日	20 歳

解答　(1) 文章を完成させると次のようになります．
「使用者は，児童が満 15 歳に達した日以後の最初の **3 月 31 日**が終了するまで，これを使用してはならない．また，満 **18 歳**に満たない者に労働基準法に定める危険有害業務に就かせてはならない．」

問題 02　満 18 歳に満たない者を就かせてはならない業務として，「労働基準法」上，定められていないものはどれか．

(1)　深さが 5m 以上の地穴における業務
(2)　動力により駆動される土木建築用機械の運転業務
(3)　地上または床上における足場の組立または解体の補助作業の業務
(4)　電圧が 300V を超える電圧の充電電路の点検，修理または操作の業務

解答　(3) 地上または床上における足場の組立または解体の**補助作業**の業務は，満 18 歳に満たない者でも可能です．
（参考 1）次の選択肢も出題されています．
○：高さ 5 m以上の場所で，墜落により危害を受けるおそれのあるところにおける業務→定められています．
○：デリックまたは揚貨装置の運転の業務
×：交流電圧 200V の充電電路の修理の業務
　→**交流電圧 300V を超える充電電路**が対象です．

01 電気事業法の目的と電気工作物

電気事業法の目的

電気事業法の目的は,「電気事業の運営を適正かつ合理的ならしめることによって,**電気の使用者の利益を保護**し，及び**電気事業の健全な発達を図る**とともに,電気工作物の工事,維持及び運用を規制することによって,**公共の安全を確保**し,及び**環境の保全を図る**ことを目的とする」と規定されています.

電気工作物の区分

電気工作物は電気事業法によって，住宅や商店などの一般用電気工作物と，これ以外の事業用電気工作物とに区分されています．また，事業用電気工作物は,工場やビルなどの自家用電気工作物と電気を供給するための電気事業用電気工作物とに区分されています.

<table>
<tr><th colspan="3">電気工作物</th></tr>
<tr><td colspan="2">事業用電気工作物</td><td rowspan="2">一般用電気工作物</td></tr>
<tr><td>電気事業用の電気工作物</td><td>自家用電気工作物</td></tr>
</table>

一般用電気工作物と自家用電気工作物

一般用電気工作物と自家用電気工作物の違いは，次のとおりです.

一般用電気工作物	自家用電気工作物
① **600 V 以下**の電圧で受電し，その受電のための電線路以外に電線路を構外に出し，構外の電気工作物と電気的に接続していない. ② **小出力発電設備**以外の発電設備が同一の構内に設置されていない. ③ **爆発性または引火性のものが存在する場所に設置されていない**.	① **高圧または特別高圧**で受電 ② **構外にわたる電線路を有する**. ③ 発電設備と同一の構内にある（小出力発電設備を除く). ④ 火薬取締法および鉱山保安規則の適用を受ける事業所に設置する.

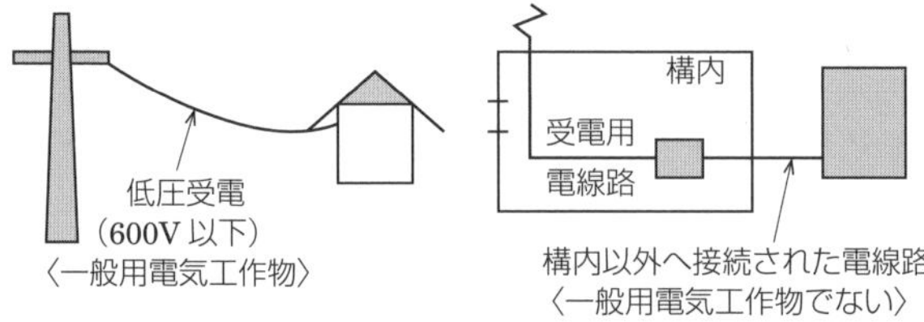

小出力発電設備

電圧 600 V 以下の発電設備で下表のものが該当します.

発電所の種類	出 力	ほかの電気工作物と電気的に接続され，①～⑥の合計出力が50 kW 以上となるものを除く.
①太陽電池発電設備	50 kW 未満	
②風力発電設備	20 kW 未満	
③水力発電設備（ダムのないもの）		
④内燃力を原動力とする発電設備	10 kW 未満	
⑤燃料電池発電設備		
⑥スターリングエンジン発電設備		

電気工作物から除かれるもの

電気事業法では,「**電圧 30 V 未満の電気的設備**であって，**電圧 30 V 以上の電気的設備と電気的に接続されていない工作物**は，電気工作物から除かれる.」と規定されています.

供給電圧と周波数

電気事業法施行規則では，一般送配電事業者は，電気の**供給電圧**を表の値に維持することを規定しています.

また，周波数については，**標準周波数**に等しい値（50 Hz または 60 Hz）と規定されています.

標準電圧	維持値
100 V	101 ± 6 V
200 V	202 ± 20 V

問題 01 電気工作物に関する次の記述のうち，[　　]に当てはまる値として,「電気事業法」上，正しいものはどれか.

「一般用電気工作物の受電の電圧は，[　　]以下と定められている.」

(1) 200V　(2) 400V　(3) 600V　(4) 750V

解答 (3) 一般用電気工作物の受電の電圧は，**600V** 以下と定められています.

(参考)「小出力発電設備の電圧は，経済産業省令で定められており，**600V** 以下である.」とした問題も出題されています.

問題 02 電気工作物として，「電気事業法」上，定められていないものはどれか．

(1)　電気鉄道用の変電所
(2)　火力発電のために設置するボイラー
(3)　水力発電のための貯水池および水路
(4)　電気鉄道の車両に設置する電気設備

解答 (4) 発電，変電，送電もしくは配電または電気の使用のために設置する機械，器具，ダム，水路，貯水池，電線路その他の工作物が対象であって，**船舶，車両または航空機に設置されるものその他の政令で定めるものは除く**とされています．なお，電気事業者から電気鉄道用変電所へ電力を供給するための送電線路は，電気工作物に該当します．
(参考) 次の選択肢も出題されています．
○：建築物に設置する高圧受電設備→電気工作物です．

問題 03 一般送配電事業者が供給する電気の電圧に関する次の記述のうち，［　　］に当てはまる数値として，「電気事業法」上，定められているものはどれか．

「標準電圧 100 V の電気を供給する場所において，供給する電気の電圧の値は，101 V の上下［　　］V を超えない値に維持するように努めなければならない．」

(1)　3　　(2)　6　　(3)　10　　(4)　20

解答 (2) 維持すべき電圧は，電灯を対象として **101 ± 6〔V〕**と規定されています．

問題 04 一般送配電事業者が供給する電気の電圧に関する次の記述のうち，［　　］に当てはまる数値として，「電気事業法」上，適切なものはどれか．

「標準電圧 200V の電気を供給する場所において，供給する電気の電圧の値は，202V の上下［　　］V を超えない値に維持するように努めなければならない．」

(1)　6　　(2)　10　　(3)　12　　(4)　20

解答 (4) 維持すべき電圧は，動力では **202 ± 20〔V〕**と規定されています．

02 | 保安規程

保安規程の作成と届出

保安規程は，電気工作物の工事，維持，運用に関する保安を確保するためのもので，保安上なすべき義務が定められています．

① **自家用電気工作物の設置者**は，**使用の開始前**に**保安規程を作成**し，**経済産業大臣に届け出**なければならない．

② 保安規程を**変更**したときも，**遅滞なく**同様に**届け出る**必要がある．

③ 電気工作物の**設置者および従業者**は，**保安規程を守らなければならない．**

保安規程の規定事項

自家用電気工作物の場合の保安規程に記載すべき項目は，次のとおりです．

① 電気工作物の工事，維持および運用に関する業務管理者の **職務および組織**

② 従事する者に対する **保安教育**

③ 保安のための **巡視，点検および検査**

④ **運転または操作**

⑤ 発電所の運転を長期間停止する場合の **保全の方法**

⑥ **災害** その他 **非常の場合にとるべき措置**

⑦ 保安についての **記録**

⑧ **法定事業者検査** に係る実施体制と記録の保存

⑨ **その他** 保安に関して必要な事項

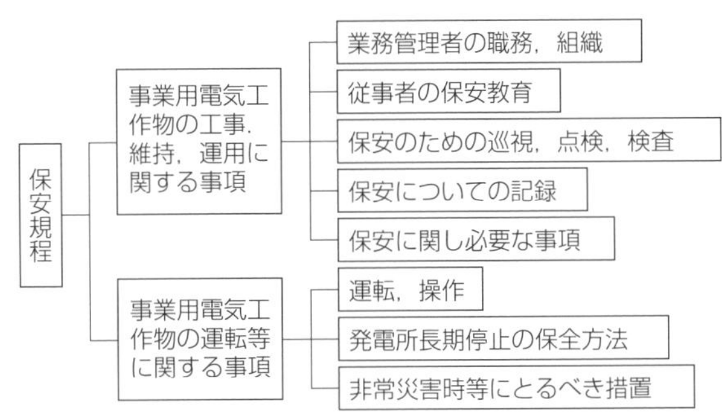

問題01　保安規程に関する記述として，「電気事業法」上，定められていないものはどれか.

(1)　保安規程は，事業用電気工作物の保安を監督する主任技術者が作成する.
(2)　保安規程には，事業用電気工作物の運転または操作に関することを定める.
(3)　保安規程には，保安を一体的に確保することが必要な事業用電気工作物の組織ごとに定める.
(4)　事業用電気工作物を設置する者およびその従業者は，保安規程を守らなければならない.

解答　(1) 保安規程は，**事業用電気工作物を設置する者**が作成しなければならない.

問題02　事業用電気工作物の保安を確保するために，保安規程に必要な事項として，「電気事業法」上，定められていないのはどれか.

(1)　工事，維持および運用に関する保安についての記録に関すること.
(2)　工事，維持および運用に関するエネルギーの使用の削減に関すること.
(3)　災害その他非常の場合に採るべき措置に関すること.
(4)　工事，維持または運用に関する業務を管理する者の職務及び組織に関すること.

解答　(2) エネルギーの使用の削減に関することは**省エネルギー法**で定められています.

03 電気主任技術者の選任

電気主任技術者の保安監督範囲

電気主任技術者の免状の種類ごとの保安について監督できる電気工作物の工事，維持および運用の範囲は，下表のとおりです．

免状の種類	監督できる範囲
第一種電気主任技術者	すべての電気設備
第二種電気主任技術者	170 kV 未満の電気設備
第三種電気主任技術者	**50kV 未満**の電気設備（**発電出力は 5 000kW 未満**）

主任技術者の選任と届出

① 事業用電気工作物の設置者は，保安の監督をさせるため，電気主任技術者免状の交付を受けているものから選任し，遅滞なくその旨を**経済産業大臣に届け出**なければならない．

② 解任したときも同様である．

主任技術者の義務および指示

① 主任技術者は，事業用電気工作物の**工事，維持および運用に関する保安の監督**の職務を誠実に行わなければならない．

② 事業用電気工作物の工事，維持，運用に従事する者は，主任技術者がその保安のためにする指示に従わなければならない．

問題 01 事業用電気工作物について，第三種電気主任技術者免状の交付を受けている者が，保安の監督をすることができる電圧の範囲として，「電気事業法」上，定められているものはどれか．ただし，出力 5 000kW 以上の発電所は除くものとする．

(1)　7 000V 未満
(2)　25 000V 未満
(3)　50 000V 未満
(4)　170 000V 未満

解答 (3) 第三種電気主任技術者免状の交付を受けている者が，保安の監督をすることができる電圧の範囲は，50 000V 未満（出力 5 000kW 以上の発電所は除く）の事業用電気工作物です．

問題 02　電気工作物に関する記述として，「電気事業法」上，誤っているものはどれか．

(1)　事業用電気工作物とは，一般用電気工作物以外の電気工作物をいう．
(2)　自家用電気工作物とは，電気事業の用に供する電気工作物および一般用電気工作物以外の電気工作物をいう．
(3)　事業用電気工作物を設置する者は，保安を一体的に確保することが必要な事業用電気工作物の組織ごとに保安規程を定めなければならない．
(4)　一般用電気工作物を設置する者は，電気工作物の工事，維持および運用に関する保安の監督をさせるため，主任技術者を選任しなければならない．

解答 (4) 事業用電気工作物を設置する者は，電気工作物の工事，維持および運用に関する保安の監督をさせるため，主任技術者を選任しなければなりません．一般用電気工作物については不要です．

24章 電気工事士法

01 電気工事士法の目的と電気工事士

電気工事士法の目的

目的を,「電気工事の作業に従事する者の**資格および義務**を定めることで,**電気工事の欠陥による災害の発生の防止**に寄与する」としています.

電気工事士の作業可能範囲

電気工事士の作業できる範囲は,免状種別ごとに下表のように規定されています.

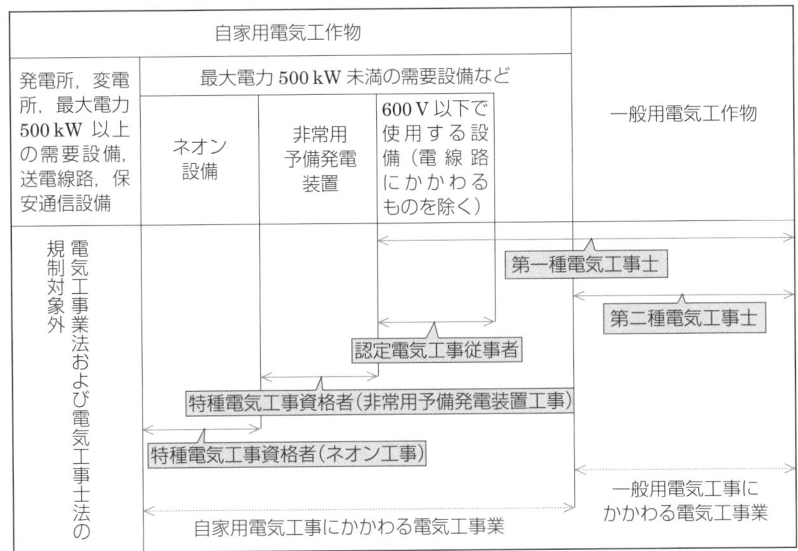

電気工事士の義務

① 電気工事は,**電気設備技術基準に適合するように作業**を行わねばなりません.

② 工事をするときは,**電気工事士免状などを携帯**しなければなりません.

③ **電気用品安全法に適合した用品の使用**が必要です.

④ 第一種電気工事士は,免状取得後**5年ごとに定期講習**の受講義務があります.

⑤ **都道府県知事**から電気工事の報告を求められた場合,**報告義務**があります.

電気工事士と労働安全衛生法との関係

「労働安全衛生法」上，工事現場での作業の安全の確保する者の選任は，次のように規定されています．

① 安全・衛生教育を受けた者を**職長**とすることができます．

② 充電電路の修理業務において，低圧であっても第一種電気工事士は特別教育を受けていなければ業務の担当者になれません（**特別教育の受講が必須**）．

③ 電路を開路して，その電路の点検作業を行うときは，**作業の指揮者**を定めなければなりません．

問題 01 電気工事士等に関する記述として，「電気工事士法」上，誤っているものはどれか．

(1) 特殊電気工事の種類には，ネオン工事と非常用予備発電装置工事がある．
(2) 第一種電気工事士は，一般用電気工作物に係る電気工事の作業に従事できる．
(3) 第二種電気工事士は，自家用電気工作物に係る簡易電気工事の作業に従事できる．
(4) 電気工事士免状は，都道府県知事が交付する．

解答 (3) 500kW 未満の自家用電気工作物に係る簡易電気工事の作業に従事することができるのは，認定電気工事従事者です．

第二種電気工事士の免状の保有者が，講習を受けて認定電気工事従事者になれば，500kW 未満の自家用電気工作物に係る 600V 以下の簡易電気工事の作業に従事することができます．

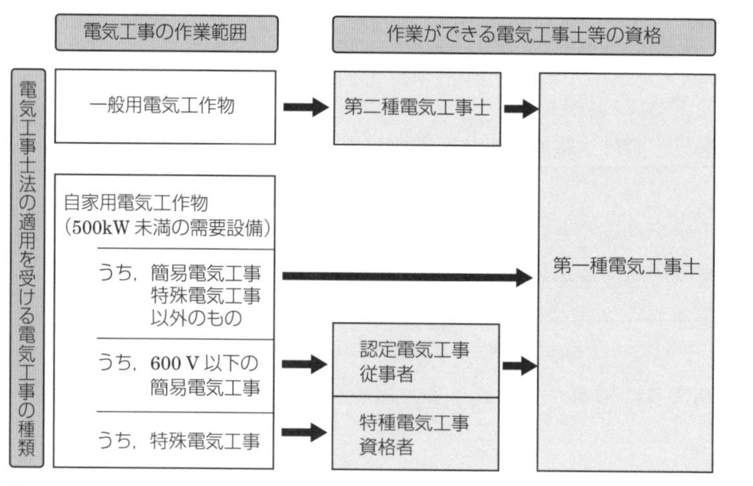

問題 02 電気工事士等に関する記述として，「電気工事士法」上，誤っているものはどれか．

(1) 電気工事士免状の種類には，第一種電気工事士免状および第二種電気工事士免状がある．
(2) 電気工事士免状は，経済産業大臣が交付する．
(3) 経済産業大臣は，認定電気工事従事者認定証の返納を命ずることができる．
(4) 特種電気工事資格者認定証は，経済産業大臣が交付する．

解答 (2) 電気工事士免状は，都道府県知事が交付します．

問題 03 電気工事士等に関する記述として，「電気工事士法」上，誤っているものはどれか．

(1) 特種電気工事資格者認定証は，都道府県知事が交付する．
(2) 特種電気工事資格者は，認定証の交付を受けた特殊電気工事の作業に従事することができる．
(3) 認定電気工事従事者認定証は，経済産業大臣が返納を命ずることができる．
(4) 認定電気工事従事者は，自家用電気工作物に係る簡易電気工事に従事することができる．

解答 (1) 特種電気工事資格者認定証と認定電気工事従事者認定証の交付は，経済産業大臣が行います．

問題 04 一般用電気工作物において，「電気工事士法」上，電気工事士でなければ従事してはならない作業から除かれているものはどれか．ただし，電線は電気さくの電線およびそれに接続する電線を除く．

(1) 金属製の電線管を曲げる作業
(2) 地中電線用の管を設置する作業
(3) 電線相互を接続する作業
(4) 電線を直接造営材に取り付ける作業

解答 (2) 地中電線用の管を設置する作業は，電気工事士でなければ従事してはならない作業から除かれています．

問題 05　一般用電気工作物において，「電気工事士法」上，電気工事士でなければ従事してはならない作業から除かれているものはどれか．

(1)　電線管を曲げる作業
(2)　ダクトに電線を収める作業
(3)　接地極を地面に埋設する作業
(4)　電力量計を取り付ける作業

解答 (4) 電力量計を取り付ける作業は，電気工事士でなければ従事してはならない作業から除かれています．

問題 06　一般用電気工作物に係る作業のうち，「電気工事士法」上，電気工事士でなくても従事できる作業はどれか．ただし，電線は電気さくの電線およびそれに接続する電線を除くものとする．

(1)　電線管に電線を収める作業
(2)　露出型コンセントを取り換える作業
(3)　電線を直接造営材に取り付ける作業
(4)　金属製のボックスを造営材に取付ける作業

解答 (2) 露出型コンセントを取り換える作業は，電気工事士でなければ従事してはならない作業から除かれています．

問題 07　自家用電気工作物において，第一種電気工事士が従事できる作業として，「電気工事士法」上，誤っているものはどれか．

(1)　接地極を地面に埋設する作業
(2)　6kV の高圧配電盤を造営材に取り付ける作業
(3)　600V を超えて使用する電動機に電線を接続する作業
(4)　ネオン用として設置するネオン管に電線を接続する作業

解答 (4) ネオン用として設置するネオン管に電線を接続する作業は，特種電気工事資格者（ネオン工事）でなければ従事できません．

問題 08 一般用電気工作物において，電気工事士でなければ従事してはならない作業または工事として，「電気工事士法」上，正しいものはどれか.

(1)　埋込型点滅器を取り換える作業
(2)　露出型コンセントを取り換える作業
(3)　電力量計を取り付ける作業
(4)　地中電線用の管を設置する工事

解答 (1) 埋込型点滅器を取り換える作業は，電気工事士でなければ従事してはなりません.

問題 09 自家用電気工作物に係る作業のうち，「電気工事士法」上，第一種電気工事士でなくても従事できる作業はどれか.

(1)　電線管に電線を収める作業
(2)　地中電線用の管を設置する作業
(3)　配電盤を造営材に取り付ける作業
(4)　金属製のボックスを造営材に取り付ける作業

解答 (2) 地中電線用の管を設置する作業は，誰でもできます.

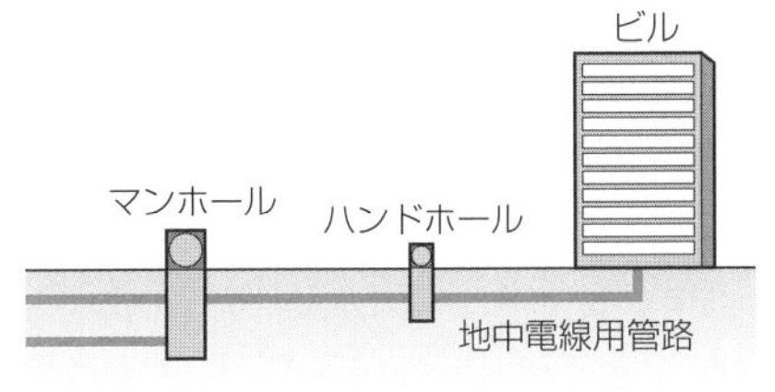

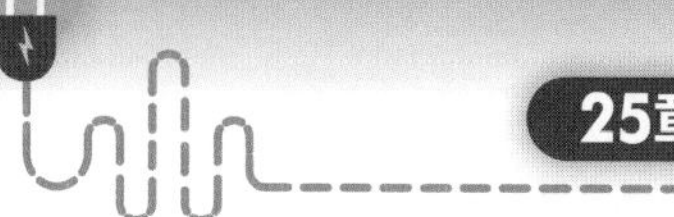

電気工事業法

01 電気工事業法の目的と義務

電気工事業法の正式名称は，「電気工事業の業務の適正化に関する法律」です．

電気工事業法の目的

電気工事業法の目的は，「**電気工事業を営む者の登録**等及びその義務の規制を行うことにより，その**業務の適正な実施を確保**し，もって**一般用電気工作物及び自家用電気工作物の保安確保**に資する」こととされています．

電気工事業者の登録と主任電気工事士の設置

① **一般用電気工作物**に係る電気工事業を営もうとするときは，登録を受けなければなりません．

2以上の都道府県の区域内に営業所を設置する場合	**経済産業大臣の登録**
1の都道府県の区域内にのみ営業所を設置する場合	**都道府県知事の登録**

登録電気工事業者登録票	
登録番号	
登録の年月日	
氏名又は名称	
代表者の氏名	
営業所の名称	
電気工事の種類	
主任電気工事士等の氏名	

② 登録の有効期限：**5年**（有効期間満了後も継続営業する場合は更新登録が必要です．）

③ **登録電気工事業者**は，その営業所ごとに，電気工事の作業を管理させるため，**第一種電気工事士または第二種電気工事士免状の交付を受けた後，3年以上の実務経験者**を**主任電気工事士**として置かなければなりません．

電気工事業者の義務

① 電気工事士でない者を軽微な作業以外の電気工事の作業に従事させてはなりません．

② 電気工事業でない者に，その請け負った電気工事を請け負わせてはなりません．

③ 電気用品安全法に適合しない電気用品を電気工事に使用してはなりません．

④ 営業所ごとに所定の器具を備えなければなりません．

一般用電気工作物の電気工事業者	**・絶縁抵抗計・接地抵抗計・回路計**
自家用電気工作物の電気工事業者	**上記のほか ・低高圧検電器・継電器試験装置・絶縁耐力試験装置**

⑤　営業所および電気工事の施工場所ごとに，所定事項を記載した**標識**を掲げなければなりません．

⑥　工事に関する所定事項を記載した**帳簿**を備え，**5年間保存**しなければなりません．

問題01 登録電気工事業者が，一般用電気工作物に係る電気工事の業務を行う営業所ごとに置く，主任電気工事士になることができる者として，「電気工事業の業務の適正化に関する法律」上，定められているものはどれか．

(1)　第一種電気工事士　　(2)　認定電気工事従事者
(3)　第三種電気主任技術者　　(4)　監理技術者

解答 (1) 登録電気工事業者は，その営業所ごとに，電気工事の作業を管理させるため，**第一種電気工事士または第二種電気工事士免状の交付を受けた後，3年以上の実務経験者**を主任電気工事士として置かなければなりません．

問題02 電気工事業者が，一般用電気工事のみの業務を行う営業所に備えなければならない器具として，「電気工事業の業務の適正化に関する法律」上，定められているものはどれか．

(1)　絶縁抵抗計
(2)　低圧検電器
(3)　継電器試験装置
(4)　絶縁耐力試験装置

解答 (1) 絶縁抵抗計は，一般用電気工作物の工事を行う営業所に備えなければなりません．

問題03 電気工事業者が，一般用電気工事のみの業務を行う営業所に備えなければならない器具として，「電気工事業の業務の適正化に関する法律」上，定められていないものはどれか．

(1)　低圧検電器
(2)　絶縁抵抗計
(3)　接地抵抗計
(4)　抵抗および交流電圧を測定する回路計

解答 (1) 低圧検電器は，線路の充電の有無を確かめるもので，自家用電気工作物の工事を行う営業所に備えなければなりません．

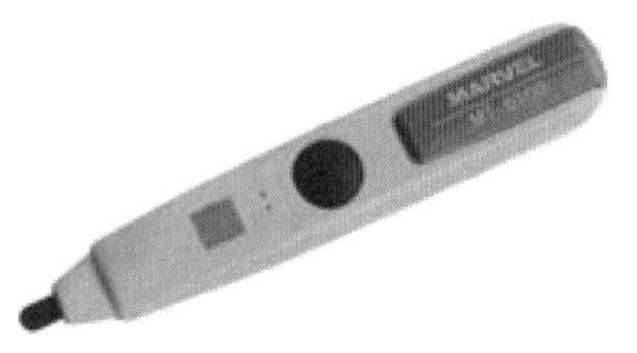

問題 04 電気工事業者が営業所ごとに備える帳簿において，電気工事ごとに記載しなければならない事項として，「電気工事業の業務の適正化に関する法律」上，定められていないものはどれか．

(1)　営業所の名称および所在の場所
(2)　電気工事の種類および施工場所
(3)　注文者の氏名または名称および住所
(4)　主任電気工事士等および作業者の名称

解答 (1) 帳簿に記載しなければならない事項は，次の6項目です．

①注文者の氏名または名称および住所
②電気工事の種類および施工場所
③施工年月日
④主任電気工事士等および作業者の氏名
⑤配線図
⑥検査結果

(参考) 電気工事士の免状の種類および交付番号は記載項目の対象外です．

問題 05 登録電気工事業者が掲げなければならない標識に記載する事項として，「電気工事業の業務の適正化に関する法律」上，定められていないものはどれか．

(1)　氏名または名称および法人にあっては，その代表者の氏名
(2)　営業所の所在地
(3)　営業所の業務に係る電気工事の種類
(4)　登録の年月日および登録番号

解答 (2) 営業所所在地は，標識の記載事項ではありません．

26章 電気用品安全法

01 電気用品安全法の目的と規制

電気用品安全法の目的

「電気用品の**製造，輸入，販売等を規制**するとともに，電気用品の安全性の確保につき民間事業者の自主的な活動を促進することにより，**電気用品による危険および障害の発生を防止**する」ことです．

規制の範囲

① **電気用品**：一般用電気工作物に用いる機械・器具・材料および携帯発電機，蓄電池

電気用品 ＝ 特定電気用品 ＋ 特定電気用品以外の電気用品

＊PSE：PS（Product Safety），E（Electrical Appliance & Materials）

② **特定電気用品**：特に危険，障害の発生のおそれが多いもの

③ **特定電気用品以外の電気用品**：「電気用品」で「特定電気用品」以外

電気用品の適用

電気用品安全法の適用を受ける電気用品は，多岐にわたり細かく規定されています．ここでは，代表的なものを示しておきます．

☆ **特定電気用品の適用を受けるもの**

① **電線類**：定格電圧 100 V 以上 600 V 以下

> ＊**絶縁電線**：公称断面積 **100 mm² 以下**
> ＊**ケーブル**：公称断面積 **22 mm² 以下，線心 7 本以下**
> ＊**キャブタイヤケーブル，コード**：公称断面積 100 mm² 以下，線心 7 本以下

② **点滅器**：定格電流 **30 A 以下**

③ **箱開閉器，配線用遮断器，漏電遮断器**：定格電流 **100 A 以下**

④ **放電灯用安定器**：定格消費電力 **500 W 以下**

⑤ **携帯発電機**：定格電圧 30 V 以上 300 V 以下

☆ **特定電気用品以外の電気用品の適用を受けるもの**

① **電線管類**：内径 120 mm 以下

② **単相電動機，かご形三相誘導電動機**

③ **換気扇**：定格電圧 30 V 以上 300 V 以下，消費電力 **300 W 以下**

④ **光源・光源応用機械器具**

⑤ **電気温床線**

問題 01 電気用品の定義に関する次の記述のうち，［　　］に当てはまる語句の組合せとして，「電気用品安全法」上，定められているものはどれか．

この法律において電気用品とは，次に掲げる物をいう．

一　［ア］の部分となり，またはこれに接続して用いられる機械，器具または材料であって，政令で定めるもの

二　携帯発電機であって，政令で定めるもの

三　［イ］であって，政令で定めるもの

	ア	イ
(1)	自家用電気工作物	太陽電池発電設備
(2)	自家用電気工作物	蓄電池
(3)	一般用電気工作物	太陽電池発電設備
(4)	一般用電気工作物	蓄電池

解答 (4) 文章を完成させると，次のようになります．

この法律において電気用品とは，次に掲げる物をいう．

一　**一般用電気工作物** の部分となり，またはこれに接続して用いられる機械，器具又は材料であって，政令で定めるもの

二　**携帯発電機**であって，政令で定めるもの

三　**蓄電池**であって，政令で定めるもの

問題 02 特定電気用品以外の電気用品に表示する記号として，「電気用品安全法」上，正しいものはどれか．

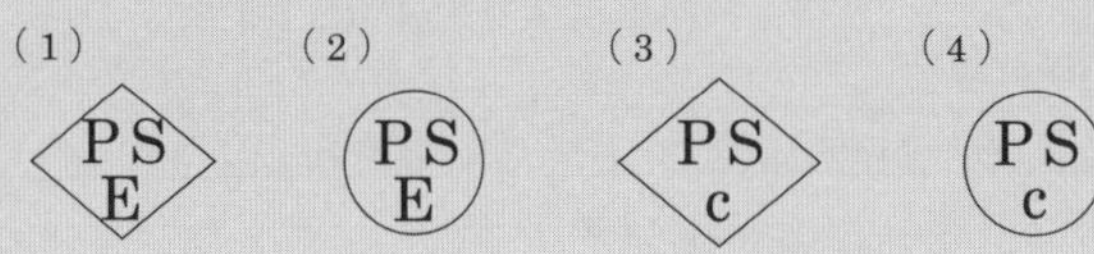

解答 (2) 丸形の PSE は，特定電気用品以外の電気用品に表示する記号です．

なお，(1) の菱形の PSE は，特定電気用品に表示する記号です．

問題 03 電気工事に使用する機材のうち,「電気用品安全法」上,電気用品として定められていない種類はどれか.

(1) 5.5mm^2 の 600V ビニル絶縁電線
(2) 定格電圧 125V3A のヒューズ
(3) 定格電圧 125V15A の配線器具
(4) 幅が 600mm のケーブルラック

解答 (4) 電気用品安全法は,電気用品による危険および障害の発生の防止を目的とした法律で,具体的な電気用品の品目については政令で定められていますが,ケーブルラックはこの対象とはなっていません.

問題 04 電気工事に使用する機材のうち,「電気用品安全法」上,電気用品として定められていない種類はどれか.

(1) 600V 架橋ポリエチレン絶縁ビニルシースケーブル(CVT150mm^2)
(2) ねじなし電線管(E75)
(3) 幅 40mm 高さ 30mm の二種金属製線ぴ
(4) 定格電圧 250V 定格電流 5A の筒形ヒューズ

解答 (1) 600V 架橋ポリエチレン絶縁ビニルシースケーブル(CVT ケーブル)は,公称断面積 **22mm^2 以下**,線心 **7 本以下**のものが電気用品安全法の電気用品となります.

問題 05 電気工事に使用する機械,器具または材料のうち,「電気用品安全法」上,電気用品として定められていないものはどれか.
ただし,電気用品は防爆型のものおよび油入型のものを除くものとする.

(1) 600V ビニル絶縁電線(5.5mm^2)
(2) 300mm × 300mm × 200mm の金属製プルボックス
(3) ねじなし電線管(E31)
(4) 定格電圧 AC125V15A の配線器具

解答 (2) プルボックスは,電気用品として定められていません.

問題 06　特定エネルギー消費機器（トップランナー制度の対象品目）として，「エネルギーの使用の合理化等に関する法律」上，定められていないものはどれか.

(1)　変圧器
(2)　エアコンディショナ
(3)　三相誘導電動機
(4)　コンデンサ

解答　(4) コンデンサは，無効電力しか消費しないので，特定エネルギー消費機器（トップランナー制度の対象品目）として定められていません.

27章 建築基準法

01 建築基準法の用語

建築基準法の目的

「建築物の敷地，構造，設備及び用途に関する最低の基準を定めて，国民の生命，健康及び財産の保護を図り，もって公共の福祉の増進に資すること」を目的としています．

用語の定義（抜粋）

① **建築物**：土地に定着する工作物のうち，**屋根・柱・壁**を有するもの，これに附属する**門・塀**，観覧のための工作物，地下・高架の工作物内に設ける事務所，店舗，興行場，倉庫その他これらに類する施設（**跨線橋**，**プラットホームの上家**，**貯蔵槽などを除く．**）をいい，**建築設備**を含む．

② **特殊建築物**：**学校**，**体育館**，**病院**，劇場，観覧場，集会場，展示場，百貨店，市場，ダンスホール，遊技場，公衆浴場，旅館，共同住宅，寄宿舎，下宿，工場，倉庫，自動車車庫，危険物の貯蔵場，と畜場，火葬場，汚物処理場その他これらに類する用途に供する建築物をいう．

③ **建築設備**：建築物に設ける**電気**，**ガス**，**給水**，**排水**，**換気**，**暖房**，**冷房**，**消火**，**排煙**，**汚物処理設備**，**煙突**，**昇降機**，**避雷針**をいう．

④ **居室**：居住，執務，作業，集会，娯楽その他これらに類する目的のために**継続的に使用する室**をいう．

⑤ **主要構造部**：**壁**，**柱**，**床**，**梁**，**屋根**，**階段**をいう．

（除外されるもの）

建築物の構造上重要でない間仕切壁，間柱，附け柱，揚げ床，**最下階の床**，廻り舞台の床，小梁，**ひさし**，局部的な小階段，屋外階段その他これらに類する建築物の部分を除く．

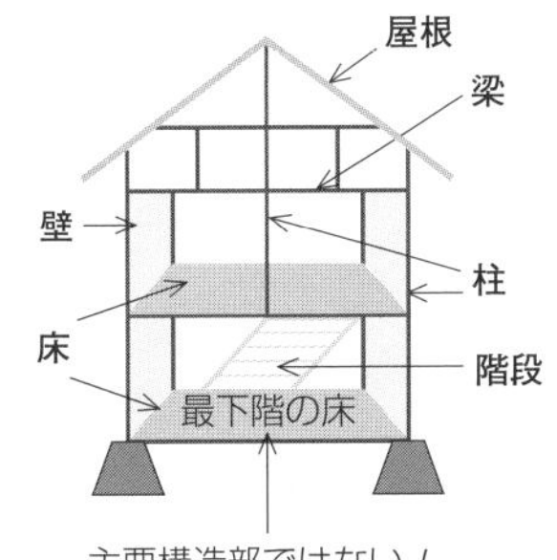

⑥ **延焼のおそれのある部分**：隣地境界線，道路中心線または同一敷地内の2以上の建築物相互の外壁間の中心線から，**1階にあっては3m以下**，**2階以上にあっては5m以下**の距離にある建築物の部分をいう．

⑦ **耐火構造**：壁，柱，床その他の建築物の部分の構造のうち，耐火性能に関して政令で定める技術的基準に適合する**鉄筋コンクリート造**，**れんが造**その他の構造のものをいう．

⑧　**準耐火構造**：壁，柱，床その他の建築物の部分の構造のうち，準耐火性能に関して政令で定める技術的基準に適合するものをいう．

⑨　**防火構造**：建築物の外壁または軒裏の構造のうち，防火性能に関して政令で定める技術的基準に適合する鉄網モルタル塗，しっくい塗その他の構造のものをいう．

（注意）⑦～⑨については，国土交通大臣が定めた構造方法を用いるものまたは国土交通大臣の認定を受けたものが対象となります．

⑩　**不燃材料**：建築材料のうち，不燃性能に関して政令で定める技術的基準に適合するもので，国土交通大臣が定めたものまたは国土交通大臣の認定を受けたものをいう．

⑪　**建築**：建築物を**新築**し，**増築**し，**改築**し，または**移転**することをいう．

⑫　**大規模の修繕**：建築物の**主要構造部の一種以上について行う過半の修繕**をいう．

（参考）過半は，**金額の過半**を意味しています！

⑬　**大規模の模様替**：建築物の**主要構造部の一種以上について行う過半の模様替**をいう．

⑭　**特定行政庁**：**建築主事を置く市町村の区域**については当該**市町村の長**をいい，**その他の市町村の区域**については**都道府県知事**をいう．

問題 01 特殊建築物として，「建築基準法」上，定められていないものはどれか．

(1)　体育館　(2)　旅館　(3)　百貨店　(4)　事務所

解答 (4) 事務所は，特殊建築物には該当しません．
(参考)「体育館，共同住宅，工場，事務所」から，「学校，寄宿舎，事務所，工場」からそれぞれ特殊建築物でないものを選ぶ問題も出題されています．もちろん，特殊建築物でないのは事務所です．

問題 02 建築物の主要構造部として，「建築基準法」上，定められていないものはどれか．

(1)　壁　(2)　柱　(3)　はり　(4)　基礎

解答 (4) 基礎は，主要構造部ではありません．

問題 03 建築物に関する記述として，「建築基準法」上，誤っているものはどれか．

(1)　建築物に設ける避雷針は，建築設備である．
(2)　鉄道のプラットホームの上屋は，建築物である．
(3)　共同住宅は，特殊建築物である．
(4)　屋根は，主要構造部である．

解答 (2) 跨線橋，**プラットホームの上家**，貯蔵槽などは建築物ではありません．

問題 04 建築物に関する記述として，「建築基準法」上，誤っているものはどれか．

(1)　共同住宅は，特殊建築物である．
(2)　展示場は，特殊建築物である．
(3)　煙突は，建築設備である．
(4)　蓄光式の誘導標識は，建築設備である．

解答 (4) 蓄光式の誘導標識は，消防法での避難設備であり，建築基準法での建築設備ではありません．

問題 05　建築設備として，「建築基準法」上，定められていないものはどれか.

(1)　避雷針　(2)　汚物処理の設備　(3)　昇降機　(4)　誘導標識

解答 (4) 誘導標識は，消防法で定める**避難設備**です.

問題 06　建築設備として，「建築基準法」上，定められていないものはどれか. ただし，建築物に設けるものとする.

(1)　排煙設備　(2)　汚物処理の設備　(3)　避難はしご　(4)　避雷針

解答 (3) 避難はしごは，消防法で定める**避難設備**です.

問題 07　建築設備として，「建築基準法」上，定められていないものはどれか. ただし，建築物に設けるものとする.

(1)　排煙設備　(2)　汚物処理の設備　(3)　防火戸　(4)　昇降機

解答 (3) 防火戸は，建築基準法で定める防火設備に該当します.

問題 08　次の記述のうち，「建築基準法」上，誤っているものはどれか.

(1)　直接地上へ通じる出入口のある階を避難階とした.
(2)　映画館の客席からの出口の戸を，内開きとしなかった.
(3)　非常用エレベータに，かご内と中央管理室とを連絡する電話装置を設けた.
(4)　排煙設備の排煙口を自動開放装置付としたので，手動開放装置を設けなかった.

解答 (4) 排煙口には手動開放装置を設けることと規定されています.

02 非常用照明装置

非常用照明装置の設置基準

非常用照明装置の設置目的は，建物外へ避難することができ，かつ身の回りの応急処理ができるようにすることで，一定規模以上の建築物に設置しなければならない**防災設備**です．規定されている規模は，次のとおりです

① 映画館，病院，ホテル，学校，百貨店などの特殊建築物
② 階数が 3 階以上，延床面積が 500 m² を超える建築物
③ 延床面積が 1 000 m² を超える建築物
④ 無窓居室を有する建築物

非常用照明器具の照度

非常用照明器具の**白熱ランプ**は床面において，**1 lx**（**蛍光ランプ**および LED では，**2 lx**）**以上**の照度を **30 分間以上確保**できる必要があります．

また，各構えの接する地下道の床面において **10 lx** 以上の照度の確保が必要です．

誘導灯の種類と適用

誘導灯は，火災による煙が発生し視界が悪くなっても，誘導灯（矢印）に従うことで，安全に確実に避難方向へ誘導するものです．

避難口誘導灯	通路誘導灯	客席誘導灯
人が出口に向かう図で避難口を明示．	人が矢印に向かう図で避難方向を明示．	客席の横下に取り付け，非常の場合，通路の床面を照らす．

種　類	目　的
避難口誘導灯	①　避難口の位置明示 ②　避難方向の明示（階段または傾斜路に設けるもの以外）
通路誘導灯	避難上，必要な床面照度の確保，避難の方向の確認（階段または傾斜路に設けるもの以外）
客席誘導灯	避難上必要な床面照度の確保

問題 01　非常用の照明装置に関する記述として，「建築基準法」上，誤っているものはどれか．ただし，地下街の各構えの接する地下道に設けるものを除く．

(1)　LED ランプを用いる場合は，常温下で床面において水平面照度 2lx を確保することができるものとする．

(2)　予備電源は，充電を行うことなく 10 分間継続して点灯させることができるものとする．

(3)　照明器具内に予備電源を有する場合は，電気配線の途中にスイッチを設けてはならない．

(4)　電線は，600V 二種ビニル絶縁電線その他これと同等以上の耐熱性を有するものとしなければならない．

解答　(2) 予備電源は，充電を行うことなく **30 分間**継続して点灯させることができるものとしなければなりません．

問題 02　非常用の照明装置に関する記述として，「建築基準法」上，不適当なものはどれか．ただし，地下街の各構えの接する地下道に設けるものを除く．

(1)　照明器具（照明カバーその他の照明器具に付属するものを含む．）のうち主要な部分は，難燃材料で造り，または覆わなければならない．

(2)　LED ランプを用いる場合は，常温下で床面において水平面照度 1lx を確保することができるものとする．

(3)　予備電源は，充電を行うことなく 30 分間継続して点灯させることができるものとする．

(4)　非常用の照明装置の電源は，常用の電源が断たれた場合に自動的に予備電源に切り替えられて接続され，かつ，常用の電源が復旧した場合に自動的に切り替えられて復帰するものとする．

解答　(2) LED ランプを用いる場合は，常温下で床面において水平面照度 **2lx** を確保することができるものとしなければなりません．

問題 03 誘導灯に関する記述として，「消防法」上，誤っているものはどれか．

(1) 誘導灯には，非常電源を附置する．
(2) 電源の開閉器には，誘導灯用のものである旨を表示すること．
(3) 屋内の直通階段の踊場に設けるものは，避難口誘導灯とすること．
(4) 避難口誘導灯は，表示面の縦寸法および表示面の明るさでA級，B級，C級に区分されている．

解答 (3) 屋内の直通階段の踊場に設けるものは，**通路誘導灯**です．

問題 04 通路誘導灯に関する記述として，「消防法」上，不適当なものはどれか．

(1) 点滅機構を設けることができない．
(2) 床面には設けることができない．
(3) 廊下に設ける通路誘導灯には，避難の方向を示すシンボルが必要である．
(4) 当該誘導灯までの歩行距離が，所定の距離以下となるように設ける．

解答 (2) 通路誘導灯は，**床面に設ける**ことができます．

問題 05 通路誘導灯に関する記述として，「消防法」上，誤っているものはどれか．

(1) 点滅機構を設けることができる．
(2) 床面に設けることができる．
(3) 廊下の曲り角に設けること．
(4) 非常電源を附置すること．

解答 (1) 点滅機構を設けることはできません．

03 建築物の避雷設備

避雷針

避雷針は，**直撃雷による雷撃電流を安全に大地に逃がす設備**で，建築基準法では，

- **高さ 20 m を超える建築物**
- **指定数量の 10 倍以上の危険物取扱箇所など**
- **火薬庫**

には，避雷設備の施設が義務づけられています．

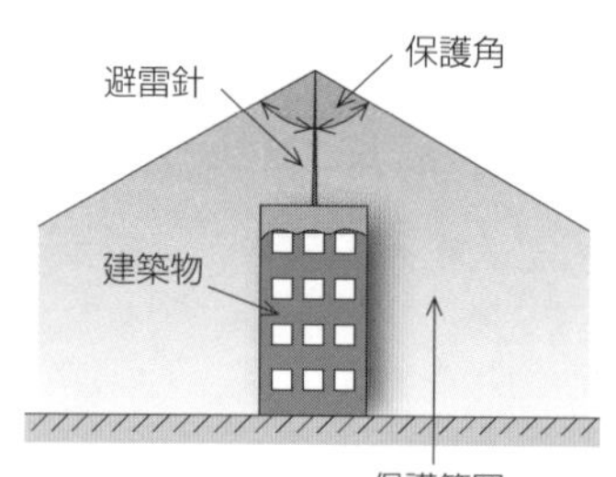

避雷針の保護角は，高さと保護効率が考慮されたものになり，保護する構造物が高くなるほど保護角は狭くなります．また，保護範囲の考え方には，従来の**保護角法**以外に**回転球体法**や**メッシュ法**があります．受雷部の高さが 60 m を超過した場合には，保護角法は採用できません．

避雷設備の構成

① **受雷部**：突針部，むね上げ導体，手すり，フェンスなどがあります．

② **避雷導線**：断面積 **30 mm² 以上の銅, 50 mm² 以上のアルミニウム**の導体によって受雷部と接地極を接続します．

③ **接地極**：接地極は，**厚さ 1.4 mm 以上，片面 0.35 m² の銅板**または同等以上の効果のある金属体を用い，次のように接続しなければなりません．

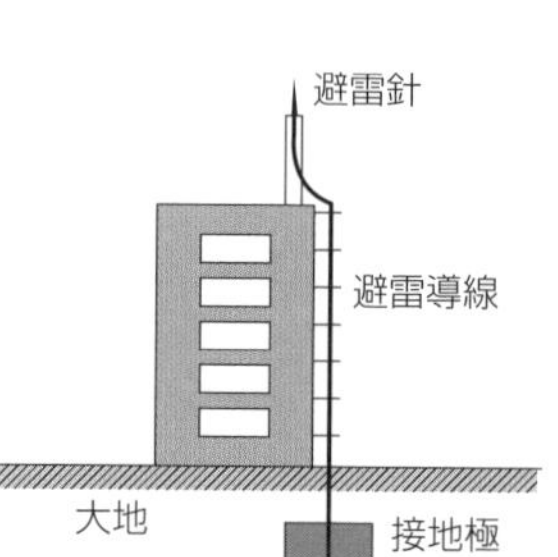

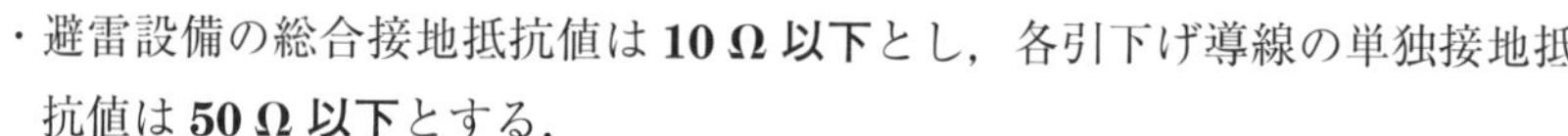

- 避雷設備の総合接地抵抗値は **10 Ω 以下**とし，各引下げ導線の単独接地抵抗値は **50 Ω 以下**とする．
- 接地極は，地下 **0.5 m 以上の深さ**に埋設する．
- 接地極は，ガス管から **1.5 m 以上**離す．

問題 01 建築物等の外部雷保護システムに関する用語として，「日本産業規格(JIS)」上，関係のないものはどれか．

(1) 水平導体　(2) 保護角法　(3) 保護レベル　(4) 開閉サージ

解答 (4) 開閉サージは，無負荷の送電線や変圧器，コンデンサなどの開閉時に発生する電力系統の内部で発生する異常電圧です．
(参考) 正しい選択肢として「等電位ボンディング」も出題されています．

問題 02 建築物の雷保護システムに関する用語として，「日本産業規格 (JIS)」上，関係のないものはどれか．

(1) 水平導体　(2) アーマロッド
(3) 保護レベル　(4) サージ保護装置

解答 (2) アーマロッドは，架空送電線の振動対策や雷害によるアーク溶断対策として電線の支持部に，電線と同じ材質の金属を巻き付けたものです．

28章 消防法

01 消防法の目的と規制

消防法の目的

「火災を予防し，警戒し及び鎮圧し，国民の生命，身体及び財産を火災から保護するとともに，火災又は地震等の災害による被害を軽減するほか，災害等による傷病者の搬送を適切に行い，もって安寧秩序を保持し，社会公共の福祉の増進に資すること」を目的としています．

用語の定義（抜粋）

① **防火対象物**：山林または舟車，船きょ・ふ頭に繋留された船舶，建築物その他の工作物・これらに属するものをいう．

② **特定防火対象物**：消防法施行令で定められた，**多数の者が出入り**する防火対象物をいう．（**例**：デパート，映画館，飲食店，病院，公衆浴場など）

③ **非特定防火対象物**：**特定の者が出入り**する防火対象物をいう．（**例**：工場，作業場，事務所など）

④ **消防対象物**：山林または舟車，船きょ・ふ頭に繋留された船舶，建築物その他の工作物または物件をいう．

消防設備等の種類

消防設備等の種類には，表のようなものがあります．

種類	設備
消火設備	消火器および簡易消火用具
	屋内消火栓設備
	スプリンクラー設備
	水噴霧消火設備
	泡消火設備
	不活性ガス消火設備
	ハロゲン化物消火設備
	粉末消火設備
	屋外消火栓設備
	動力消防ポンプ設備
警報設備	自動火災報知設備
	ガス漏れ火災警報設備
	漏電火災警報器
	消防機関へ通報する火災報知設備
	非常警報器具および非常警報設備
避難設備	すべり台，避難はしご，救助袋 緩降機，避難橋その他の避難器具
	誘導灯および誘導標識

種類	設備
消防用水	防火水槽またはこれに代わる貯水池その他の用水
消火活動に必要な施設	排煙設備
	連結散水設備
	連結送水管
	非常コンセント設備
	無線通信補助設備
非常電源・配線	非常無線専用受電設備
	蓄電池設備
	自家発電設備
	配線
操作盤	

問題 01　消防の用に供する設備（消火設備，警報設備および避難設備）の種類として，「消防法」上，定められていないものはどれか．

(1)　不活性ガス消火設備　　(2)　自動火災報知設備
(3)　漏電火災警報器　　(4)　防災無線システム

解答 (4) 防災無線システムは，消防の用に供する設備ではありません．

問題 02　消防用設備等のうち，消火活動上必要な施設として，「消防法」上，定められていないものはどれか．

(1)　排煙設備　　(2)　連結送水管
(3)　非常コンセント設備　　(4)　非常警報設備

解答 (4) 非常警報設備は，**警報設備**に該当します．

問題 03　消防設備士に関する記述として，「消防法」上，誤っているものはどれか．

(1)　甲種消防設備士の免状の種類は，第1類から第5類および特類の指定区分に分かれている．
(2)　乙種消防設備士の免状の種類は，第1類から第7類の指定区分に分かれている．
(3)　自動火災報知設備の電源部分の工事は，第4類の甲種消防設備士が行わなければならない．
(4)　消防設備士は，都道府県知事等が行う工事または整備に関する講習を受けなければならない．

解答 (3) 自動火災報知設備の電源部分の工事は，電気工事士が行わなければなりません．

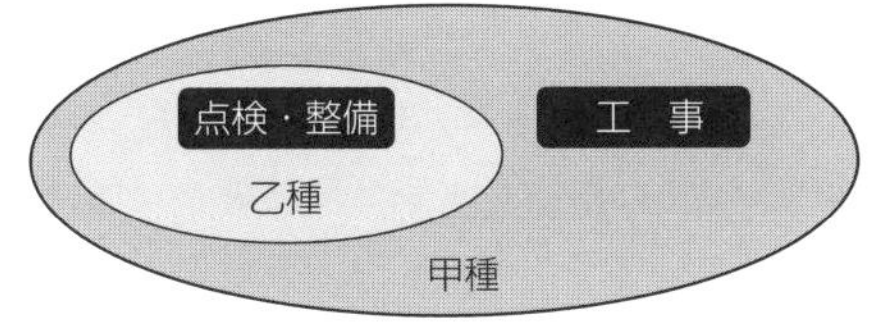

問題04 消防用設備等の設置に係る工事のうち，消防設備士でなければ行ってはならない工事として，「消防法」上，定められていないものはどれか．
ただし，電源，水源および配管の部分を除くものとする．

（1）　自動火災報知設備　　（2）　スプリンクラー設備
（3）　非常警報設備　　（4）　ハロゲン化物消火設備

解答 （3）非常警報設備は，消防設備士でなくても行える工事です．

問題05 消防用設備等として，「消防法」上，定められていないものはどれか．

（1）　消火器　　（2）　不活性ガス消火設備
（3）　誘導標識　　（4）　非常用の照明装置

解答 （4）非常用の照明装置は，**建築基準法**上の**避難設備**です．

問題06 消防用設備等の届出に関する次の文章中，［　　］に当てはまる日数の組合せとして，「消防法」上，正しいものはどれか．
「消防設備等の着工届は，工事に着手しようとする日の［ア］前までに，設置届出は，工事が完了した日から［イ］以内に消防長または消防署長に届け出なければならない．」

	ア	イ
（1）	10日	4日
（2）	10日	14日
（3）	30日	4日
（4）	30日	14日

解答 （1）文章を完成させると，次のようになります．
「消防設備等の着工届は，工事に着手しようとする日の **10日** 前までに，設置届出は，工事が完了した日から **4日** 以内に消防長または消防署長に届け出なければならない．」
なお，消防用設備等の工事着手時の届出者は**甲種消防設備士**で，消防用設備等の設置届出者は**防火対象物の関係者**です．

29章 道路法と道路交通法

01 道路法と道路交通法

道路の定義

「道路」とは，一般交通の用に供する道で，トンネル，橋，渡船施設，道路用エレベータなど道路と一体となってその効用を全うする施設または工作物および道路の附属物で当該道路に附属して設けられているものを含むものとする．

道路の占用とは？

道路上や上空，地下に一定の施設を設置し，**継続して道路を使用すること**です．

［下方占用の例］電気・電話・ガス・上下水道などの管路を道路の地下に埋設

［上方占用の例］道路の上空の看板，家屋・店舗の日除けなど

道路の占用許可

道路を占用する場合は，**道路管理者の許可**を受けなければならない．

許可を受けようとする者は，次の事項を記載した申請書を道路管理者に提出しなければならない．

①道路の占用の目的，②道路の占用の期間，③道路の占用の場所，④工作物，物件または施設の構造，⑤工事実施の方法，⑥工事の時期，⑦道路の復旧方法

道路の使用許可

道路を使用する場合は，**警察署長の許可**を受けなければならない．

問題 01 道路の占用許可申請書に記載する事項として，「道路法」上，定められていないものはどれか．

(1) 工事の時期
(2) 道路の復旧方法
(3) 工作物，物件または施設の構造
(4) 工作物，物件または施設の維持管理方法

解答 (4) 工作物，物件または施設の維持管理方法は，道路の占用許可申請書に記載する事項として定められていません．

01 公害と産業廃棄物

公害の要因

公害とは，環境の保全上の支障のうち，事業活動その他の人の活動に伴って生ずる相当範囲にわたるもので，公害の要因には次の7種類があります．

①大気汚染，②水質汚濁，③土壌の汚染，④騒音，⑤振動，⑥地盤沈下，⑦悪臭

産業廃棄物

事業活動に伴って生じた廃棄物のうち，廃棄物処理法で規定された**20種類**を産業廃棄物といいます．

(1) 産業廃棄物の種類

燃え殻，汚泥，ふん尿，廃油，廃酸，廃アルカリ，廃プラスチック類，ゴムくず，鉄くず，ガラスくず・コンクリートくずおよび陶磁器くず，鉱さい，がれき，ばいじん，紙くず，木くず，繊維くず，動植物性残さ，動物系固形不要物，動物のふん尿および動物の死体

(2) 特別管理産業廃棄物

産業廃棄物のうち**爆発性，毒性，感染性その他人の健康や生活環境に被害を生じるおそれ**のある，政令で定めるものが該当します．

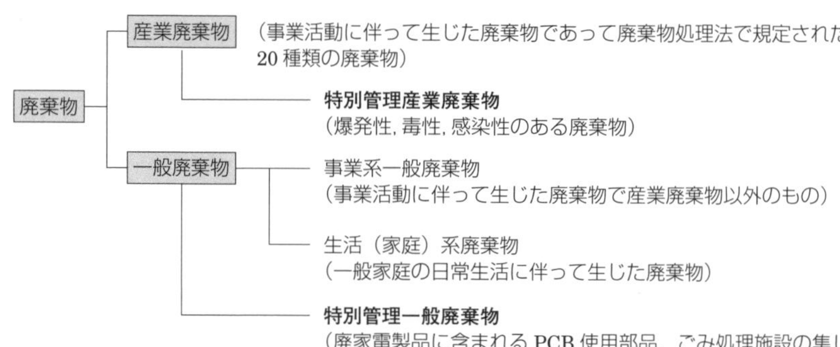

廃棄物管理票（マニフェスト）

① 産業廃棄物の運搬・処分を他人に委託する場合は，事業者は**産業廃棄物管理票を交付**しなければならない．

② 事業者は，運搬・処分が終了したことを**管理票の写し**で確認し，それを**5年間保存**しなければならない．

問題 01 公害の要因として，「環境基本法」上，定められていないものはどれか．

(1)　騒音　　(2)　悪臭
(3)　妨害電波　　(4)　地盤の沈下

解答 (3) 妨害電波は，公害の要因として定められていません．

問題 02 物の燃焼，合成などに伴い発生する物質のうち，「大気汚染防止法」上，ばい煙として定められていないものはどれか．

(1)　鉛　　(2)　塩素
(3)　カドミウム　　(4)　一酸化炭素

解答 (4) 一酸化炭素は，ばい煙ではありません．

問題 03 建設工事に伴って生じたもののうち産業廃棄物として，「廃棄物の処理及び清掃に関する法律」上，定められていないものはどれか．

(1)　汚泥　　(2)　木くず
(3)　陶磁器くず　　(4)　建設発生土

解答 (4) 建設発生土は，産業廃棄物として定められていません．

問題 04 建設工事に伴って生じた廃棄物のうち，産業廃棄物として，「廃棄物の処理及び清掃に関する法律」上，定められていないものはどれか．

(1)　廃プラスチック類　　(2)　ガラスくず
(3)　建設発生土　　(4)　金属くず

解答 (3) 建設発生土は，産業廃棄物として定められていません．

問題 05 廃棄物の処理に関する記述のうち，「廃棄物の処理および清掃に関する法律」上，定められていないものはどれか．

(1)　産業廃棄物管理票（マニフェスト）は，産業廃棄物の種類ごとに交付しなければならない．
(2)　事業活動に伴って生じた廃棄物は，事業者が自らの責任において処理しなければならない．
(3)　事業活動に伴って生じた廃プラスチック類は，産業廃棄物である．
(4)　工作物の除去に伴って生じたガラスくずは，一般廃棄物である．

解答 (4) ガラスくずは，産業廃棄物として定められています．

問題 06 騒音の規制基準に関する次の記述のうち，［　　］に当てはまる指定区域内の騒音の大きさとして，「騒音規制法」上，正しいものはどれか．

「特定建設作業が，特定建設作業の場所の敷地の境界線において，［　　］を超える大きさのものでないこと．」

(1)　65dB　　(2)　75dB　　(3)　85dB　　(4)　95dB

解答 (3)「騒音規制法」において，騒音の大きさは，「特定建設作業が，特定建設作業の場所の敷地の境界線において，**85dB** を超える大きさのものでないこと．」と規定されています．

(参考)「振動規制法」において，振動の大きさは，「特定建設作業が，特定建設作業の場所の敷地の境界線において，**75dB** を超える大きさのものでないこと．」と規定されています．なお，dB はデシベルと読みます．

問題 07 分別解体等および再資源化等を促進するため，特定建設資材として，「建設工事に係る資材の再資源化等に関する法律」上，定められていないものはどれか．

(1)　電線　　(2)　アスファルト・コンクリート
(3)　木材　　(4)　コンクリート

解答 (1) 特定建設資材は，❶コンクリート，❷コンクリートおよび鉄からなる建設資材，❸木材，❹アスファルト・コンクリートです．

2編
第二次検定

01 施工体験記述問題を学ぶ

【令和３年の例】あなたが経験した電気工事について，次の問に答えなさい．

1-1 経験した工事について，次の事項を記述しなさい．

(1) 工事名

(2) 工事場所

(3) 電気工事の概要

(4) 工期

(5) この電気工事でのあなたの立場

(6) あなたが担当した業務の内容

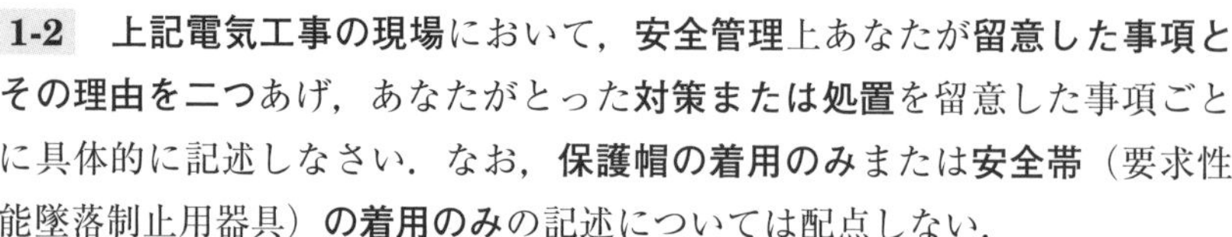

1-2 **上記電気工事の現場**において，**安全管理**上あなたが**留意した事項とその理由を二つ**あげ，あなたがとった**対策または処置**を留意した事項ごとに具体的に記述しなさい．なお，**保護帽の着用のみ**または**安全帯**（要求性能墜落制止用器具）**の着用のみ**の記述については配点しない．

☆**施工体験記述**の問題は，**毎年出題**され，**類似出題が多い**特徴があります．

☆**施工体験記述の出題テーマは，工程管理，安全管理**のいずれかです．

平成 28 年	**工程管理**	**電気工事の現場**において，**留意した事項とその理由を二つ**あげ，あなたがとった**対策または処置**ごとに具体的に記述
平成 29 年	**安全管理**	
平成 30 年	**工程管理**	
令和元年	**安全管理**	
令和 2 年	**工程管理**	
令和 3 年	**安全管理**	

02 施工体験記述対象の確認

内容的に良いものでも，実務経験として認められるものでなくてはなりません．念のため，以下の内容を確認しておきましょう‼

認められる実務経験

電気工事の施工に直接的に係る技術上のすべての職務経験をいいます．

① **受注者（請負人）**として**施工を管理**（工程管理，品質管理，安全管理などを含む）などした経験（施工図の作成や補助者としての経験も含む）
② **設計者など**による**工事監理**の経験（補助者としての経験も含む）
③ **発注者側**における**現場監督技術者など**としての経験（補助者も含む）

実務経験として認められる工事種別・工事内容

工事種別	主な工事内容（新設・増改築）
構内電気設備工事 （非常用電気設備を含む）	建築物，トンネル，ダムなどにおける 変電設備工事，自家発電設備工事，動力電源工事，計装工事，航空灯設備工事，避雷針工事，建築物などの「○○電気設備工事」など
発電設備工事	発電設備工事，発電機の据付け後の試運転，調整など
変電設備工事	変電設備工事　変電設備の据付け後の試運転，調整など
送配電線工事	架空送電線工事，架線工事，地中送電線工事，電力ケーブル布設・接続工事など
引込線工事	引込線工事など
照明設備工事	屋外照明設備工事，街路灯工事，道路照明工事など
信号設備工事	交通信号工事，交通情報・制御・表示装置工事など
電車線工事	（鉄道に伴う）変電所工事，発電機工事，き電線工事，電車線工事，鉄道信号・制御装置工事，鉄道用高圧線工事など
ネオン装置工事	ネオン装置工事など

（＊）施工体験記述には，**強電系（6 600 V，200 V，100 V など）の内容が必要**です‼

実務経験として認められる立場

上記の工事に携わったときの立場として，次の立場であることが必要です．

○**施工管理**（請負者の立場での現場管理業務（現場施工を含む））
○**設計監理**（設計者の立場での工事監理業務）
○**施工監督**（発注者の立場での工事監理業務）

03 施工体験記述の準備のコツ

工程管理，安全管理（労働者と第三者）のテーマで自身の体験記述を 2 種類作成し，繰り返し記述準備しておく！

☆実地試験の合格判定基準は公表されていませんが，**体験記述がしっかりできていないと合格はありえない**と考えるのが妥当です！

【令和 2 年の例】

1-1　経験した電気工事←事前準備しておいた内容をそのまま書くだけ！

(1)　**工事名**←実務経験として認められるもの（固有名詞）を書く

(2)　**工事場所**←施工場所を都道府県・市町村・番地レベルまで書く

(3)　**電気工事の概要**←500 万円以上の規模のものとするとよいでしょう！

(4)　**工期**←過去 5 年以内で工事期間が 1 月（理想は 3 月）以上とする

(5)　**この電気工事でのあなたの立場**←請負業者では現場代理人や現場主任など

(6)　**あなたが担当した業務の内容**←請負業者では「現場の施工管理」など

1-2　**上記電気工事の現場**において，**工程管理上**あなたが**留意した事項**とその理由を二つあげ，あなたがとった**対策または処置**を留意した事項ごとに具体的に記述しなさい．

→注意 1：記述内容と 1-1(3)電気工事の概要との合致が必要となります！

→注意 2：対策は，①，②のように箇条書きで 1 行ずつ書きます．

☆鉛筆は HB を使用し，誤字のないように，ていねいに，見やすく記述します．

☆専門用語を取り入れるとともに，数値表現をすると具体性が出てきます．

☆文字数の少なすぎ，空行，1 行からのはみ出しなどは減点されてしまいます．

☆経験記述は，あくまでも管理者の立場で記述し，失敗事例を書かない！

☆経験記述は，施工管理能力があるか，文章表現力があるかを見ています！

04　経験した工事欄の記入上の注意

(1) 工事名←実務経験として認められるもの（固有名詞）を書く

[記述例]	①オーム社ビル構内電気設備工事 ②ABCマンション電気設備工事 ③東西南北病院自家発電設備工事 ④四角センター照明設備工事

☆［記述例］に示したように工事内容は，前ページにあるものとします．

☆下記の（3）の電気工事の概要と内容的に矛盾していないことが必要です．

(2) 工事場所←施工場所を都道府県・市町村・番地レベルまで書く

[記述例]	①東京都千代田区神田錦町3－1 ②神奈川県横浜市港北区○○町2－10 ③兵庫県西宮市△△町12－16 ④大阪府大阪市天王寺区□□町9－25

☆記述の始めは，「**都道府県名**」から，終りは「**番地**」レベルとします．

(3) 電気工事の概要

記述例	①高圧キュービクル，6.6kV引込ケーブル35m，低圧ケーブル延250m ②キュービクル（Tr総容量450kV・A），配電盤10面，低圧ケーブル500m ③非常用発電機100kV・A2台，電源切替盤，低圧ケーブル延600m ④配電盤8面，低圧ケーブル550m，電動機15kW8台，蛍光灯40W計200灯

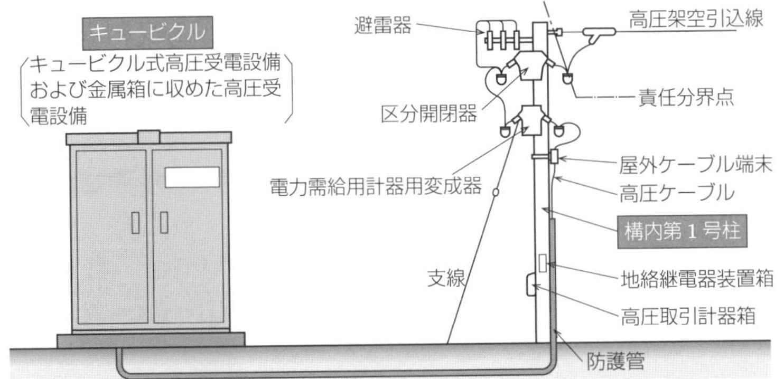

(4) 工期← 過去 5 年以内で工事期間が 1 月（理想は 3 月）以上とする

［記述例］	令和 3 年 10 月～令和 3 年 12 月

☆（3）電気工事の概要と照合して，極端に工期が短すぎたり長すぎたりすると不自然な印象をもたれます．

(5) この電気工事でのあなたの立場← 請負業者では現場代理人や現場主任など

［記述例］	①現場代理人 ②現場主任 ③現場事務所長 ④主任技術者

(6) あなたが担当した業務の内容← 請負業者では「現場の施工管理」など

［記述例］	現場の施工管理

☆請負業者の場合には，一般的には［記述例］のような形となるでしょう．

05 留意事項・理由・対策の記入上の注意

1-2　上記電気工事の現場において，**工程管理上**あなたが**留意した事項とその理由を二つ**あげ，あなたがとった**対策または処置**を留意した事項ごとに具体的に記述しなさい．

○留意事項

最終工程の照明器具取付け工程が遅れることによって，工期内に終了できないおそれがあった．← どの工程に留意するのか明記し，「・おそれがあった．」の終わり方がよい．

○理由　↓ 理由は，「・・・ため．」の終わり方がよい．

蛍光灯は天井部の鉄骨梁から吊り下げる仕様で，200 灯と数量も多いうえ，高さが 6 m の位置での取付け作業となるため，作業能率の低下が予想されたため．

↑ 理由，留意事項の順で考えると書きやすくなります．上の理由，留意事項の順で読んでみてください！

○対策または処置

① 資材メーカに，発注した蛍光灯の仕様と灯数を再確認し，納期を守らせた．

② 器具は作業場外で組み立て，現場では取付け作業に専念できるようにした．

③ 高所での作業能率を上げるため，ローリングタワーを使用させた．

↑ 工期遵守の工夫や作業能率を上げるための工夫であることがわかる内容であること！

06 工程管理テーマの記述論文の例

【問題：令和 2 年】あなたが経験した電気工事について，次の問に答えなさい．

1-1　経験した工事について，次の事項を記述しなさい．

(1) 工事名　　(4) 工期

(2) 工事場所　　(5) この電気工事でのあなたの立場

(3) 電気工事の概要　　(6) あなたが担当した業務の内容

1-2　上記電気工事の現場において，工程管理上あなたが留意した事項とその理由を二つあげ，あなたがとった対策または処置を留意した事項ごとに具体的に記述しなさい．

【1-2 の解答例】

工程計画作成時点でのテーマ

○留意事項 1

最終工程の照明器具取付け工程が遅れることによって，工期内に終了できないおそれがあった．

○理由 1

蛍光灯は天井部の鉄骨梁から吊り下げる仕様で，200 灯と数量も多いうえ，高さが 6 m の位置での取付け作業で，作業能率の低下が予想されたため．

○処置または対策 1

① 資材メーカに，発注した蛍光灯の仕様と灯数を再確認し，納期を守らせた．

② 器具は作業場外で組み立て，現場では取付け作業に専念できるようにした．

③ 高所での作業能率を上げるため，ローリングタワーを使用させた．

○留意事項 2

ガス管の布設との競合により，ケーブル管路の布設工程が遅れることによって，工期内に終了できないおそれがあった．

○理由 2

設計図書で示された，地中ケーブル埋設ルートには，ガス管の長さ 20 m 部分が同一ルートに敷設するよう計画されているため．

○処置または対策 2

① 競合先のガス管布設業者と事前協議し，掘削，布設工程を調整した．

② 調整結果を踏まえて，両社合同で，全体工程表を作成した．

③ 現場の進捗状況を，毎日両社で突き合わせ，進捗遅れのないことを確認した．

搬入計画作成時点でのテーマ

○留意事項1

クレーンの搬入移動やクレーンの設置位置の確保困難などによって，工期内にキュービクルの設置作業が完了しないおそれがあった．

○理由1

キュービクルは，高さ10mの屋上に施設する計画で，近くに高圧線が通過しており，狭隘で軟弱地盤での大型クレーンによる搬入作業となるため．

○処置または対策1

① クレーンリース会社と打ち合わせ，道路幅員と車両幅の確認を行った．

② 現地調査結果より，クレーン設置位置に鉄板を敷き補強するようにした．

③ 電力会社に依頼して，近傍の高圧線に建築障害用防護管を挿入してもらった．

施工中でのテーマ

○留意事項1

天井スラブの塗装作業の遅れにより，蛍光灯の取付け・配線工事が工期内に完了しないおそれがあった．

○理由1

吊下げ形蛍光灯の取付け・配線工事は，天井スラブの塗装作業完了後に行う計画であったが，塗装業者の特殊色塗料の入手が遅れたため．

○処置または対策1

① 蛍光灯器具の梱包の取外し，仮組立ては屋外作業場で事前に実施させた．

② 資材メーカに，発注した蛍光灯の仕様と灯数を再確認し，納期を守らせた．

③ 塗装業者と調整会議を持ち，特殊色以外の箇所を確認し，施工を優先させた．

○留意事項2

スラブへの配管・配線・接続作業の作業能率の低下によって，工期内に完了しないおそれがあった．

○理由2

低圧の電灯・動力配線の金属管工事の配管・配線ルートは，中空スラブで狭く，5フロアでこう長300mと規模も大きい割に工期が短いため．

○処置または対策2

① 配線の切断やジョイントボックスの穴あけなど前作業は，屋外で実施させた．

② 配管班と配線班の2班体制とし，作業能率を向上させた．

③ 配線の端部には，テープを巻き行先表示をし，現場の確認時間を短縮させた．

07 安全管理テーマの記述論文の例

【問題：令和元年，3年】あなたが経験した電気工事について，次の問に答えなさい．

1-1　経験した工事について，次の事項を記述しなさい．

(1) 工事名　　(4) 工期

(2) 工事場所　　(5) この電気工事でのあなたの立場

(3) 電気工事の概要　　(6) あなたが担当した業務の内容

1-2　上記電気工事の現場において，安全管理上あなたが留意した事項とその理由を二つあげ，あなたがとった対策または処置を留意した事項ごとに具体的に記述しなさい．ただし，対策の内容は重複しないこと．また，**保護帽の着用および安全帯**（要求性能墜落制止用器具）**の着用のみ**の記述については配点しない．

【1-2 の解答例】

労働者の安全管理のテーマ

○留意事項 1

CVT ケーブル（6.6 kV，60 mm^2）の接続作業時に，作業員が酸素欠乏症にかかるおそれがあった．

○理由 1

引込ケーブルの接続ピット部は，深さ 1.5 m で，5 m^3 と狭く，常時空気が流通していないため．

○処置または対策 1

① 酸素欠乏危険作業主任者と酸素欠乏の特別教育を受けた者の編成とした．

② 作業開始前に酸素濃度の測定をさせ，確認後にピットに入らせた．

③ ケーブル接続作業時は，送風機によりピット内に新鮮な空気を送り換気した．

○留意事項 2

屋上へのキュービクル搬入作業時に，クレーンの旋回や転倒によって作業員が負傷するおそれがあった．

○理由 2

キュービクルの設置箇所は，高さ 12 m の高所で，道路面から水平距離で約 5 m 離れた位置であるため．

○処置または対策 2

① 作業者に，クレーンの回転半径内や吊荷の下へ入らないよう周知徹底した．

② TBM 時に，クレーン操作は，ブームを危険角度内にしないよう指示した．

③　敷板を設置するとともに，アウトリガを最大限に張り出すようにさせた．

○留意事項3

高さ4mの天井部での配管・配線作業時に，作業員が体勢不良により墜落事故を起こすおそれがあった．

○理由3

建物の天井部への配管・配線は，脚立を使用した作業で，見上げた体勢での作業となり，足元の不注意が多くなるため．

○処置または対策3

①　脚立作業は，上下各1名配置し，下部作業員には脚立の支持を確実にさせた．

②　床部の段差のあるところには，鉄板を敷き，脚立設置箇所を水平に保った．

③　脚立の使用は最小限とし，他業者の作業床のある箇所は使用させてもらった．

脚立上の作業例

○留意事項4

ケーブル接続時の圧着ペンチなどの飛来落下による，作業員の負傷事故のおそれがあった．

○理由4

低圧ケーブルの配線作業は，建築業者の壁面作業や空調業者のダクト工事とが上下作業となるため．

○処置または対策4

①　建築業者，空調業者と作業計画を調整し，上下作業量を1/2に減らせた．

②　安全ネットを張り，落下により直接工具が作業員に当たらないようにした．

③　圧着ペンチなどの工具類には，吊りひもを取り付け，落下しないようにした．

○留意事項5

屋上側でのワイヤロープの着脱作業時に，作業員が感電するおそれがあった．

○理由5

地上10mの屋上へのキュービクルの吊上げ・設置作業は，クレーンによる作業で，クレーンの旋回範囲内に，電力会社の6.6kV配電線が通過しているため．

○処置または対策 5

① 作業員には，保護帽，絶縁手袋，絶縁長靴の着用を徹底させた.

② 電力会社に連絡し，高圧線に建築障害用防護管を挿入してもらった.

③ 作業前にクレーン操作の KYK を実施し，全員の安全意識の高揚を図った.

○留意事項 6

高圧ケーブル接続替え作業時の充停電の確認ミスにより，作業員が感電事故を引き起こすおそれがあった.

○理由 6

高圧ケーブルを既設引込盤から新設の引込盤に接続替えし，既設引込盤を撤去するため.

○処置または対策 6

① 作業前の TBM 時に，感電事故例の KYK を実施し，安全意識を高めさせた.

② 接続先の高圧ケーブルの充停電状況について，検電器を使用して確認させた.

③ 高圧ケーブルは，取外し前にアースフックを用いて残留電荷の放電をさせた.

第三者の安全管理のテーマ

○留意事項 1

GR 付 PAS の取付けと引込ケーブル接続作業時に，材料の落下により通行人に対する負傷事故を引き起こすおそれがあった.

○理由 1

引込第 1 柱への GR 付 PAS の取付けと引込ケーブル接続作業は，高さ 10 m の鉄筋コンクリートの柱上作業で高所作業車による作業となるため.

○処置または対策 1

① 高所作業車の旋回範囲を，セフティコーンを使用して立入禁止区画を作った.

② 通行人に対し，幅 1 m の安全通路を設け，危険区域を迂回できるようにした.

③ 誘導員を配置し，通行者の誘導を確実に実施させた.

○留意事項 2

建物の従業員の段差部分でのつまずきなどにより，負傷事故を引き起こすおそれがあった.

○理由 2

低圧ケーブルや配電盤の仮置き場は，建物の従業員が常時通行する段差のある通路が含まれていたため.

○処置または対策 2

① 仮置き場には使用する 1 週間分の機材のみを置き，占有スペースを縮小した.

② ユニットケーブルは，資材メーカと調整し，使用日に搬入してもらった.

③ 機材にはビニルシートをかぶせ，段差部には注意喚起シールを貼り付けた.

08 記述に使える「安全の対策」を学ぶ

安全管理に関する問題では，以下のような労働安全衛生規則などに規定されている「**基本ルール**」を知っておくと，**安全に対する対策の記述がスムーズ**に行えます．**記述したい内容が含まれていないかのチェック**が大切です．

墜落・転落の防止対策

項　目	墜落・転落の防止対策
作業床の設置	①　高さ 2 m 以上の作業箇所では，作業床を設ける． ②　作業床の設置が困難なときは，防網を張り，作業者に安全帯を使用させる．
開口部，作業床端部の囲い等の設置	①　高さ 2 m 以上の作業床の端，開口部などには，囲い，手すり，覆いなどを設ける． ②　囲いの設置が困難なときは，防網を張り，作業者に安全帯*を使用させる．
安全帯等の使用義務	作業床や囲いなどの設置が困難なときは，作業者に安全帯を使用させる．
安全帯等の取付け設備等の設置	①　作業者に安全帯*を使用させるときは，安全帯を安全に取り付けるための設備などを設ける． ②　安全帯*やその取付け設備などの異常の有無について，臨時点検する．
悪天候時の作業禁止	高さが 2 m 以上で作業を行う場合には，強風，大雨，大雪などの悪天候のため危険が予想されるときは，作業を中止する．
必要な照度の保持	高さが 2 m 以上の箇所で作業を行うときは，作業を安全に行うための必要な照度（普通作業で 150 lx 以上）を確保する．
スレート等屋根上の危険の防止	踏み抜けのある屋根の上で作業する場合，幅 30 cm 以上の歩み板を設け，防網を張るなどの措置をとる．
安全に昇降するための設備の設置等	高さまたは深さが 1.5 m を超える箇所で作業を行うときは，作業者が安全に昇降できる設備を設ける．
墜落危険箇所への関係者以外の立入禁止	墜落により危険を及ぼすおそれのある箇所には，関係者以外の立入を禁止する． **第三者への安全対策**

（注意＊）旧名称の「安全帯」は，現在，法的には「要求性能墜落制止用器具」に名称変更された．しかし，現場では「安全帯」という呼称が慣習的に使用されていることから，施工体験記述には「安全帯」の用語を使用しても特に問題はない．このため，本表および以降のページでも「安全帯」の用語を使用している．

飛来・落下の防止対策

項　目	飛来・落下の防止対策
物体投下による危険の防止	①　3m以上の高所から物体を投下するときは，適当な投下設備を設け，監視人を置くなどの措置をとる． ②　投下設備が設けられないときは，高所からものを投下しない．
物体の落下による危険の防止	作業のため物体が落下することにより，作業者に危険を及ぼすおそれのあるときは，防網の設備を設け，立入禁止区域を設定するなどの措置をとる．
物体の飛来による危険の防止	作業のため物体が飛来することにより，作業者に危険を及ぼすおそれのあるときは，飛来防止の設備を設け，作業者に保護具を使用させるなどの措置をとる．

重量物運搬の危険防止対策

項　目	重量物運搬の危険防止対策
作業指揮者の職務	①　作業方法・順序を決定し，作業を指揮する． ②　器具・工具を点検し，不良品を取り除く． ③　作業場所に関係者以外を立入させない． ④　荷台上の荷のロープを解くときは，荷くずれによる落下の危険がないことを確認した後に作業の着手を指示する． ⑤　車両に昇降するための設備および保護帽の着用状態を監視する．
クレーンの就業制限の確認	積降し運搬に使用する車両機械の運転および玉掛けの業務は，それぞれの有資格者が行う．
貨物自動車の昇降設備	最大積載量が5t以上の貨物自動車にものを積み降ろすときは，墜落による危険を防止するため，作業員は安全に昇降できる設備（はしごなど）を利用して昇降する．
道路使用許可	公道に貨物自動車を止め，移動式クレーン車などで積み降ろす作業をするときは，所轄警察署長に道路使用許可を受ける．

活線作業および活線近接作業の感電防止対策

項　目	感電防止対策
高圧活線作業	高圧の充電電路の点検・修理など，充電電路を取り扱う作業を行うときは，次のいずれかの措置を講ずる． ①　作業者は絶縁用保護具を着用し，かつ，作業者が現に取り扱っている部分以外の充電部分が接触し，または接近することによって感電の危険が生じるおそれのあるものに絶縁用防具を装着する． 保護帽／絶縁手袋／絶縁用防具（絶縁シート，絶縁管）／絶縁長靴 **絶縁用保護具** ②　作業者は活線作業用器具を使用する． ③　作業者は活線作業用装置を使用する．

項　目	感電防止対策
高圧活線近接作業	電路またはその支持物の電気工事の作業を行う場合に，作業者が高圧の充電電路に接触し，または「接近すること」により感電の危険が生じるおそれのあるときは，これらの充電電路に絶縁用防具を装着する．ただし，作業者が絶縁用保護具を着用して作業を行う場合は，この限りでない．
絶縁用防具の装着等	絶縁用防具の装着または取外し作業を行うときは，作業者は絶縁用保護具を着用するか，または活線作業用器具，活線作業用装置を使用する．
低圧活線作業	低圧の配線または電気機械器具等の絶縁が不完全な充電電路を取り扱う作業を行う場合，作業者は絶縁用保護具を着用するか，または活線作業用器具を使用する．
低圧活線近接作業	低圧の充電電路に近接する場所で電気工事を行う場合，それらの充電電路に絶縁用防具を装着する．ただし，作業者が絶縁用保護具を着用して作業を行う場合は，この限りでない．

電気機械器具による感電防止対策

項　目	感電防止対策
移動式・可搬式電動機械器具の漏電による感電の防止	電動機を有する機械・器具で，次の場合には漏電遮断器を設置する． ①　対地電圧が 150 V を超える移動式または可搬式の場合． ②　水など導電性の高い液体で，作業者の足元が湿潤している場合や，鉄板・鉄骨上などで使用する場合．

停電作業時の危険防止対策

項　目	危険防止対策
開閉器の通電禁止	①　配電盤の扉を施錠しておく． ②　通電禁止に関する必要事項を表示しておく． ③　監視人を配置しておく． （札）点検中　操作禁止
検電	電路を停電した場合には，検電器により停電を確認する．
残留電荷の放電	作業者は絶縁用保護具を着用して，残留電荷を放電させる． ①　電力用コンデンサや電力ケーブルは，残留電荷の放電が必要である． ②　残留電荷の放電を確実にするため，個々の機器ごとに実施する．
短絡接地	誤通電，ほかの電路との混触またはほかの電路からの誘導による感電を防止するため，短絡接地器具を用いて確実に短絡接地する．
通電時の措置	感電の危険および短絡事故などが生じるおそれのないように，次の状態を確認してから停電回路に通電する． ①　作業者に感電の危険が生ずるおそれのないこと． ②　短絡接地器具を外したこと． ③　作業に使用した工具や清掃用品が，充電部に残されていないことを確認する．

01 語句記述問題を学ぶ

【令和３年の例】電気工事に関する次の語句の中から二つを選び，番号と語句を記入のうえ，**施工管理上留意すべき内容**を，それぞれについて二つ具体的に記述しなさい．

(1) 機器の搬入	(2) 分電盤の取付け
(3) 低圧ケーブルの敷設	(4) 電動機への配管配線
(5) 資材の受入検査線	(6) 低圧分岐回路の試験

☆**6 項目から 2 項目を選択して具体的内容を記述**します．

☆基本的に過去の問題の繰り返しが多く，**以降に登場する過去問題**をやっておくとよいでしょう．

☆記述は，①，②**のように箇条書きで 1 行ずつ書くと部分点がとりやすい**です．当日のど忘れも考慮し，三つくらい（①②③）準備しておくとよいでしょう．（**本書の解答例**では，基本的に，①②③**の三つを準備**しています！）

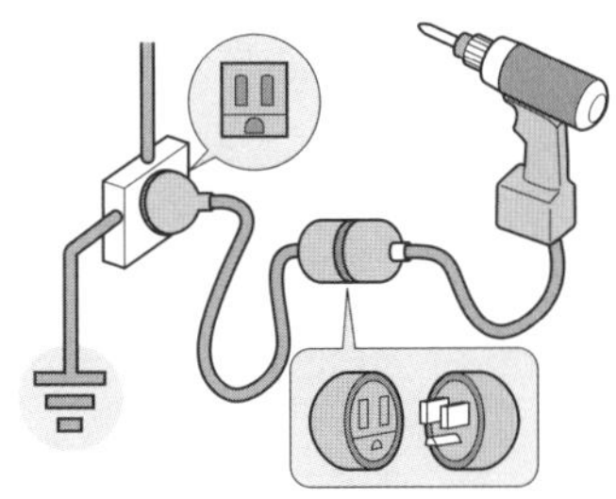

02　施工方法・施工管理の記述問題を学ぶ

【解答例】

(1) 工具の取扱い

① 工具は湿気の少ない箇所で保管し，定期的に点検して記録を保存する．

② 水気のある場所で使用する電動工具は，電源側に漏電遮断器を設置する．

③ 充電部や付属のコードについて，絶縁被覆の損傷がないかを点検する．

(2) 分電盤の取付け　【令和3年】

① 外部からの水の浸入のおそれのある箇所では，盤の隙間にコーキング処理をする．

② 筐体を取り付けたとき，水平・垂直の取付け状態や扉の開閉確認を行う．

③ 盤と接続している金属管の接地線は，盤内の接地端子に確実に取り付ける．

(3) 盤への電線の接続

① 振動などで緩むおそれのある箇所では，二重ナットかばね座金を使用する．

② 端子部でのねじ止め接続が終了した後，端子に二重マーキングを施す．

③ 施工図に基づいて施工し，誤結線や誤接続のないように接続する．

(4) 波付硬質合成樹脂管（FEP）の地中埋設　【令和元年】

① 高圧の埋設深さは，舗装無は地表面，舗装有は舗装下面から0.3m以上とする．

② 電力線同士，電力線と弱電線の離隔がとれない場合は難燃性のものを使用する．

③ 乾燥後の接続は，専用付属品がある場合には，それを使用し堅ろうに接続する．

(5) 現場内資材管理

① 入手が容易な量産品で使用数量の多い資材は，適正な数量を分割して搬入する．

② 電線類で線番の異なるものが多い場合，棚を区分して誤搬入・誤搬出を避ける．

③ 資材の盗難を避けるため，保安責任者を決め管理箇所の施錠を確実にする．

(6) 低圧分岐回路の試験　【令和3年】

① 電線と大地間，電線相互間の絶縁を絶縁抵抗計（メガ）を用いて測定する．

② 三相動力回路では，相順が正回転であることを検相器により確認する．

③ 誤結線や誤接続がないかを回路計を用いて導通試験する．

(7) 低圧ケーブルの敷設　【令和3年】

① 布設前に被覆の損傷や断線がないか，絶縁抵抗値が規定値以上あるか確認する．

② 管路に異物がないか，曲げ半径が規定値以上であるかどうかを確認する．

③ ケーブルの支持点間隔は，2m（キャブタイヤケーブルは1m）以下とする．

(8) 電動機への配管配線　【令和元年，3年】

① 電動機と屋内配線との接続は，電動機の接続端子箱内で実施する．

② 小形電動機の場合には，口出線に配線接続し，絶縁テープで絶縁処理を行う．

③ 屋内の電動機の接続端子箱への配線は，金属製可とう電線管工事とする．

(9) 資材の受入検査　【令和3年】

① 搬送した後，数量を確認するとともに，きず・破損・変質の有無を確認する．

② 設計図書の仕様書の記載内容と搬入された材料の仕様が同一であるか確認する．

③ 全数検査，抜取検査のどちらかをあらかじめ決めておき，適切に検査する．

(10) 機器の搬入　【令和元年，3年】

① 搬入口の位置，大きさ，建設機械の使用の可否などを確認する．

② 購入依頼した機器の数量や仕様との差がないかどうかを確認する．

③ 建設機械の運行経路の路肩の崩壊の防止および地盤の不同沈下を防止する．

(11) 電線相互の接続　【令和元年】

① 絶縁電線の被覆の剥ぎとりに，ワイヤストリッパやケーブルストリッパを使う．

② 金属管や合成樹脂管内では，接続箇所を作らない．

③ 接続箇所は，絶縁電線と同等以上の絶縁効力のある絶縁テープなどで処理する．

(12) 機器の取付け　【令和元年】

① JIS，JEC，電気設備技術基準等の法令で規定されている事項を確認する．

② 搬入時に損傷を与えないよう，搬送ルートと養生方法を事前に確認しておく．

③ 機器取付け箇所の建物の強度を確認し，補強工事の要否を確認しておく．

(13) ケーブルラックの施工　【令和元年】

① ケーブルラック支持間隔は，鋼製で2m以下，その他で1.5m以下か確認する．

② 直線部とそれ以外との接続部は，接続部に近い箇所で支持しているか確認する．

③ 設置高さは，作業中頭上の電線等に接触しないよう離隔距離に十分注意する．

03 安全管理の記述問題を学ぶ

> 【令和２年の例】**安全管理**に関する次の語句の中から二つを選び，番号と語句を記入のうえ，それぞれの内容について二つ具体的に記述しなさい．
> **(1) 危険予知活動（KYK）**　**(2) 安全施工サイクル**
> **(3) 新規入場者教育**　**(4) 酸素欠乏危険場所での危険防止対策**
> **(5) 高所作業車での危険防止対策**　**(6) 感電災害の防止対策**

☆**6 項目から 2 項目を選択**して**具体的内容を記述**します．

☆基本的に過去の問題の繰り返しが多く，**以降に登場する過去問題**をやっておくとよいでしょう．

☆記述は，①，②**のように箇条書きで 1 行ずつ書くと部分点がとりやすい**です．当日のど忘れも考慮し，三つくらい（①②③）準備しておくとよいでしょう．（**本書の解答例**では，基本的に①②③**の三つを準備**しています！）

【解答例】

(1) 安全施工サイクル【令和 2 年】

① 協力会社と一体となって，安全管理を日，週，月のサイクルとして活動する．

② 1日のサイクルでは，まず，体操，朝礼，TBM，KYK，始業点検を行う．

③ 朝礼から終業時の確認まで，作業員一人一人の安全に対する意識向上に繋げる．

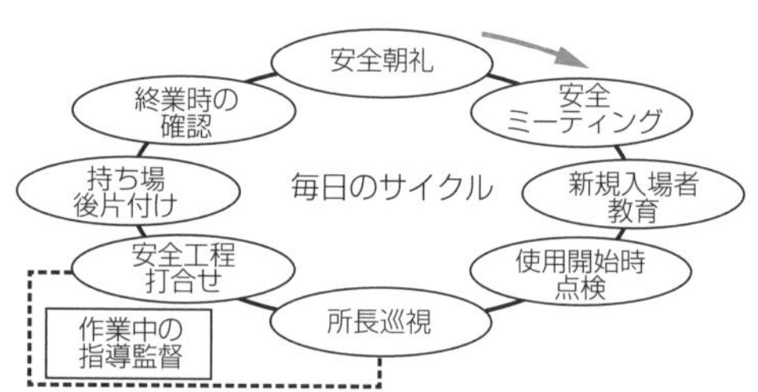

(2) TBM（ツールボックスミーティング）

① 作業開始前の短時間で，安全作業について話し合う小集団安全活動である．

② TBM では，その日の作業内容や方法，段取り，問題点などをテーマとする．

③ 確実な指示伝達が行え，安全に関する意識の高揚を図ることができる．

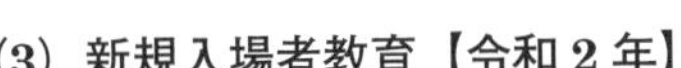

(3) 新規入場者教育【令和２年】

① 作業環境に不慣れなどの要因で発生する労働災害を取り除くために行う．

② 安全に対する基本知識や作業に関する共通のルールなどの知識を付与する．

③ 元請事業者は，下請事業者の行う教育に対し資料提供等を行わねばならない．

(4) 墜落災害の防止対策

① 高さ1.5m以上の箇所に昇降するときには，昇降設備を使用する．

② 高さ2m以上の場所では，足場を組み立てるなどの方法により作業床を設ける．

③ 高さ2m以上の作業床の端，開口部などでは，囲い，手すり，覆いなどを設ける．

(5) 飛来落下災害の防止対策

① 器具や工具の落下を防ぐため，上下作業を避けた施工計画を作成する．

② 落下の可能性のあるエリアは，セフティーコーンで区画し，誘導員を配置する．

③ やむを得ず投下作業を行うときは，投下シュートなどの専用設備を設ける．

(6) 感電災害の防止対策【令和２年】

① 保護帽，絶縁手袋などの保護具を装着し，充電電路に絶縁用防護具を取り付ける．

② 分電盤で，停電作業のため配線用遮断器を切とした場合はふたを閉め施錠する．

③ 移動式の電動機械器具を使用する場合の電工ドラムは漏電遮断器付きとする．

(7) 安全パトロール

① 労働災害につながる現象や要因を作業現場点検の中で発見し，これを取り除く．

② 現場で，従業員との直接対話を心がけることで従業員の安全意識を高める．

③ 安全衛生委員会では安全パトロール結果も審議し，対策・改善を検討する．

(8) 危険予知活動（KYK）【令和２年】

① 職場や作業の中に潜む危険要因を取り除くための小集団安全活動である．

② イラストシーンや実際に作業をして見せたりし，危険要因を抽出する．

③ 本音を話し合い，考え合って，作業安全についての重点実施項目を理解する．

(9) 酸素欠乏危険場所での危険防止対策【令和２年】

① その日の作業開始前に酸素濃度を測定し，酸素濃度が18%以上か確認する．

② 酸素濃度18%未満の場合には，18%以上に保つように換気を行う．

③ 作業員は特別教育を受けた人に従事させ，酸素欠乏危険作業主任者を配置する．

(10) 高所作業車での危険防止対策【令和２年】

① 高所作業車の運転操作は，必要な免許・資格を有する人に行わせる．

② 転倒・転落による危険を防止するため，アウトリガを最大限に張り出させる．

③ 高所作業車を用いて作業を行う時は，労働者に安全帯を使用させる．

こんなテーマも『知っ得』

(1) ヒヤリハット運動

① 災害防止のための「先取り安全」の一つである．

② ヒヤッとしたり，ハッとしたが，負傷に至らなかった事例を取り上げる．

③ 体験した内容を作業者に知らせることで，同一災害の防止を図る．

(2) 4S 運動

① 安全で健康な職場作り，生産性向上を目指す活動である．

② 整理，整頓，清掃，清潔のそれぞれの S のイニシャルをとったものである．

③ 4S 運動の実施で，通路での機材によるつまずき事故などを防止できる．

(3) 脚立作業における危険防止対策

① 脚と水平面の角度を 75° 以下とし，折りたたみ式は角度を保つ金具を設ける．

② 踏面は，作業を安全に行うため必要な面積を有すること．

③ 天板の上に乗らず，上から 2 段目の踏み台を使う（2m 以上は 3 段目）．

(4) 電動工具の使用における危険防止対策

① 機器の接続電路には，感電を防止するため漏電遮断器を設ける．

② 充電部や付属コードの絶縁被覆の損傷や接続端子のゆるみがないか点検する．

③ 接地端子付プラグのあるものは，接地端子付きコンセントを使用する．

04 高圧受電設備の単線結線図

与えられた単線結線図について，指定された箇所の**名称または略称**，**機能**について記述する問題が出題されます．そのためには，下図の単線結線図について，名称または略称，機能を学習しておけば十分です．

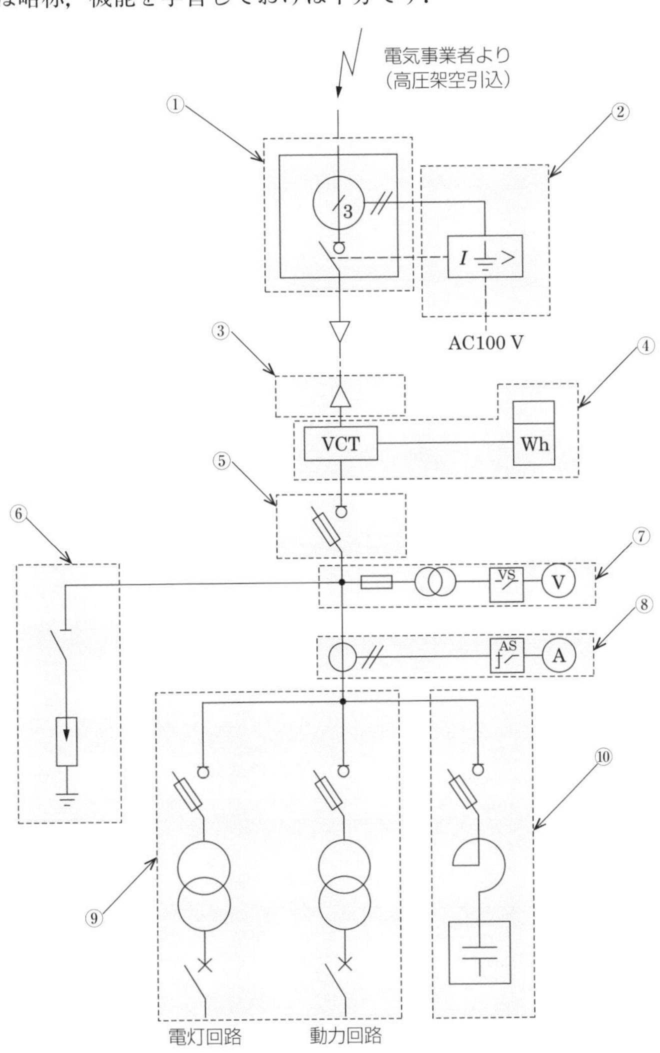

番号	名　称	略　称	機　能
①	零相変流器＊	ZCT	地絡電流（零相電流）を検出する
	区分開閉器 （地絡継電装置付高圧交流負荷開閉器）	GR 付 PAS	保安上の責任分界点となり，通常の開閉は手動操作によるが，構内での地絡電流検出時は自動開放する
②	地絡過電流継電器	GR	構内での地絡事故を検出する
③	ケーブルヘッド	CH	高圧ケーブルの端末処理部で外部と接続する
④	電力需給用計器用変成器	VCT	電力会社の取引用の電力量計に計量のための電圧・電流を供給する
	電力量計	Wh	電力量を計量する
⑤	電力ヒューズ付 高圧交流負荷開閉器	PF 付 LBS	電路を開閉するとともに過負荷・短絡時にヒューズで遮断する
⑥	断路器＊＊	DS	無負荷状態で回路の開閉を行う
	避雷器	LA	雷などの異常電圧が機器に侵入するのを抑制する
⑦	ヒューズ	F	VT 二次側短絡時に遮断保護する
	計器用変圧器	VT	高電圧を低電圧に変成する
	電圧計切替開閉器	VS	三相の線間電圧を切り替える
	電圧計	V	電圧を測定する
⑧	計器用変流器	CT	大電流を小電流に変成する
	電流計切替開閉器	AS	三相の線電流を切り替える
	電流計	A	電流を測定する
⑨	電力ヒューズ付 高圧交流負荷開閉器	PF 付 LBS	電路を開閉するとともに過負荷・短絡時にヒューズで遮断する
	変圧器	T	高電圧を低電圧に変成する
	配線用遮断器	MCCB	低圧電路の過負荷・短絡時に電路を遮断する
⑩	電力ヒューズ付 高圧交流負荷開閉器	PF 付 LBS	電路を開閉するとともに過負荷・短絡時にヒューズで遮断する
	直列リアクトル	SR	高調波による電力用コンデンサの焼損を防止するとともに，PF 付 LBS 投入時の突入電流を抑制する
	電力用コンデンサ	SC	負荷力率を改善し電力損失の軽減を図る
（参考）	遮断器	CB	過負荷・短絡・地絡時に遮断する

（注意）＊零相変流器は，の記号の部分である．

＊＊断路器は，の記号の部分である．

05 単線結線図の実出題問題

問題 01 一般送配電事業者から供給を受ける図に示す高圧受電設備の単線結線図において，次の問に答えなさい．

(1)　①～⑧に示す機器の**名称または略称**を記入しなさい．

(2)　①～⑧に示す機器の**機能**を記述しなさい．

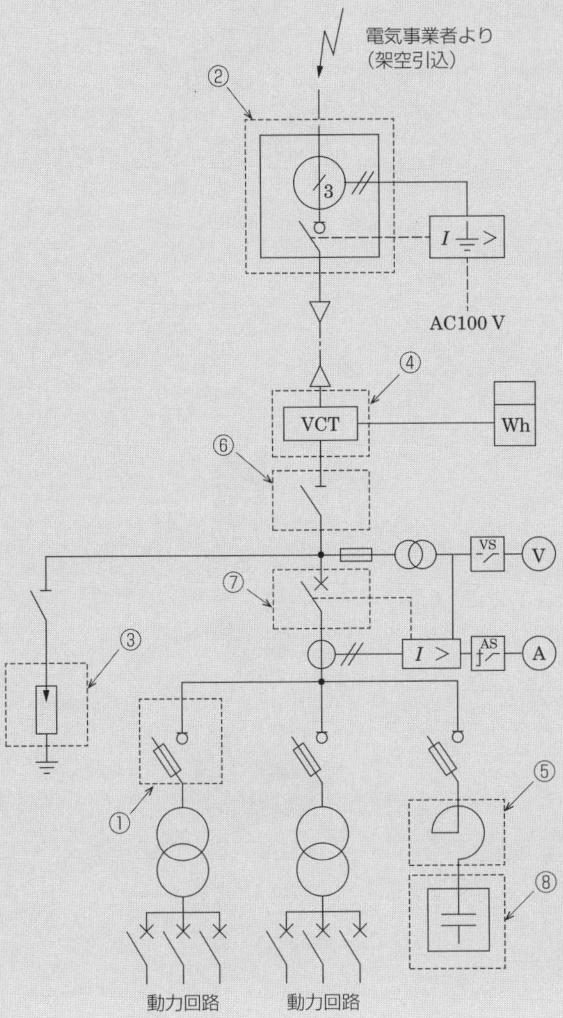
電気事業者より
（架空引込）
②
3
I
AC100 V
④
VCT
Wh
⑥
VS
V
⑦
③
I >
AS
A
①
⑤
⑧
動力回路
動力回路

解答

番号	名　称	略　称	機　能
①	電力ヒューズ付 高圧交流負荷開閉器	PF 付 LBS	電路を開閉するとともに過負荷・短絡時にヒューズで遮断する
②	区分開閉器 （地絡継電装置付高圧交流負荷開閉器）	GR 付 PAS	保安上の責任分界点となり，通常の開閉と，構内での地絡電流検出時は開閉器を自動開放する
③	避雷器	LA	雷などの異常電圧が機器に侵入するのを抑制する
④	電力需給用計器用変成器	VCT	電力会社の取引用の電力量計に計量のための電圧・電流を供給する
⑤	直列リアクトル	SR	高調波による電力用コンデンサの焼損を防止するとともに，ＰＦ付ＬＢＳ投入時の突入電流を抑制する
⑥	断路器	DS	無負荷状態で回路の開閉を行う
⑦	高圧遮断器	CB	過負荷や短絡事故時に電路を遮断する
⑧	電力用コンデンサ （進相コンデンサ）	SC	負荷力率を改善し，電力損失の軽減を図る

3章 ネットワーク工程表

01 ネットワーク工程表の作り方

三つの基本用語

アロー形ネットワーク工程表の例は下図のとおりで，これを用いて基本用語を学習します．

① **イベント（結合点）**
作業の開始点と完了点を表し，○で表して中に若番から老番の順に番号をつけます．

② **アクティビティ（作業）**
作業の流れを──►で表し，**上に作業名，下に作業日数を書きます**．

③ **ダミー**
作業の前後関係のみを示す架空の作業で，---►で表し，**作業・時間要素は含みません**．

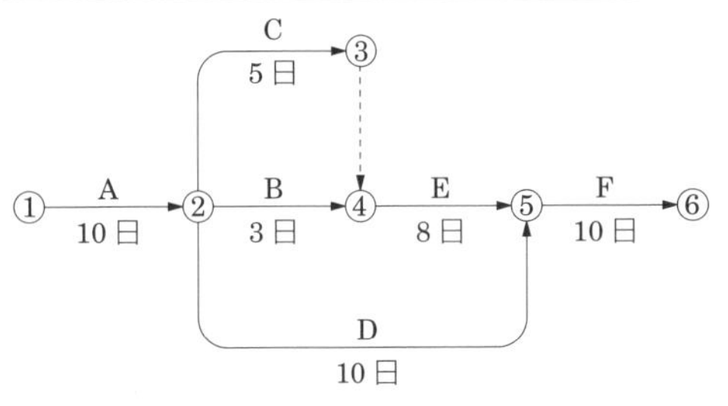

ネットワーク工程表の作成ルール

ネットワーク工程表の作成には，次のような基本ルールがあります．

① **先行作業と後続作業の関係**

先行作業AとBが完了しないと，後続作業Cは開始できません．

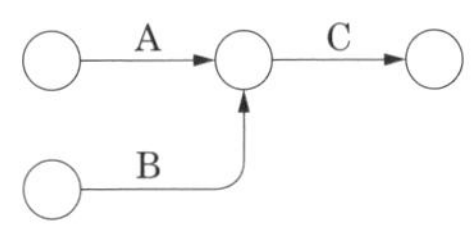

作業Cは作業Aが完了すれば開始できますが，作業Dは作業Aと作業Bが完了しなければ開始できません．

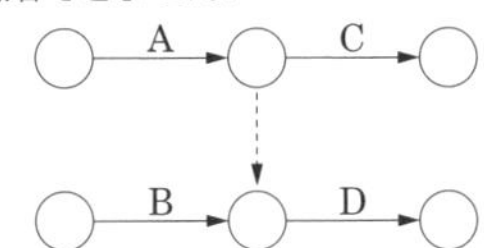

② **イベント間の矢線の関係**

同一のイベント間に二つ以上の矢線を引いてはなりません（**ダミーが必要！**）．

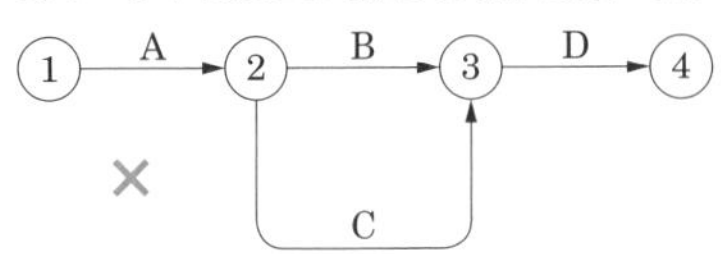

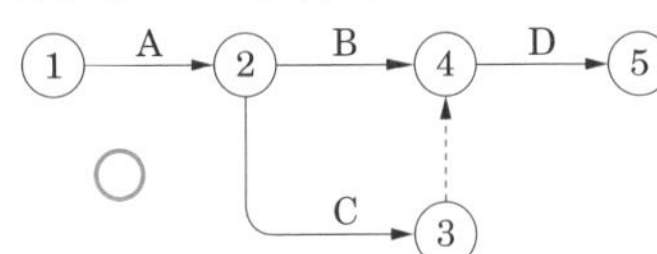

③ **サイクルの禁止**

作業C，D，Eのようなサイクルは禁止されています．

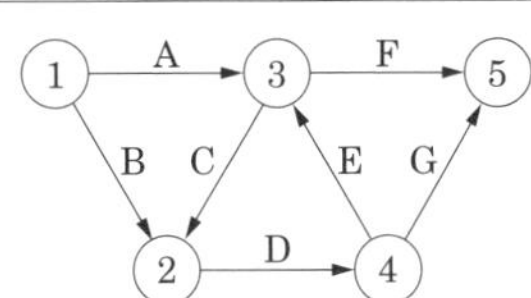

ネットワークを用いた日程計算

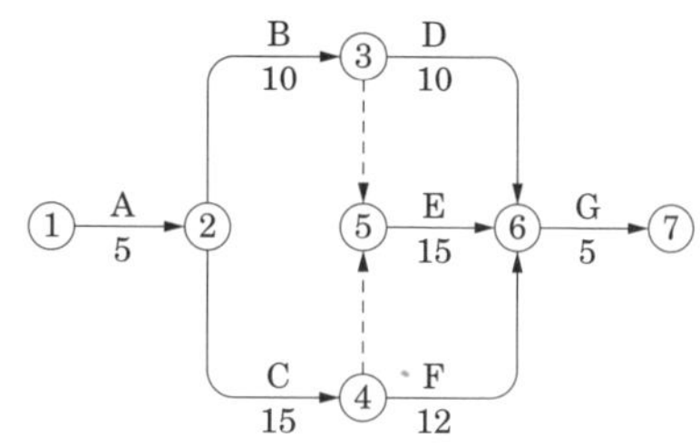

ネットワーク工程表の作成の中で，計算を伴うものに日程計算があります．

右図をモデルとして，日程計算を行います．

（**第二次検定の出題可能性があります!!**）

(1)　最早開始時刻（EST）の計算（前向き計算）

1）**左から右に向かって足し算**して，イベントのそばの○**内にその結果を記入**します．

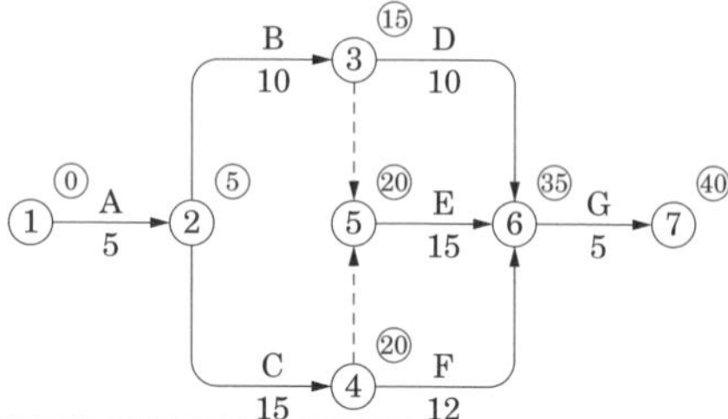

〈例〉 **イベント②の部分**：⓪＋5＝⑤

（計算式中の5は作業Aの所要日数です）

イベント⑤の部分：**ぶつかるときは，計算結果の大きいほう**の⑳を記入します．

イベント⑥の部分：ぶつかるときは，計算結果の大きいほうの㉟を記入します．

2）所要工期を求めます．

〈例〉 イベント⑦の計算結果㊵は，**所要工期40日**を表しています．

(2)　最遅終了時刻（LFT）の計算（後向き計算）

1）**右から左に向かって引き算**し，イベントの傍の□**内にその結果を記入**します．

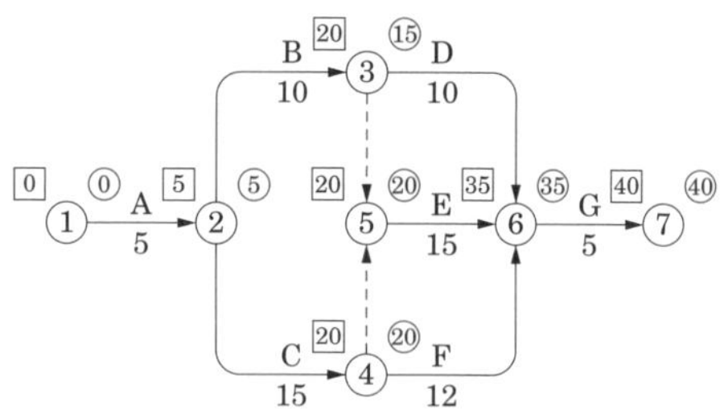

一番右は，最早開始時刻の計算値と同じ値で 40 と記します．

〈例〉 **イベント⑥の部分**：40 −5＝ 35

（計算式中の5は作業Gの所要日数です）

イベント⑤の部分：35 −15＝ 20

イベント③の部分：**ぶつかるときは，計算結果の小さいほう**の 20 を記入します．

2）イベント①の計算結果が 0 であれば，計算ミスのないことがわかります．

(3) クリティカルパスの記入

1) 最早開始時刻と最遅終了時刻とが等しい経路は，各作業にまったく余裕がなく，**最長経路（クリティカルパス）**となります．

2) クリティカルパスは**太線**で表します．

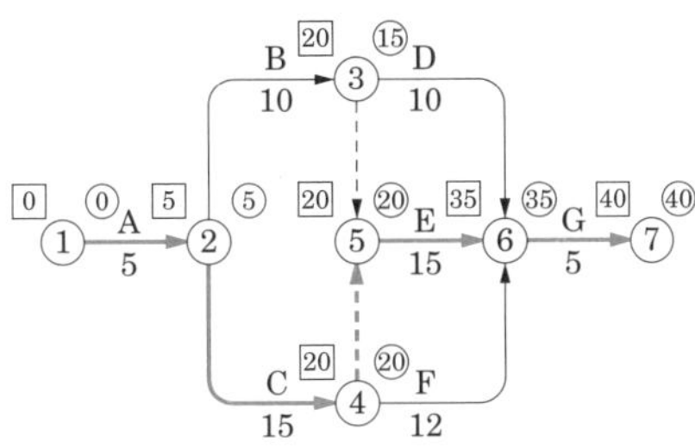

02 ネットワーク工程表の問題を学ぶ

問題01 図に示すアロー形ネットワーク工程表について，次の問に答えなさい．

ただし，○内の数字はイベント番号，アルファベットは作業名，日数は所要日数を示す．

(1) 所要工期は，何日か．

(2) イベント⑧の最早開始時刻は，何日か．

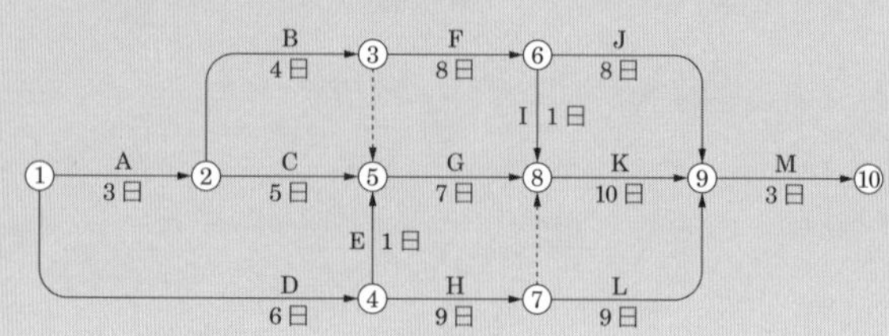

解答 (1) 29日　(2) 16日

(1) **所要工期**

最早開始時刻の計算結果は，下図のようになります．イベント⑩の部分の最早開始時刻を読み取ると29日です．

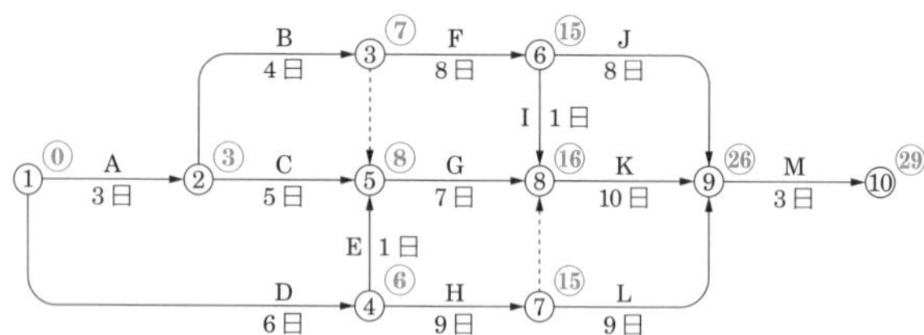

(2) **イベント⑧の最早開始時刻**

最早開始時刻の計算結果から，イベント⑧の最早開始時刻は16日です．

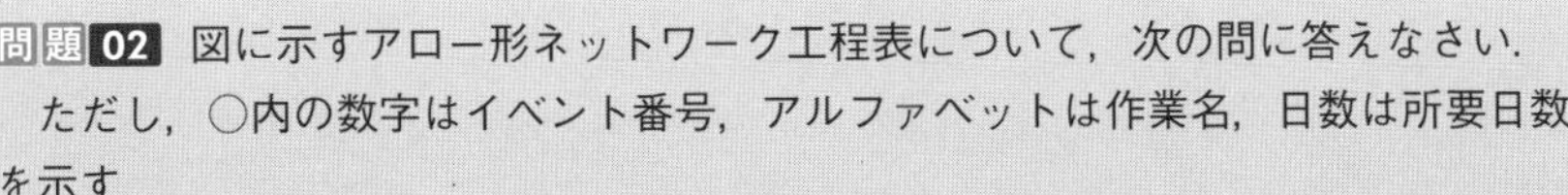

問題 02 図に示すアロー形ネットワーク工程表について，次の問に答えなさい．

ただし，○内の数字はイベント番号，アルファベットは作業名，日数は所要日数を示す．

(1) **所要工期**は，何日か．

(2) E の作業が 7 日から 6 日に，K の作業が 6 日から 4 日になったとき，イベント⑨の**最早開始時刻**は，何日か．

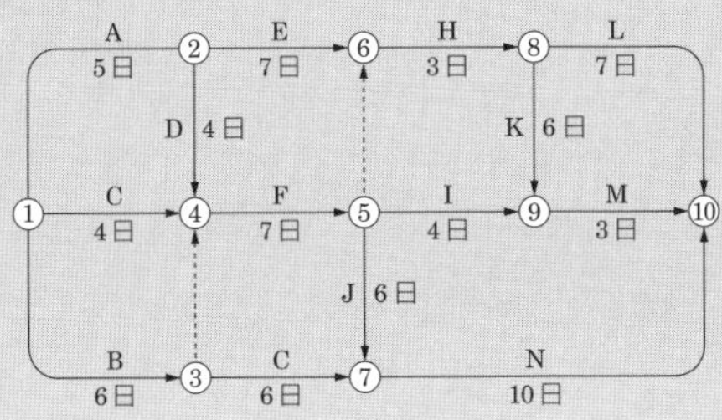

解答 (1) 32 日 (2) 23 日

(1) 所要工期

最早開始時刻の計算結果は，下図のようになります．イベント⑩の部分の最早開始時刻を読み取ると 32 日です．

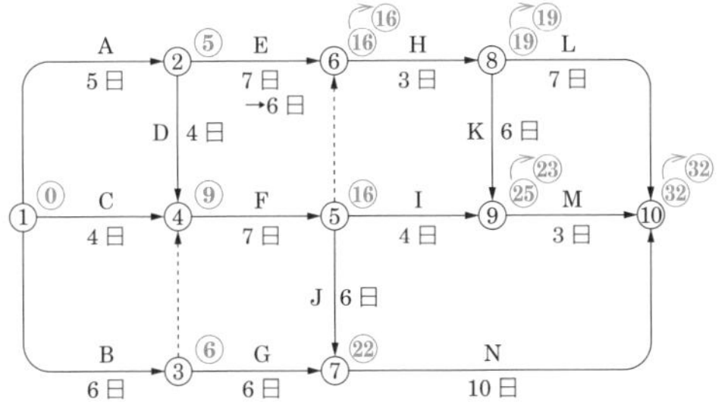

(2) イベント⑨の最早開始時刻

最早開始時刻の計算結果から，イベント⑨の最早開始時刻は 23 日です．

問題03 図に示すアロー形ネットワーク工程表について，次の問に答えなさい．

ただし，○内の数字はイベント番号，アルファベットは作業名，日数は所要日数を示す．

(1)　**クリティカルパス**を，①→・・・・・→⑧→⑨のように**イベント番号順**で示しなさい．

(2)　作業Hの所要日数が8日から5日になった場合，**所要工期**は何日か．

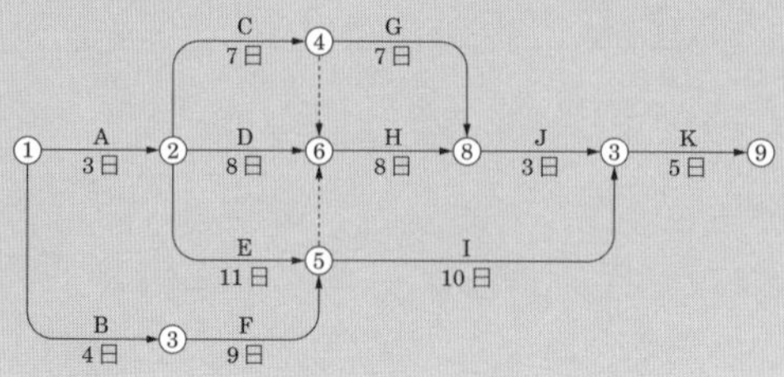

解答 (1) ①→②→⑤------►⑥→⑦→⑧→⑨　(2) 29日

(1) **クリティカルパス**

イベント①からイベント⑨に向かって最長経路をたどっていくと，太線がクリティカルパスとなります．

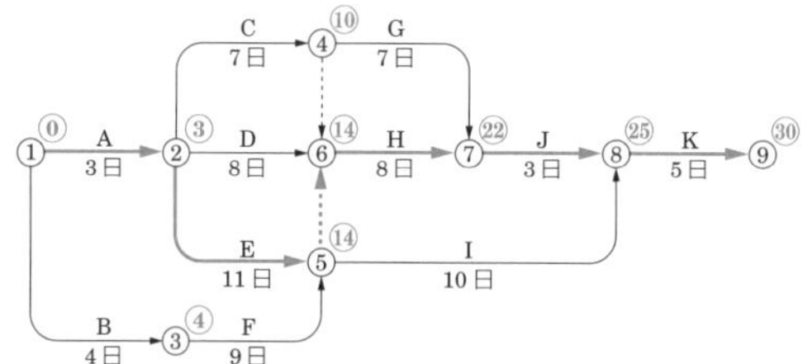

(2) **所要工期**

作業Hの所要日数が**8日**から**5日**になった場合の最早開始時刻を再計算すると，イベント⑨のところの値から29日となります．

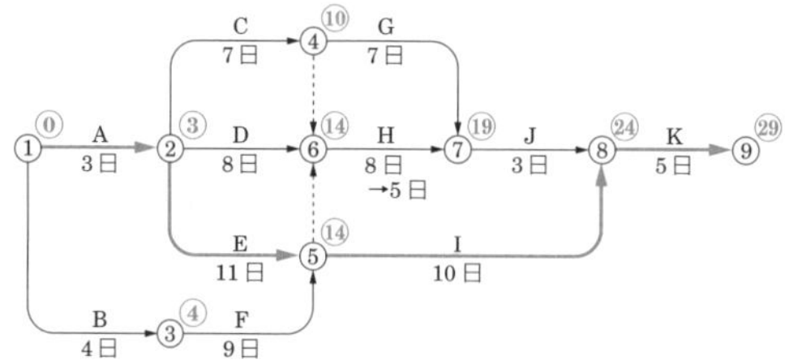

この例では，作業Hの所要日数の変更によってクリティカルパスが変わっています．

01 用語の記述問題を学ぶ

〔令和3年の出題例〕電気工事に関する次の用語の中から三つを選び，番号と用語を記入のうえ，**技術的な内容**を，それぞれについて**二つ具体的に記述**しなさい．

ただし，技術的な内容とは，施工上の留意点，選定上の留意点，定義，動作原理，発生原理，目的，用途，方式，方法，特徴，対策などをいう．

(1) 風力発電
(2) 架空送電のたるみ
(3) スターデルタ始動
(4) VVF ケーブルの差込形のコネクタ
(5) 定温式スポット型感知器
(6) 電気鉄道のき電方式
(7) 超音波式車両感知器
(8) 電線の許容電流
(9) A 種接地工事

☆**毎年，9個の用語**が示され，このうち**三つを選択**して記述するスタイルです．

☆用語は，過去に出題されたものが繰り返し出題されるので，**三つなら次ページ以降に登場する過去問題をやっておけば準備万端**です．
(本書では，万全を期して **過去6年分の用語** を扱っています *!!*)

☆技術的な内容についての記述に当たって，次のようなヒントが与えられているので，これを逸脱しない記述とするのがポイントです．

技術的な内容
施工上の留意点，選定上の留意点，定義，動作原理，発生原理，目的，用途，方式，方法，特徴，対策など

☆記述は，①，②**のように箇条書きで1行ずつ書くと部分点がとりやすい**です．
当日のど忘れも考慮し，三つくらい（①②③）準備しておくとよいでしょう．
(**本書では，出題年の表示と解答例**では，①②③**の三つを準備**しています *!*)

☆記述すべき技術的な内容は，上記のように幅広く与えられているので，二つ書く場合は，①は**発生原理**，②は**対策**などとし，偏りのない記述が望まれます．

☆記述は，**数字や専門用語**（**1行当たり2～3個**）を使う工夫が必要です．

02 発電

揚水式発電

① 発電のために使う水を，深夜などに揚水する機能がある水力発電所である.

② 上部と下部のダムを築き，ポンプ水車を使用して発電と揚水をする.

③ 起動停止時間が短く，昼間のピーク時間帯にピーク供給力として発電する.

太陽光発電システム【令和２年】

① 半導体のｐｎ接合部に光が当たると，光電効果によって起電力を生じるので，光エネルギーを直接電気エネルギーに変換できる.

② 発電時に CO_2（二酸化炭素）を発生しないため，クリーンなシステムである.

③ 昼間発電した電力を使用し，余剰電力は，電気事業者に売ることができる.

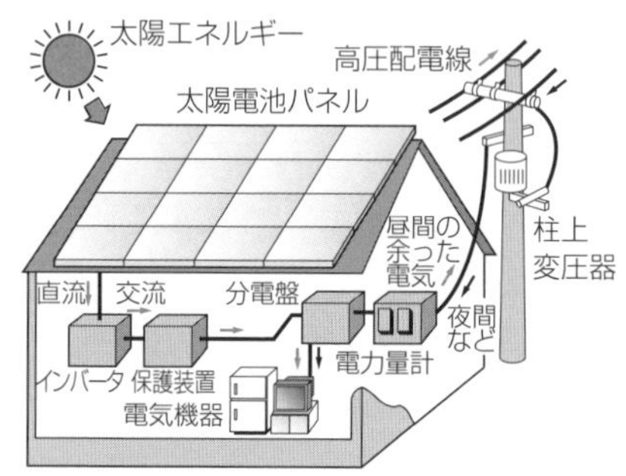

風力発電【令和３年】

① 風力発電の出力は，受風面積と空気密度に比例し，風速の３乗に比例する.

② プロペラ型風車が主流で，電気エネルギーへの変換効率は40%程度と高い.

③ 純国産の再生可能エネルギーで，CO_2 の発生がなく地球温暖化対策となる.

03 送電・配電

架空地線【令和元年】

① 鉄塔頂部に架線した導体で電線への直撃雷の防止や通信線への電磁誘導の軽減を図る.

② 雷に対する遮へい効果は，遮へい角が小さいほど大きい.

③ 架空地線は，鉄塔を介して埋設地線（カウンタポイズ）に接続する.

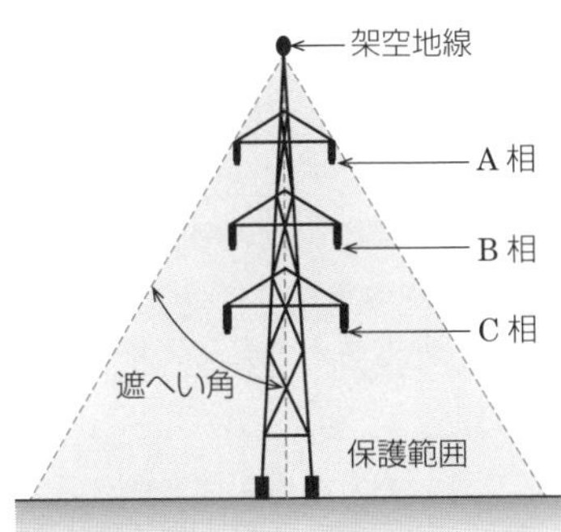

架空送電線のたるみ【令和 3 年】

① たるみは，電線の張力に反比例，電線の荷重に比例，径間の 2 乗に比例する．

② 電線は温度によって膨張するため，たるみは気温が高いほど大きくなる．

③ たるみが大きいと，振れにより線間接触や樹木との接触を起こしやすくなる．

架空送配電線路の塩害対策【令和 2 年】

① 送電線の懸垂がいし連結個数の増加や長幹がいし，耐塩がいしを使用する．

② がいし表面に，撥水性のあるシリコーンコンパウンドを塗布する．

③ がいしの洗浄を実施して，表面部の塩分付着量を低減させる．

単相変圧器のV結線

① △結線は 3 台の変圧器がいるが，V結線では 2 台で三相負荷に供給できる．

② 2 台を異容量とすると三相 4 線式に使用でき，電灯・動力に供給できる．

③ 同容量V結線では，変圧器の利用率は$\sqrt{3}/2$（86.6%）と低くなる．

電力設備の需要率

① 需要率は，（最大需要電力〔kW〕/ 設備容量〔kW〕）×100〔%〕で表される．

② 変圧器容量や分電盤の主幹，供給ケーブルサイズを選定するときに使用する．

③ 電力設備の稼働状況を把握し，設備管理に利用する．

力率改善

① 電動機などの遅れ力率負荷の電圧と電流の位相差を 0 に近づけることをいう．

② 遅れ力率には電力用コンデンサ，進み力率には分路リアクトルを使用する．

③ 力率改善により，電圧降下を小さく，電力損失を軽減できる．

04 機器・保護装置

スコット結線変圧器【令和2年】

① 三相から二相に変換する変圧器で，一次側は主座巻線とT座巻線を持っている．

② 一次側の主座巻線とT座巻線の巻数の比率は $1:\sqrt{3}/2$ となっている．

③ 交流式電気鉄道，電気炉，非常用予備発電装置の単相負荷に使用されている．

変圧器の並行運転　【令和元年】

① 負荷に対し容量が不足するとき複数台を並列に接続して運転することである．

② 並行運転には，極性，変圧比，巻線抵抗と漏れリアクタンスの比，％インピーダンス，角変位が等しいことが必要である．

③ 並行運転を利用して，負荷の大きさに応じて効率よく運転する台数制御がある．

変流器（CT）【令和元年】

① 計器用変成器の一種で，交流の大電流を小電流に変成するものである．

② 変流比（一次電流／二次電流）は，巻数比を a とすると $1/a$ である．

③ 使用中に二次側を開放すると，高電圧が発生し絶縁破壊による焼損を招くので，開放してはならない．

三相誘導電動機の始動方式【令和2年】

① 誘導電動機の始動電流は大きく，巻線の焼損や大きな電圧降下を生じるので，これを回避するために各種の始動方式が採用されている．

② かご形では，全電圧始動，Y－Δ始動，始動補償器法などが採用されている．

③ 巻線形では，始動電流を抑制するため，始動時は外部抵抗を最大にしている．

スターデルタ始動【令和3年】

① 三相かご形誘導電動機の始動方法の一つで，始動電流を抑制できる．

② 始動電流を抑えるため，固定子巻線を始動時はY結線，運転時はΔ結線とする．

③ 定格出力5.5kW以上の三相誘導電動機の始動装置として使用されている．

漏電遮断器

① 感電による人身事故や漏電火災を防ぐための保安機器である．

② 漏電電流を検出するZCT，電子回路，電磁装置，遮断器部で構成される．

③ 湿気・水気のある場所や鉄板上での可搬性電動機械器具の使用時に適用する．

電動機の過負荷保護【令和元年】

① 電動機を長時間過負荷状態で運転すると過熱し，火災の原因となるのを防止するため，過負荷保護装置を設けて過負荷保護を行う．

② 0.2 kW超過の電動機には，焼損するおそれがある過電流を生じた場合に自動的に阻止し，または，警報する装置を設けることと規定している．

③ 電動機の過負荷は，サーマルリレー（熱動継電器）で検出し，電磁接触器で回路を遮断する方法が一般的である．

渦電流【令和元年】

① 金属板や鉄心を通過する磁束を変化させると，これらに誘導起電力が生じ，渦状の誘導電流が流れる現象である．

② 鉄心を磁化すると，ヒステリシス損と渦電流損とからなる鉄損が生じる．

③ 電磁調理器は，渦電流損による熱を加熱に利用している．

05 電線・接続器・電線管

EM（エコ）電線

① 環境に優しい材料，環境への影響を低減した材料を用いた電線である．

② 燃焼しても有害なハロゲンガスが出ず，有害な鉛成分も含んでいない．

③ 耐燃性ポリエチレン被覆を使用しているので，リサイクルしやすい．

VVF ケーブルの差込形のコネクタ【令和 3 年】

① 圧着作業が不要で，電線を差し込むだけで接続が短時間に行える．

② 電線の取り外しもできることから，接続変更も容易にできる．

③ 接続部がプラスチックで保護されているので，特に，絶縁処理がいらない．

電線の許容電流【令和 3 年】

① 電線に電流を流すとジュール熱で発熱し，機械的強度の低下や絶縁被覆の溶融を招くため電流の最大値を決めており，これが許容電流である．

② 電線の許容電流は，配線用遮断器の定格電流を決定する根拠にもなる．

③ 金属管などに収めた電線の許容電流は，周囲温度や収容する電線の本数によって補正係数が掛けられる．

波付硬質合成樹脂管（FEP）

① 波付構造で，地中埋設電線路の埋設電線管路に広く使用されている．

② 波付構造のため，偏平圧縮強度が高く，可とう性にも優れている．

③ 軽量で作業性がよく，大口径の管路も構築でき，ケーブル引替も容易である．

06 試験・測定

絶縁抵抗試験【令和2年】

① 低圧電路の絶縁抵抗が，電気設備技術基準の規定値以上あるかを確認する．

② 測定には絶縁抵抗計を使用し，電線相互間および電路と大地間について行う．

③ 使用電圧300V以下で対地電圧150V以下では，0.1MΩ以上であること．

A種接地工事【令和3年】

① 高圧や特別高圧電路の機器の鉄台，金属製外箱などに施す接地工事である．

② 避雷器の接地にはA種接地工事が適用される．

③ 接地抵抗値は10Ω以下とし，接地線の太さは2.6mm以上とする．

D種接地工事【令和2年】

① 300V以下の低圧電路の機器の鉄台，金属製外箱，金属管などに施す．

② 接地抵抗値は，100Ω以下が原則で，漏電遮断器設置時は緩和規定がある．

③ 接地線の太さは1.6mm以上とし，埋設深さは75cm以上とする．

07 電気鉄道

電気鉄道のき電方式

① 変電所から列車に電力を供給することをき電といい，き電の方式には直流き電方式と交流き電方式とがある．

② 直流き電の標準電圧は600V，750Vなどであり，交流き電の標準電圧は20kV，25kV（新幹線）である．

③ 交流き電では，レール電流による通信線への誘導障害を防止するため，ATき電やBTき電が採用されている．

電気鉄道のき電線【令和3年】

① 変電所から電力をトロリ線に給電するための線で，線路に並行に張られている．

② 一定間隔でトロリ線につなぎ，電車の有無によらずトロリ線に電圧供給できる．

③ き電線は，複数の電車へ供給するため断面の大きな電線である．

電車線路の帰線【令和元年】

① 電車からの電流を車両から変電所に戻すレールなどの回路を帰線という．

② 交流電気鉄道では，レールと並行に電線を敷設し所々でレールと接続する．

③ 埋設金属管への電食を防ぐには，道床や枕木にコンクリート製のものを使う．

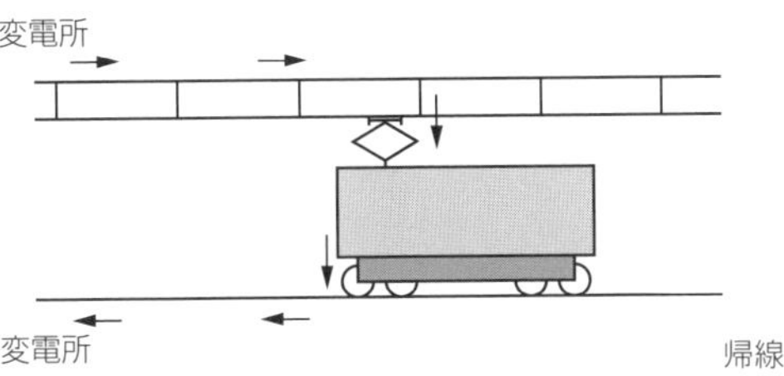

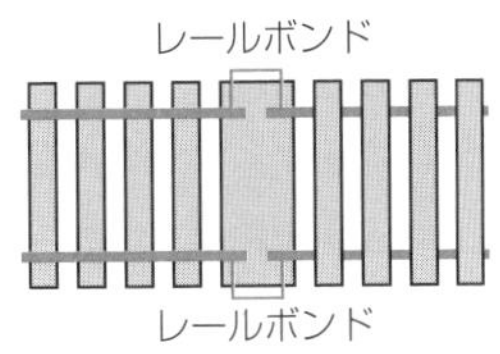

自動列車停止装置（ATS）【令和 2 年】

① 列車の衝突の防止や速度超過を防止するための安全装置である．

② 赤信号（停止信号）にもかかわらず進行しようとするときに警報を発し，列車を非常ブレーキで自動停止させる．

③ 運転士のブレーキ操作をバックアップすることを目的としている．

自動列車制御装置（ATC）

① 列車の制限速度以上になると自動的にブレーキをかけ減速し，列車の速度を制御する．

② 運転士が信号現示を誤認した場合でも，安全運転が確保できる．

③ 信号の現示に対応した信号電流をレールに流し，車上装置がこれを受けとる．

08 道路交通

超音波式車両感知器【令和 3 年】

① 道路上 5m 程度の高さに設置され，直下を通行する車両を感知する．

② 送受器から超音波を路面に発射し，車両からの反射波の到達時間を利用する．

③ 車両台数や道路の占有率の把握，特殊車種の判定などに利用されている．

ループコイル式車両感知器【令和2年】

① 路面下に埋設した長方形ループコイルにより車両の有無を感知する.

② 車両の接近によって，高周波電流を流したループコイルのインダクタンスが大きくなることを利用している.

③ 感知精度が高く，駐車場の在車管理や高速道路料金所等に利用されている.

09 照明・照明器具

道路の照明方式（トンネル照明を除く）【令和元年】

① 道路照明方式の選定にあたっては，十分な路面輝度の確保と均斉，グレアを生じさせないこと，視線の誘導性がよいことなどを配慮する.

② 照明方式には，ポール照明方式，ハイポール照明方式，カテナリ照明方式，高欄照明方式などがある.

③ 灯具の配列には，片側配列，千鳥配列，向き合せ配列，中央配列がある.

ライティングダクト

① 開口溝から専用のプラグを介してスポットライトなどに電気を供給する.

② ライトは，レール状のダクトからの着脱が容易で，位置変更が簡単に行える.

③ 模様替えを要する店舗やショールーム，美術館などに適用される.

LED照明器具

① 順方向に電圧を印加したときに発光する発光ダイオードを照明に用いている.

② 白熱電球や蛍光灯に比べて，低発熱性で，長寿命（約40 000時間）である.

③ 不要な紫外線や赤外線を含まず，発光効率が150lm/W程度と高い.

10 消防・非常用設備

定温式スポット型感知器【令和3年】

① 熱感知器の一種で，火災の熱により局所の温度が一定以上になると作動する.

② 感熱部はバイメタルの熱による曲がりを利用して，電気的接点が閉じる.

③ 作動温度は，65℃や75℃の公称作動温度に設定されたものが多い.

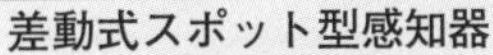

差動式スポット型感知器

① 熱感知器の一種で，火災の熱により一定の温度上昇率になると作動する．
② 空気室に閉じ込められた空気が，熱で急激に膨張することを利用している．
③ 暖房などの緩慢な温度上昇では動作しないため，一般的な居室に向いている．

自動火災報知設備の受信機

① 火災感知器や発信機からの火災信号を受信し，火災の発生を音響と地区表示により知らせる．
② 防災センターや中央管理室に設置され，地区音響装置を鳴動させ，消防機関などに報知する．
③ P型とR型があり，P型は感知器からの信号を警戒区域毎に共通線を介し個々の配線で受信機に送り火災を知らせる．R型は感知器または中継器から固有の信号に変換された火災信号等を共通の電路にのせ受信機に送る．

11　情報・通信用設備

UTP ケーブル【令和元年】

① 2対の銅線をペアにしてより合わせ，4組で構成される非シールド線である．
② シールドしたSTPより安価であるが，耐ノイズ性は劣る．
③ LAN配線に使用され，接続はRJ－45モジュラジャックによる．

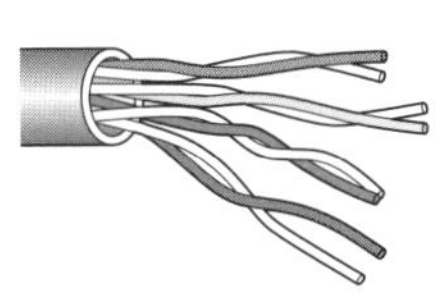

UTP ケーブル

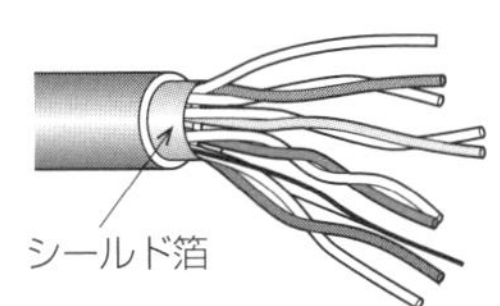

STP ケーブル

光ファイバケーブル【令和2年】

① 光信号の伝送に使用され，石英ガラスやプラスチックが使用されている．
② 屈折率の高い中心部のコアと，その周囲を覆うクラッドの二層構造である．
③ メタルケーブルと比べ，細径で軽量，広帯域，低損失，無誘導の特徴がある．

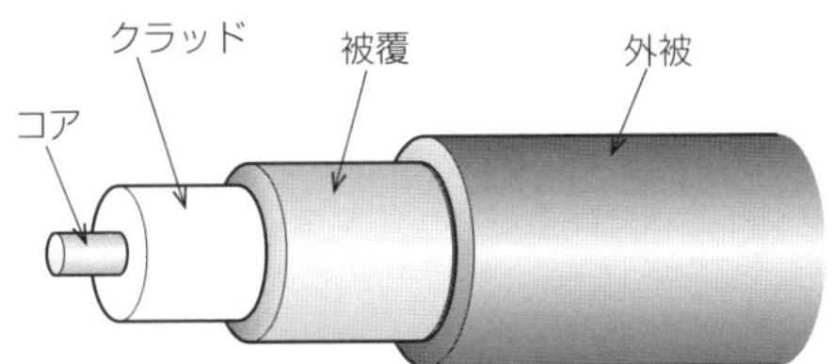

12 計算問題を学ぶ

令和３年には，以下の計算問題が出題されています．これらは，第一次検定対策として学習してきた内容と基本的に同じです．

問題01 図に示す直流回路網における起電力 E〔V〕の値として，正しいものはどれか．

（1） 8V
（2）10V
（3）16V
（4）20V

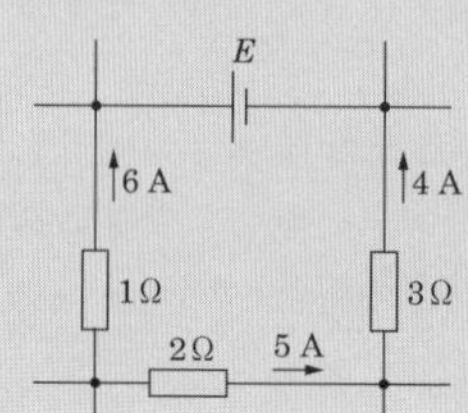

解答 （3）キルヒホッフの第二法則は，起電力の和 = 電圧降下の和です．左回りにキルヒホッフの第二法則を適用すると

$$E = -1 \times 6 + 2 \times 5 + 3 \times 4 = -6 + 10 + 12 = 16 \text{〔V〕}$$

問題02 図に示す配電線路の変圧器の一次電流 I_1〔A〕の値として，正しいものはどれか．ただし，負荷はすべて抵抗負荷であり，変圧器と配電線路の損失および変圧器の励磁電流は無視する．

（1）1.5A
（2）3.5A
（3）5.0A
（4）7.5A

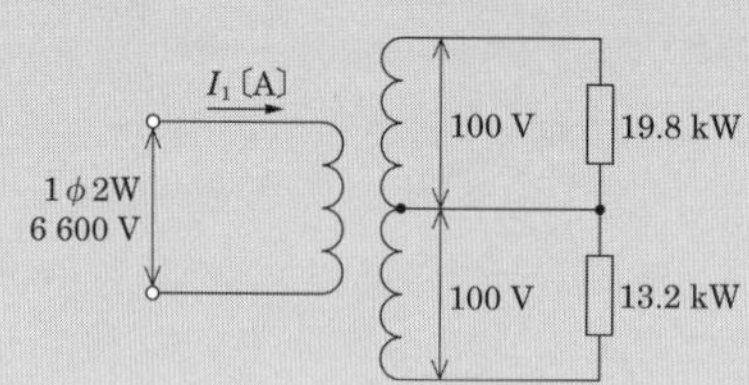

解答 （3）一次側の電力 = 二次側の電力 = 電圧 × 電流であるので

$$6\,600 \times I_1 = 19.8 \times 10^3 + 13.2 \times 10^3 = 33\,000 \text{〔W〕}$$

$$\therefore \quad I_1 = \frac{33\,000}{6\,600} = 5 \text{〔A〕}$$

01 法規の語句問題を学ぶ

第一次検定の知識［1編の建設業法・労働安全衛生法・労働基準法など］の知識が本物であるかどうかを見ている!!

☆毎年，少しずつアレンジされていますが，基本的に過去の問題の応用版であるため，以下に登場する過去問題をやっておけば準備万端です．

〈再確認ポイント〉

(1) 下請代金の支払

①元請負人は，**請負代金の出来形部分または工事完成後における支払を受けたときは，支払を受けた日から1月以内**で，かつ，できる限り短い期間内に下請代金を支払わなければならない．

②元請負人は，前払金の支払を受けたときは，下請負人に対して，資材の購入，労働者の募集その他建設工事の着手に必要な費用を前払金として支払うよう適切な配慮をしなければならない．

(2) 検査および引渡し

①元請負人は，下請負人からその請け負った建設工事が完成した旨の通知を受けたときは，**通知を受けた日から20日以内**で，かつ，できる限り短い期間内に，その完成を確認するための**検査を完了**しなければならない．

②元請負人は，検査によって建設工事の完成を確認した後，下請負人が申し出たときは，直ちに，建設工事の目的物の引渡しを受けなければならない．

(3) 特定建設業者の下請代金の支払期日等

特定建設業者が注文者となった下請契約については，**完成物の引き渡し**の申し出があった日から**起算して50日以内**に，できる限り短い期間内において定められなければならない．

問題 01 下記の文章において，下線部の語句のうち，誤っている語句の番号をそれぞれ一つあげ，それに対する正しい語句を答えなさい．

5−1 「建設業法」

元請負人は，その請け負った建設工事を施工するために必要な工程①の細目，作業②方法その他元請負人において定めるべき事項を定めようとするときは，あらかじめ，設計者③の意見をきかなければならない．

5−2 「労働安全衛生法」

事業者は，単にこの法律で定める第三者災害①の防止のための最低基準②を守るだけでなく，快適な職場環境の実現と労働条件の改善を通じて職場における労働者の安全と健康③を確保するようにしなければならない．また，事業者は，国が実施する第三者災害①の防止に関する施策に協力するようにしなければならない．

5−3 「電気工事士法」

この法律は，電気工事の現場①に従事する者の資格及び義務②を定め，もって電気工事の欠陥による災害③の発生の防止に寄与することを目的とする．

解答

問題	誤っている語句の番号	正しい語句
5−1	③	下請負人
5−2	①	労働災害
5−3	①	作業

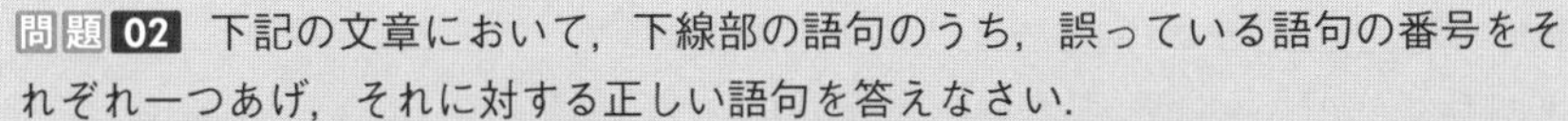

問題 02 下記の文章において，下線部の語句のうち，誤っている語句の番号をそれぞれ一つあげ，それに対する正しい語句を答えなさい．

5−1 「建設業法」

元請負人は，**前払金**①の支払を受けたときは，下請負人に対して，資材の購入，**労働者**②の募集その他建設工事の**完成**③に必要な費用を**前払金**①として支払うよう適切な配慮をしなければならない．

5−2「労働安全衛生法」

事業者は，労働災害を防止するための管理を必要とする作業で，政令で定めるものについては，**都道府県労働局長**①の免許を受けた者が行う**特別教育**②を修了した者のうちから，厚生労働省令で定めるところにより当該作業の区分に応じて作業主任者を選任し，その者に当該作業に従事する労働者の**指揮**③その他の厚生労働省令で定める事項を行わせなければならない．

5−3「電気工事士法」

自家用①電気工作物に係る電気工事のうち経済産業省令で定める**重要**②なものについては，**認定電気工事従事者**③資格者証の交付を受けている者が，その作業に従事することができる．

解答

問題	誤っている語句の番号	正しい語句
5−1	③	着手
5−2	②	技能講習
5−3	②	簡易

問題 03 下記の文章において，下線部の語句のうち，誤っている語句の番号をそれぞれ一つあげ，それに対する正しい語句を答えなさい．

5−1「建設業法」

建設業者は，建設工事の**設計者**①から請求があったときは，**請負契約**②が成立するまでの間に，建設工事の**見積書**③を提示しなければならない．

5−2「労働安全衛生法」

事業者は，高さが**3 m**①以上の高所から物体を投下するときは，適当な**昇降**②設備を設け，**監視人**③を置く等労働者の危険を防止するための措置を講じなければならない．

5−3「電気工事士法」

この法律は，電気工事の**現場**①に従事する者の資格及び**義務**②を定め，もって電気工事の欠陥による**災害**③の発生の防止に寄与することを目的とする．

解答

問題	誤っている語句の番号	正しい語句
5−1	①	注文者
5−2	②	投下
5−3	①	作業

問題 04 下記の文章において，下線部の語句のうち，誤っている語句の番号をそれぞれ一つあげ，それに対する正しい語句を答えなさい．

5－1「建設業法」

元請負人は，下請負人からその請け負った建設工事が完成した旨の**通知**①を受けたときは，当該**通知**①を受けた日から**20日**②以内で，かつ，できる限り短い期間内に，その完成を確認するための**試験**③を完了しなければならない．

5－2「労働安全衛生法」

事業者①は，労働者を雇い入れたときは，当該労働者に対し，厚生労働省令で定めるところにより，その従事する業務に関する安全又は**衛生**②のための**聴取**③を行わなければならない．

5－3「電気工事士法」

第一種①電気工事士は，経済産業省令で定めるやむを得ない事由がある場合を除き，**第一種**①電気工事士免状の交付を受けた日から**5年**②以内に，経済産業省令で定めるところにより，経済産業大臣の指定する者が行う**一般用**③電気工作物の保安に関する講習を受けなければならない．

解答

問題	誤っている語句の番号	正しい語句
5－1	③	検査
5－2	③	教育
5－3	③	自家用

問題 05 下記の文章において，下線部の語句のうち，誤っている語句の番号をそれぞれ一つあげ，それに対する正しい語句を答えなさい．

5－1「建設業法」

元請負人は，その請け負った建設工事を施工するために必要な工程①の細目，作業②方法その他元請負人において定めるべき事項を定めようとするときは，あらかじめ，設計者③の意見をきかなければならない．

5－2「労働安全衛生法」

事業者は，単にこの法律で定める公衆①災害の防止のための最低基準②を守るだけでなく，快適な職場環境の実現と労働条件の改善を通じて職場における労働者の安全と健康③を確保するようにしなければならない．また，事業者は，国が実施する公衆①災害の防止に関する施策に協力するようにしなければならない．

5－3「電気工事士法」

この法律において「電気工事」とは，一般用①電気工作物又は事業用②電気工作物を設置し，又は変更する工事をいう．ただし，政令で定める軽微③な工事を除く．

解答

問題	誤っている語句の番号	正しい語句
5－1	③	下請負人
5－2	①	労働
5－3	②	自家用

問題 06 「建設業法」,「労働安全衛生法」または「電気工事士法」に関する次の問に答えなさい.

5-1 建設業者等の責務に関する次の記述の [　　] に当てはまる語句として,「建設業法」上,**定められているもの**はそれぞれどれか.

「建設業者は，建設工事の担い手の [ア] 及び確保その他の [イ] 技術の確保に努めなければならない.」

ア ① 開拓 ② 発掘 ③ 採用 ④ 育成

イ ① 設計 ② 施工 ③ 新規 ④ 監理

5-2 労働災害の防止に関する次の記述の [　　] に当てはまる語句として,「労働安全衛生法」上,**定められているもの**はそれぞれどれか.

「事業者は，労働災害を防止するための管理を必要とする作業で，政令で定めるものについては，都道府県労働局長の免許を受けた者が行う [ア] のうちから，厚生労働省令で定めるところにより当該作業の区分に応じて [イ] を選任し，その者に当該作業に従事する労働者の指揮その他の厚生労働省令で定める事項を行わせなければならない.」

ア ① 特別教育を受講した者 ② 特別教育を修了した者
③ 技能講習を受講した者 ④ 技能講習を修了した者

イ ① 作業主任者 ② 安全管理者
③ 衛生管理者 ④ 安全衛生推進者

5-3　電気工事士に関する次の記述の［　］に当てはまる語句として，「電気工事士法」上，**定められているもの**はそれぞれどれか．

「第一種電気工事士は，経済産業省令で定めるやむを得ない事由がある場合を除き，第一種電気工事士免状の交付を受けた日から［ア］に，経済産業省令で定めるところにより，経済産業大臣の指定する者が行う自家用電気工作物の保安に関する［イ］を受けなければならない．」

ア　①　2年以内　②　3年以内　③　4年以内　④　5年以内

イ　①　講習　②　研修　③　登録　④　免許

解答

問題	ア	イ
5−1	④育成	②施工
5−2	④技能講習を修了した者	①作業主任者
5−3	④5年以内	①講習

索　　引

ア　行

カ　行

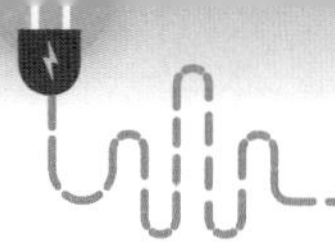

サ　行

タ　行

ナ　行

ハ　行

マ　行

ヤ　行

ラ　行

ワ　行

英数字・記号

〈著者略歴〉
不動弘幸（ふどう　ひろゆき）
不動技術士事務所
技術士（電気電子部門/経営工学部門/総合技術監理部門），第１種電気主任技術者，エネルギー管理士（電気・熱），労働安全コンサルタント（電気），１級電気工事施工管理技士，第１種電気工事士ほか

2級電気工事施工管理技士　完全攻略
―第一次検定・第二次検定対応―

2022年5月20日　　第1版第1刷発行
2022年8月30日　　第1版第2刷発行

著　者　不動弘幸
発行者　村上和夫
発行所　株式会社 オーム社
郵便番号　101-8460
東京都千代田区神田錦町3-1
電話　03(3233)0641(代表)
URL https://www.ohmsha.co.jp/

印刷・製本　三美印刷
ISBN978-4-274-22866-7　Printed in Japan